"十二五"普通高等教育汽车服务工程专业规划教材

汽车再生工程

（第二版）

储江伟　主编

人民交通出版社

内 容 提 要

本书是在普通高等教育"十一五"国家级规划教材《汽车再生工程》的基础上进行修订并增加相关内容而重新编写,全书共八章。主要内容包括概论、汽车可回收利用性、废旧汽车回收、废旧汽车拆解、废旧汽车回收利用、汽车总成及零部件再制造、汽车再生资源利用技术经济分析和汽车再生资源利用管理。

本书为全国高校汽车服务工程专业教学指导委员会(筹)"十二五"规划教材,适合汽车服务工程、车辆工程、交通运输等本科专业使用,也可供从事汽车再生资源回收利用的相关研究人员与工程技术人员参考。

图书在版编目(CIP)数据

汽车再生工程 / 储江伟主编. —2 版. —北京:
人民交通出版社,2013.8
ISBN 978-7-114-10630-9

Ⅰ.①汽⋯　Ⅱ.①储⋯　Ⅲ.①汽车工程—废物综合利用—高等学校教材　Ⅳ.①X734.2

中国版本图书馆 CIP 数据核字(2013)第 105736 号

"十二五"普通高等教育汽车服务工程专业规划教材

书　　名:	汽车再生工程(第二版)
著 作 者:	储江伟
责任编辑:	夏　犇
出版发行:	人民交通出版社股份有限公司
地　　址:	(100011) 北京市朝阳区安定门外外馆斜街 3 号
网　　址:	http://www.ccpress.com.cn
销售电话:	(010) 59757973
总 经 销:	人民交通出版社股份有限公司发行部
经　　销:	各地新华书店
印　　刷:	北京市密东印刷有限公司
开　　本:	787×1092　1/16
印　　张:	17.5
字　　数:	430 千
版　　次:	2007 年 9 月　第 1 版
	2013 年 8 月　第 2 版
印　　次:	2019 年 8 月　第 3 次印刷
书　　号:	ISBN 978-7-114-10630-9
定　　价:	35.00 元

(有印刷、装订质量问题的图书由本社负责调换)

前 言

Qianyan

本教材根据汽车服务工程专业全国教学指导委员会(筹)提出的汽车服务工程专业"十二五"教材编写规划和教学指导委员会审定的教学大纲,按 40 学时的教学计划要求进行编写,是普通高等教育"十一五"国家级规划教材《汽车再生工程》的第二版。

本教材以建设人与自然和谐统一的、资源节约型的循环经济社会为指导思想,全面地介绍了国内外汽车再生资源利用的现状,深入地分析了发展趋势;系统地论述了汽车业可持续发展必须解决的资源再生与循环利用问题的目的与意义。归纳整理了汽车再生资源利用的相关理论和汽车再生工程实践的指导原则;主要阐述了回收性设计、拆解性设计、生命周期评价和再制造等基本理论与方法,以及在汽车再生工程中的应用案例。

本教材以汽车可再生资源利用过程为主线,按照废旧汽车回收、废旧汽车拆解工艺与技术、汽车再生资源回收利用方法与技术、汽车再制造工艺与技术、汽车再生资源回收利用技术经济分析和汽车再生资源利用管理的顺序编写,篇章结构合理,知识体系完整。该教材立求反映本学科最新科技成果,保证内容的先进性和准确性。以国家标准委员会颁布的有关标准为依据,所用的术语、物理量名称和单位等符合国标规范。

第二版教材根据国内外汽车回收利用技术的发展并结合编者近年来的研究工作,对第一版教材的相关内容进行了修订和部分重新编写,主要包括:

(1)在第一章中,增加了近年来国内汽车回收利用的行业发展状况、最新政策等内容,并对具有广泛影响性的欧盟报废汽车指令(2000/53/EC)做了更详细的介绍。

(2)在第二章中,删除了以数学建模为基础的、难度较大的可拆解模型及构建方法和可拆解序列规划的相关内容,使教材更符合本科生接受能力和认知能力。

(3)在第三章中,增加了"第四节　汽车再生资源利用系统动态分析"的内容,使学生对影响汽车回收利用的因素有了更全面、更系统的了解。

(4)在第四章中,将原来第一节中的"五　废旧汽车拆解信息系统"的内容加以扩展,并单列第二节,对国际汽车拆解信息系统(IDIS)的软件功能和特点做了更详细的介绍。

（5）在第五章中，对部分内容进行了修订和完善。

（6）在第六章中，删除了"第八节　发动机再制造简介"；重新编写了"第七节　再制造产品质量管理"等内容。

（7）在第七章中，增加了"拆解厂建设投资案例分析""第三节　汽车再制造产业发展模式与技术体系"等内容。

（8）在第八章中，重新编写了"第二节　汽车再生资源回收利用管理体制"，增加了"第四节　汽车零部件再制造产品管理及相关问题"等内容。

全书共分八章。由东北林业大学交通学院储江伟教授主编。参加编写的人员有：东北林业大学储江伟（第一章，第六章第一节至第三节），田广东（第二章），崔鹏飞（第三章第一节至第三节，第四章第四节至第六节），强添纲（第五章第一节、第三节至第八节），杨瑞（第六章第四节至第六节）；吉林大学施树明（第七章第一节、第二节）；中国矿业大学金晓红（第三章第四节、第四章第一节至第三节）；黑龙江工程学院齐晓杰（第五章第二节、第六章第七节）；上海工程技术大学高蔚（第八章第一节至第三节）；中国汽车技术研究中心张铜柱（第七章第三节、第八章第四节）。

本书编写过程中参考和借鉴了相关文献，在参考文献中分别列出，在此向有关作者致以谢意。此外，东北林业大学交通学院李洪亮、夏秀清、王伊安、齐鹏等编排了书中部分图表，在此也表示感谢。

由于编写人员水平有限，错误和不当之处恳请读者给予批评指正。

编　者

2013 年 02 月 16 日

目 录

Mulu

第一章 概 论

本章提要：介绍了资源、再生资源和汽车再生资源的内涵，以及相关的基本术语和定义；分析了汽车再生资源利用的现状、趋势及循环利用意义；阐述了汽车再生工程及其研究范畴。

第一节 汽车再生资源及其利用效益

一、资源及再生资源

1. 资源释义

1）资源内涵

《辞海》解释，资源是"资财的来源"。广义上讲，资源包括自然资源、社会资源和经济资源3个方面。例如，自然资源包括土地资源、气候资源（日照、风力和雨水）、水资源、生物资源、海洋资源、景观资源和矿产资源等；社会资源包括人力（体力和智力）、科技、文化、教育、卫生、通信、传媒、体育和福利事业等；经济资源包括工业、农业、商业、建筑业、金融业以及交通运输业等。其中，有些资源是可再生的，有些则是不可再生的。社会的可持续发展需要可再生资源的支持，因为不可再生资源的开发利用实际上是对有限资源的消耗，所以，只有当不可再生资源转化成为可再生资源后，才能支持社会的可持续发展。

2）自然资源及其再生性

自然资源是指自然界中能被人类用于生产和生活的物质和能量的总称。自然资源在消耗过程中可以被转化成为其他形式的资源，并具有不同的再生属性。自然资源按其再生性可分为：可再生资源和不可再生资源。

可再生资源是指通过自然作用或人类活动能再生更新，并以某一增长率保持或增加蕴藏量，从而可以重复利用的自然资源。例如，植物、动物、微生物等生物资源，在自然界特定的时空条件下，能持续再生更新和繁衍增长，保持或扩大其储量。但是，不同类型的可再生资源具有不同的可再生属性。如生物资源具有依靠种源而再生的特点，一旦种源消失，就成为不可再生资源。又如，土壤作为可再生资源，其肥力可以通过人工措施和自然过程而不断更新。同时，土壤又具有不可再生性，即当水土流失和土壤侵蚀比土壤的自然更新过程快得多时，土壤就可能成为不可再生资源。因此，可再生资源除通过自然力的作用能够更新外，有些还受人类利用方式的影响。在合理开发利用的情况下，资源可以恢复、更新和再生，甚至不断增长；而在开发利用不合理时，可再生的过程会受到阻碍，使资源的蕴藏量不断减少，以至耗竭。由此可见，可再生资源具有动态特性，其更新或再生速度大于或等于开发利用速度。此外，还有些可再生资源的蕴藏量和持续性不受人类活动的影响，如太阳能。

不可能再生资源是指随着资源消耗量的不断增加,其存储总量将日益减少的自然资源。例如,石油、煤矿、天然气、铁矿等矿产资源都是不可再生资源。以铁矿为例,铁元素聚集成具有工业利用价值的矿床是一个漫长的地质历史过程,多形成于距今 26~30 亿年的远古时代。而人类开采、消耗矿物却十分迅速,一个矿区开采期仅为百年、数十年以至几年。因此,从人类历史发展的角度看,矿产资源是不可再生的。所以,不可再生资源是假定在任何对人类有意义的时间范围内,资源质量保持不变,资源蕴藏量不再增加的资源。尽管不可再生资源中有些是可以回收的资源,如金属资源,但是依靠回收利用而得到再生的数量很低,并不可能逃脱被耗竭的厄运。因此,不能循环再生或需要漫长的地质时期才能再生某些自然资源,都可称为不可再生资源。例如,矿产资源是在特定的地质条件下经过漫长的地质时期才形成的,在有限的人类历史时期难以再生。特别是人类大量使用的能源矿产,如石油、煤和天然气等。另外,淡水也是不可再生资源,因为人类对它的消耗量不仅非常巨大,而且还远大于人类重新获得淡水的数量。由于只有淡水才对人类有意义,而目前人类只能利用地下水和经过净化的水,但是其存量相对人类的需求又实在太少。所以,只有当人类能高效、快速地把海水转化为淡水的时候,水就会被视为可再生资源。

应该指出,不仅不可再生资源的数量是有限的,而且在一定的时间和空间尺度内,可再生资源的数量也是有限的。也就是说,可再生资源只有在权衡资源再生量,即控制资源消耗量,使开发利用速率小于其形成速率时,才可能"取之不尽,用之不竭"。

2. 再生资源

1)再生资源定义

再生资源是指社会生产和消费过程中产生的可以回收利用的各种废旧物资。所谓废物是相对于消费水平及废旧物质处理能力而言,具有明显的相对性。可以说,弃而不废是现代废旧物质的一种特性。变废为宝的关键在于如何看待废物与财富,许多可用的东西只是由于决定扔掉时才使它变成废物和垃圾。美国、日本和德国等工业发达国家在社会高消费之后,形成了"汽车坟墓""轮胎大山""钢铁城市"和"塑料矿山"等固体废旧污染问题。废旧物质弃置不用,天长日久就成为垃圾。但是,没有垃圾,只有放错地方的资源。因此,如何使废旧物质变成再生资源,引起了人们广泛的关注。

自古以来,人类社会的各种物质生产活动,都是直接以地球蕴藏的各种自然资源为生产资料,或称作为生产原料。自然资源是人类社会生产的第一资源,也称为一次资源。在人类初期的生产活动中,人类对自然资源的索取无论从数量、质量和品种上都极为有限。这一方面是因为人口数量少,而且数量也仅仅是满足生存需求。所以,人和自然界资源的需求与供给之间不存在任何矛盾。

随着人类社会和生产技术的发展,特别是到 18 世纪中期英国工业革命以后,人与自然资源之间的供求关系发生了急剧变化。社会生产力的不断提高和人口的大量增加,使人类对地球自然资源的开发不断强化,甚至出现了掠夺性的开发。因此,人与自然资源之间的供需矛盾就愈益显现出来。

社会人口的增加和消费量的增大,生产和生活过程中所产生的无用之物即垃圾或废弃物也日益增多。早在一百多年前,马克思对这些称之为生产和消费排泄物的认识和利用作了精辟论述。他既指出了废物利用的主要原因,即"原料的日益昂贵,自然成为废物利用的刺激"。也阐述了废物利用的主要条件,即"这种排泄物必须是大量的,而这只有在大规模的劳动条件下才有可能;机器的改良,使那些在原有形式上本来不能利用的物质,获得一种在新生产能力中可以利用的形式;科学的进步,特别是化学的进步,发现了那些废物的有用性质。"但是,直到20世纪70年代后,发达国家才开始认识和重视垃圾对社会发展的影响及其使用价值。

实际上,发达国家在解决垃圾处理问题上曾受到我国收旧利废方式的影响及经验的启发。早在20世纪50年代,我国就开始重视废物的综合利用。1958年,周恩来总理明确指出:"抓紧废物利用这一环节,实行收购废品,变无用为有用;扩大加工,变一用为多用;勤俭节约,变破旧为崭新;把工、农、商、学、兵连成一片,密切协作,为全面地发展生产服务,以便更好地实现勤俭建国,改造社会的任务。"

废弃物要成为一种"资源"并被利用,必须具有三个基本条件:一是产生数量可观,具有产生和利用的规模形态;二是利用费用合理,具有竞争优势的再利用价格;三是符合环保要求,对自然环境无污染。

例如,大批量产品加工制造过程中产生的各种金属和非金属废料;报废的各种设备和运输工具;城乡居民废弃的各种包装物、旧家电和旧物品等。

2)汽车再生资源含义

汽车再生资源是指对废旧汽车进行资源化处理后所获的可以回收利用的物资。所谓的废旧汽车资源化是指从废旧汽车中获得用于汽车产品制造、维修的零部件以及各种原材料所进行的回收、拆解及再利用等活动。

20世纪90年代以来,世界性的环境污染日趋严重,废旧汽车也成为一大固体污染源。全世界现有的在用汽车中,每年有5% ~10%的车辆被报废,仅停放这些报废车辆就要占用很大的面积(为500 ~600km²)。而报废汽车当中含有多种重金属、化学液体和塑料等物质,不当的拆解也会造成环境污染。汽车生产要使用数百种材料,消耗上亿吨的钢铁、上千万吨的塑料,以及大量的橡胶、玻璃、纺织品、铝、铜、铅、铬和各种化工产品等,其消耗的原料绝大部分是不可再生的自然资源。因此,汽车工业要可持续发展就要解决制造所用材料的再生循环与利用问题。

废旧物质的资源化是节约资源、实现资源永续利用的重要途径,是社会经济可持续发展的重要措施之一。以废旧物品为对象,通过采用现代技术与工艺加工,在规范的市场运作下,最大限度地开发利用其中蕴含的材料、能源及其附加值等财富,使其成为有较高品位可以使用的再生资源,以达到节能、节材、降低成本及保护环境等目的,从而支持社会经济的可持续发展。

二、汽车再生资源利用效益

我国自然资源相对匮乏,人均资源占有量仅排在世界第80位。资源短缺、浪费严重和生态恶化的状况,使得资源节约与综合利用,尤其是再生资源的开发利用愈来愈十分重要和紧迫。通过再生资源的回收利用,既减少了对自然资源的开采,又节约了大量的能源,更有助于实现资源的永续利用。为此,世界发达国家相继制定了相应的法规政策,鼓励废弃物的循环利用。我国政府历来十分重视再生资源的回收利用,在我国制定的《中国21世纪议程》白皮书中,将"固体废弃物的无害化管理"列为第19章,这标志着我国再生资源开发利用事业有了明显的目标和要求。因此,大力开展再生资源的回收和利用,是提高资源的利用效率、保护环境、建立资源节约型社会的重要途径之一。同时,也是实施可持续发展战略和转变经济增长方式的必然要求。

1. 汽车再生资源潜在利用规模

1) 汽车报废量统计与预测

欧盟 8 个国家 1988 年和 1993～1998 年汽车报废数量统计结果见表 1-1。从表 1-1 可知，所列 8 个国家从 1993～1998 年的报废汽车总数的平均值为 982.66 万辆，比 1988 年的 846.8 万辆多了约 136 万辆。德国平均每年报废汽车 313.58 万辆，美国汽车保有量大约为 2.4 亿辆，每年报废汽车为 1000～1200 万辆。

欧盟 8 个国家 1988 年和 1993～1998 年报废汽车数量统计结果（单位：万辆）　　　表 1-1

年份	德国	英国	法国	意大利	荷兰	比利时	西班牙	瑞典	合计
1988 年	203.75	152.43	215.86	120.68	37.91	33.54	58.33	24.30	846.80
1993 年	166.16	170.37	178.12	157.29	33.11	33.36	48.90	15.63	802.89
1994 年	236.64	169.94	183.39	173.48	35.06	33.48	70.14	13.67	942.80
1995 年	289.12	167.45	188.83	119.28	79.14	31.98	42.26	14.36	932.40
1996 年	314.01	165.90	194.36	154.55	51.85	35.87	44.34	17.30	978.19
1997 年	345.79	160.43	153.42	207.71	39.95	36.52	55.27	19.31	1018.40
1998 年	355.36	177.10	150.16	195.97	52.35	40.46	52.18	17.91	1041.50
后 5 年平均数	313.58	168.16	174.03	170.20	51.67	35.66	52.84	16.51	982.66

注：报废汽车数量是按当年出售数量加上上年末的保有量减去当年末保有量推算出来的。

日本近年来的废旧汽车数量逐年增加，每年报废的车辆超过 500 万辆。日本 1995～2004 年报废汽车数量的统计结果见表 1-2。

日本 1995～2004 年报废汽车数量统计结果（单位：万辆）　　　表 1-2

年份	1995 年	1996 年	1997 年	1998 年	1999 年	2000 年	2001 年	2002 年	2003 年	2004 年
保有量	6685.4	6880.1	7000.3	7081.5	7172.3	7264.9	7340.7	7398.9	7421.4	7465.5
注册量	686.51	707.78	672.51	587.94	586.12	596.30	590.64	579.21	582.81	585.33
报废量	502.30	512.99	552.31	506.82	495.30	503.67	514.78	521.05	560.31	541.22

注：1. 报废汽车数量 = 上年末保有数量 + 当年新注册申报数量 – 当年末保有数量。

2. 报废汽车中不含摩托车及三轮机动车。

3. 报废汽车数量中还包括二手车市场商品库存增加部分、出口二手车、作为私人用品携带出境的二手车等。

4. 此表由日本汽车工业协会（JAMA）调查提供。

由于我国汽车的保有量基数小，所以报废汽车的数量与国外相比也少。但是，进入 21 世纪以后，中国汽车需求量和保有量出现了迅猛增长的趋势。据公安部交管局统计，2010 年 9 月底，我国机动车保有量达 1.99 亿辆，其中汽车 8500 多万辆。近年来，每年新增机动车 2000 多万辆。在所统计的 8500 万辆汽车，还包括大约 1500 万辆低速货车。所以我国汽车保有量实际上只有 7000 万辆，低于日本的 7500 万辆汽车保有量，相当于美国 2.85 亿辆汽车保有量的 1/4。从全世界范围来看，千人汽车保有量为 120 辆。而中国目前千人汽车保有量只有 54 辆，不到世界平均水平的一半。

中国作为新兴汽车大国，2010 年已经成为世界最大的汽车生产和销售国，汽车保有量也迅速增加。截至 2012 年 7 月，全国机动车保有量达 2.33 亿辆。其中，汽车 1.14 亿辆，摩托车 1.03 亿辆；全国 8 个省的机动车保有量超过 1000 万辆，其中山东省和广东省机动车保有量超过 2000 万辆，汽车保有量占机动车总量的 48.87%。根据对发达国家汽车保有量与报废量的统计分析，国外发达国家一般以汽车保有量的 5%～10% 计算当年的汽车报废量。

由于我国目前正处于汽车消费的增长期,保有量不断增加,而汽车报废量还较少。因此,汽车报废量估算标准应低于发达国家,可以按汽车保有量的4%～6%估算当年报废的汽车数量。

我国的汽车保有量正在迅速增加,每年的报废量也随之增加。因此,报废车的再生利用问题也就越来越紧迫。汽车工业要可持续发展,需要解决材料的循环再生利用问题,这是21世纪对汽车工业发展提出的新的战略要求。近年来,全球每年报废汽车约5000万～6000万辆,汽车报废与回收不仅是实现汽车产业循环经济的一个重要环节,而且也是具有潜力的可循环利用的再生资源。

2)报废汽车的再生资源含量

在美国,报废汽车破碎后可分为三大部分:黑色金属、有色金属及汽车破碎残渣。破碎1200万辆汽车可回收1140万t黑色金属、80万t有色金属、390万t残渣。

在意大利,每年从报废汽车中回收的有用材料达130万t。其中:钢材78万t,生铁15万t,橡胶8万t,油漆7万t,玻璃6万t,铝合金3.4万t,铜和铅4.5万t,塑料14万t。

在我国,1982～2000年共计报废汽车442.1万辆,回收了1061.1万t废钢铁和19.9万t有色金属。报废汽车中蕴藏着大量的可循环利用资源。以我国一汽生产的中、轻型载货汽车和轿车的构成材料为例,其钢材、有色金属、铸铁、铸钢和非金属材料质量见表1-3。

我国典型中、轻型载货汽车和轿车构成材料质量　　　　　　表1-3

车辆型号	主要材料质量(kg)				
	整备质量	钢材	铸铁	有色金属	非金属及其他材料
CA7220	1476	1011.40	50.60	48.60	365.40
CA1046	1790	1118.00	242.50	41.30	388.20
CA1091	4310	2657.00	1159.00	49.60	444.10

根据 USAMP(United States Aircraft, Pilots & Mechanics Association)提供的数据,汽车制造中使用的主要金属材料、塑料和其他材料的类型、质量和比例见表1-4。

美国1995年型汽车使用的主要材料类型、质量和比例　　　　　　表1-4

材料	质量(kg)	比例(%)	材料	质量(kg)	比例(%)
铸铝	71	4.663	聚丙烯	25	1.6
压制铝型材	22	1.438	聚亚胺酯	35	2.3
铜	18	1.10	氯乙烯聚合物	20	1.3
铅	13	0.85	其他	63	4.11
其他	14	0.91	塑料总质量	143	9.33
有色金属总质量	138	9.00	乙烯丙烯橡胶	10	0.68
铸铁	132	8.59	地毯	11	0.73
生铁	23	1.48	玻璃	42	2.8
冷轧钢	114	7.46	轮胎	45	3.0
电炉钢	214	13.94	橡胶(不包括轮胎)	23	1.5
镀锌钢	357	23.29	合成橡胶	37	2.4
热轧钢	126	8.23	其他	24	1.57
不锈钢	19	1.24	其他类型的材料	192	12.53
黑色金属总质量	985	64.29	液体	74	4.83
车辆总质量:1532kg					

1978 年以后美国汽车制造中使用的金属和塑料材料的比例的变化见表 1-5。2004 丰田普锐斯轿车的材料构成与质量数据见表 1-6。

1978 年以后美国汽车制造使用的金属和塑料材料的比例变化（单位:%）　　　表 1-5

材料类型	1978 年型	1995 年型	2001 年型	2020 年概念型
金属	79.30	73.29	75.10	75.00
塑料	5.00	9.33	7.60	15.00
其他	15.70	17.38	17.30	10.00

2004 丰田普锐斯的材料构成与质量　　　表 1-6

材料	黑色金属	有色金属	塑料	橡胶	无机材料	有机材料	其他	合计
质量（kg）	770.85	228.15	153.45	29.15	34.65	18.90	27.9	1273.05
比例（%）	60.6	17.9	12.1	3.1	2.7	1.5	2.2	100

美国 1995 年生产的平均质量为 1532kg 的轿车所用各种材料的比例为:金属材料 1123kg,占 73.29%;塑料 143kg,占 9.33%;液体 74kg,占 4.83%;其他材料 192kg,占 12.53%。汽车内饰质量大约占整车质量的 15%,地毯质量大约为 13kg。

2. 汽车再生资源利用效益

我国是一个人口众多、资源相对贫乏和生态环境脆弱的发展中国家。建设节约型社会,以尽可能少的资源消耗,满足人们日益增长的物质和文化需求;以尽可能小的经济成本,保护好生态环境,实现经济社会的可持续发展,已成为国家重要的战略发展取向。建设节约型社会,必须实现低耗的生产方式。传统的生产方式侧重于产品本身的属性和市场目标,把生产和消费造成的资源枯竭和环境污染等问题留待以后"末端治理"。从可持续发展的高度审视产品的整个生命周期,在汽车开发之前就预先评估新车型所使用的材料组合或零部件的可循环利用性。这种理念也许不会在销售新车时带来直接的经济效益,但却能在未来获得环境效益。报废汽车回收利用是节约自然资源,实现环境保护,保证资源合理利用的重要途径,是我国经济可持续发展的重要措施之一。报废汽车的回收利用是涉及面很广的系统工程,既需要政府通过完善的法规加强宏观调控,又需要市场合理配置资源。对于当今的汽车工业,汽车回收已成为一个必然面对的问题。

1) 社会效益

再生资源的循环利用不仅可以节约自然资源和遏制废弃物的泛滥,而且与利用矿物原料进行加工制造产品相比,还可减少能源消耗和污染物排放。汽车生产和使用需要耗用多种材料和能源,这些资源中大多数是不可再生资源。如有色金属需要开采矿产获得,而这些矿产资源需要亿万年才能生成。若能够合理回收,可以最大限度地利用这些资源,实现资源利用的良性循环。由表 1-4 可见,从一辆报废的轿车中,可以回收废旧钢铁近 1000kg,有色金属近 50kg;对一辆中型载货汽车可以回收废钢铁近 3800kg 和 50kg 有色金属。同时,由于部分回收的汽车零部件经修复处理后再次进入市场,降低了汽车用户的使用成本。

有关资料显示,美国通过立法推动废旧汽车和轮胎的回收利用,取得了明显的社会效益。早在 1991 年,美国就出台了关于回收利用废旧轮胎的法律。从 1994 年起,凡是国家资助铺设的沥青公路,必须含有 5% 旧轮胎橡胶颗粒。由于旧轮胎含有抗氧化剂,可以减缓沥青铺路材料的老化,使路面更有弹性并延长公路使用寿命。

2）经济效益

实践证实，废旧汽车上的钢铁、有色材料零部件90%以上可以回收利用，玻璃、塑料等的回收利用率也可达50%以上。汽车上的一些贵重材料，回收利用的价值更高。统计表明，在50万辆梅赛德斯-奔驰轿车的催化转换器中含有2t铂，这些铂和转换器中使用的约0.5t铑至少价值为1亿马克。

根据美国专门从事汽车再制造工程最大的Lucas和Jasper公司一项调查，美国5万家再制造商的产值已达360亿美元。2005年的从业人员已超过100万人，年销售额超过1000亿美元。德国的汽车再制造工程产业也已经达到相当高的水平，至少90%零部件可以得到重用或合理处理。宝马公司已建立起一套完善的全国回收经营连锁店网络，汽车回收经济效益很好。如用过的发动机，经改造后，仅是新发动机成本的50%~80%，发动机在改造程序中，94%被修复，5.5%被熔化再生，只有0.5%被填埋处理。

3）环境效益

美国是世界汽车消费大国，其汽车消费所产生的"垃圾"也十分"可观"。美国每年因老旧或交通事故而报废的车辆超过1000万辆。以往废旧汽车都被一扔了事，人为地造成了巨大的环境污染，这同汽车尾气带来的大气环境恶化一样成为社会公害。随着废旧汽车对环境危害的不断加剧，美国从20世纪后期开始重视废旧汽车的回收利用，目前已成为世界上汽车回收卓有成效的国家之一。如果美国汽车回收业的成果能被充分利用，汽车制造对大气污染将比目前降低85%，而水污染将比目前减少76%。由于汽车回收业的存在和发展，减少了公路两旁废弃车辆的停放和堆积，消除了固体废物产生的社会问题。

第二节　汽车再生资源利用现状与趋势

一、国外汽车再生资源利用现状

汽车再生资源利用包括废旧汽车的回收、拆解、再利用（再使用和再制造）等活动。工业发达国家在废旧汽车资源化方面工作开展较早，其主要特点是：管理方式法制化、回收措施系统化、回收处理责任化、处理形式产业化、资源回收最大化和处理技术高新化等。

1.美国

美国汽车报废量居世界首位，因此每年需进行回收处理的数量也最大。美国回收处理报废汽车的方式是采用破碎机将废旧汽车破碎成块状，再通过磁选机和气流分选机进行不同材料的分离。汽车破碎后分为三部分：黑色金属碎片、有色金属碎片及破碎汽车残渣。破碎1200万辆汽车可回收1140万t黑色金属、80万t有色金属、390万t残渣。美国废旧汽车回收业已经成为一个年获利10亿美元的新产业，报废汽车零部件回收率达80%以上。在进行汽车设计时，就要考虑回收利用和可拆解性。因此，报废汽车回收拆解业已成为汽车工业的一部分。

早在1991年，美国就出台了关于回收利用废旧轮胎的法律。根据美国有关法律，汽车零部件只要没有达到彻底报废的年限，不影响正常使用，就可以再利用。经过多年的摸索，特别是采用了先进的回收技术和设备，美国已经能把占每辆汽车质量80%的零部件材料都回收并重新利用。

目前，美国大约有1.15万家汽车零部件回收商，汽车回收业每年向美国钢铁冶金行业提供的废钢铁占冶金业回收量的 1/3 以上。美国的再制造活动已在汽车、冰箱压缩机、电子仪器、机械制造、办公用具、轮胎、墨盒、工业阀门等领域开展。美国汽车工程师协会（SAE）还对诸如起动机、离合器、转向器、水泵和制动泵等一些具体零部件的再制造制定了行业标准。

在美国汽车研究理事会（USCAR）的支持下，通用、福特、戴—克三大汽车公司与美国能源部及阿贡国家实验室签订了一项价值数百万美元的名为"合作研究与开发"的协议（CRADA）。这项为期 5 年协议的主要内容是：在最大程度上节约成本，对报废汽车进行再回收。美国塑料理事会也参与了该项目的研究工作。阿贡实验室、美国塑料理事会和 US-CAR 三方研究计划的重点是，在现有的回收框架内对汽车材料进行回收的开发和认证。目前，在芝加哥的阿贡实验室中，已经有新型回收设备开始用于 CRADA 研究，它能够将四类报废的汽车垃圾进行两个阶段的分解回收：精细物（铁氧化物、其他氧化物、玻璃和污垢），聚亚胺酯泡沫材料，聚合物（聚丙烯、聚乙烯、丙烯脂—丁二稀—苯乙烯（ABS）、尼龙、聚氯乙烯（PVC）和聚酯等），含铁和无铁材料。

美国的三大汽车公司还在密执根州的海兰帕特建立了汽车回收研发中心。这里的工作人员是由各个汽车公司选派，其工作就是研究如何更快、更有利地进行拆车，以提高拆解效率。因此，美国已形成了年获利可达数十亿美元的废旧汽车回收行业，已经能够做到将一辆旧车 80% 的零部件材料加以回收和利用。1998 年，北美五大湖废旧物品循环利用研究学会（Great lakes institute for recycling markets）完成的废旧汽车回收示范项目，包括生产工艺示范、装备示范、仓储物流示范、零部件再利用、再制造等方面的示范内容，所有过程的信息通过计算机管理，并专门为拆解厂提供了业务流程管理软件。

福特公司在汽车回收方面一直走在同行的前列。20 世纪末，该公司的前任总裁纳塞尔瞄准了既能减少废车垃圾又能获得丰厚利润的旧车回收业务，收购了美国佛罗里达州最大的汽车回收中心——科佛兄弟汽车零件公司，然后又悄然购并了欧洲最大的汽车修理连锁公司——克维格·费特公司，成为欧美车坛举足轻重的旧车回收"排头兵"。此后，福特公司又一举将美国各地的 1 万余家汽车回收店纳入自己的经营范围。利用福特制造技术加工二手车零配件，并将有关资料输入计算机网络，供所有修理商上网查询；利用福特公司的销售运输体系，及时供应二手车零部件，从而组成一个无孔不入的汽车回收利用网络。尽管纳赛尔关于在 5 年内建成全球最大废旧汽车回收中心的目标随着他的离职不再能够实现，但他提出的"一切为用户着想，一切为环保着想"的口号代表了当今汽车制造商的环保理念。

2. 日本

20 世纪 80 ~ 90 年代，由后工业化或消费型社会产生的大量废弃物逐渐成为环境保护和可持续发展必须解决的主要问题。因此，日本政府从 20 世纪 90 年代开始就加强对废弃物的管理和循环利用，由此也推动了以再生资源利用为特征的"静脉产业"的兴起与发展。

日本报废汽车的回收工作最初是以回收钢铁资源为主要目的，采取了将可利用的金属及其他零部件从报废汽车中拆除并进行循环利用的方法。目前，日本报废汽车回收利用率已达到 75% ~ 80%，其中 20% ~ 30% 可使用的零部件被再利用，50% ~ 55% 作为原材料进入再循环阶段。废旧汽车再生利用主要是通过废旧汽车回收、拆解和金属切片加工（废钢铁破碎及分选）"三段式"来实现。

1）丰田汽车公司

为了提高废旧汽车循环再生利用率（The recycle / recovery rate of end-of-life vehicles），

采取了许多具体措施而且取得了很大的进步。2001年,丰田汽车公司为了在此基础上进一步提高再生技术的水平,成立了汽车再循环技术中心(Automobile Recycle Technical Center)。其主要任务如图1-1所示。汽车再生技术中心与其他部门的关系如图1-2所示。

图1-1　丰田汽车再循环技术中心任务

丰田汽车公司汽车再循环技术中心为实现2015年达到95%的再生利用目标而不断努力,并加快了在汽车可拆解结构和使用有效拆解方法等方面的研究步伐。这些涉及各个方面的技术已经应用到公司的相关设计部门,而且拆解信息也被提供给拆解公司,以提高再生利用率。在汽车从设计制造到报废为止的整个寿命周期内,必须考虑循环再生利用问题。丰田公司利用现有的技术,在产品开发、制造、使用和报废处理过程中,尽可能使废弃物减至最少,使有限的资源得到最大的利用。

图1-2　汽车再循环技术中心与其他部门的关系

自1990年10月丰田公司成立再生委员会以来,一直重视从产品研发到报废处理的全寿命周期过程的可再生汽车(Easy-to-recycle Automobiles)的研发,充分利用现有资源。在汽车研发阶段就研究可再生材料,设计可拆解结构;在制造过程中,研发和应用各种可循环技术。在使用阶段,为销售商建立了一个可再用部件信息系统,促进拆解汽车可用零部件的循环利用;在报废阶段,研究有效的汽车拆解技术,提高报废汽车残余物(ASR:Automobile Shredder Residue)的利用率。重视汽车全寿命周期循环再生利用活动信息对研发过程的反馈,以确保可利用资源的有效利用,如图1-3所示。

图1-3　汽车再生利用信息反馈模型

到目前为止,丰田汽车公司已经达到81%~83%的报废汽车金属质量得到了回收利用。然而,占质量17%~19%的树脂和橡胶仍然被废弃。报废汽车残余物中包含的材料成分比例如图1-4所示。

丰田汽车公司研制的再生型汽车Raum轿车,其制造材料具有明显的特点。一种称之为丰田生态塑料(Toyota Eco-Plastic)的材料来自植物,如甘蔗和玉米。

由于作物不仅在生长过程中吸收二氧化碳,而且还减少了传统塑料所需石油资源的消耗。聚交脂酸改进剂和复合物是丰田生态塑料研发基础,这种新的材料被用于汽车零件的制造,如 Raum 轿车的备用轮胎盖、地板垫。

丰田汽车公司还注意限制含铅材料的用量,以减少废旧物中铅对环境的危害。到 2005 年,日本整个汽车工业生产的新年型汽车铅的用量已经降到 1996 年用量的 1/3。而丰田汽车公司已有 3 个车型的铅用量降低到 1996 年的 1/10。丰田汽车铅用量的变化如图 1-5 所示。同时,还改进安全气囊的处理方法。

图 1-4 ASR 中材料成分比例

图 1-5 丰田汽车铅用量的变化

丰田汽车公司依据日本汽车回收再生法公布了 2005 年度(2005 年 4 月~2006 年 3 月)在汽车粉碎残渣 ASR、气囊类和氟利昂类这 3 种特定的资源回收、再利用方面的结果。汽车回收再生法要求汽车生产厂家有义务承担上述 3 种特定零部件的回收及合理再利用工作。丰田汽车公司在日本全国范围内对 ASR 委托相关回收公司,气囊类以及氟利昂类零件委托行业共同设立的财团法人——汽车资源再利用合作机构,进行了合理有效的回收、再利用。

2005 年度,丰田汽车公司实现 81 万台 ASR 的回收,总质量为 16 万 t,其中 9 万 t 实现了再生;ASR 再生率为 57%,同比(2005 年 1~3 月)提高了 7%,高出了日本为 2010 年度制定的 50% 的法定标准。这是通过对 ASR 再生设备的重点投入以及扩大再生率的全部再生方式(不对分解的汽车进行粉碎处理,直接将其作为钢铁等原材料全部投入电炉或转炉进行再生处理的一种方法)来实现的。如果换算成车辆回收再生的实际效率,回收再生率为 93%,确保超过了 85% 的法定标准。同时,也对氟利昂类零件进行了合理的改进。

早在 20 世纪 90 年代,丰田汽车公司就开发了汽车的树脂、纤维材料再利用技术,并将高性能的再生隔音材料 RSPP(Recycled Sound-Proofing Products,用 ASR 中包含的氨甲酸酯和纤维再生的防噪声材料)进行了产业化。1996 年起,丰田汽车公司在日本国产车内使用 RSPP 材料,并逐步扩大到多种车辆类型(已有 19 种车型)。在 2005 年度,使用该种材料的车辆达到 1000 万辆。此外,丰田汽车公司致力于推动汽车回收再生效率的提高和加强再生技术的开发,争取通过更大努力早日达到可再生率 95% 的目标。

2)本田汽车公司

对汽车产品进行可再生研发的代表性活动见表 1-7。在研发阶段,本田公司就严格遵守减量化、再使用和再循环的原则。使用环境友好型材料和结构,用最少的材料满足功能要求。减量化就是要求零部件的小型化、轻量化、长寿命和可维修。再使用就是使原来是报废的零部件成为可拆解和长寿命的可再使用部件,减少废弃量。再循环就是使原来报废的材料再一次作为材料使用,它要求材料可再生、对环境影响小和尽可能利用再生材料。

本田汽车公司对汽车产品进行可再生研发的代表性活动　　　　表 1-7

年份	1983 年	1992～1994 年	1996 年	1997 年	1998 年	1999 年	2001
研发内容	全部采用聚丙烯(PP)塑料保险杠	大于100g的零件都标注上材料成分,以便回收时分类处理	设计易拆解保险杠结构	石蜡基塑脂材料制造仪表台	进行集成模块化设计,提高报废汽车安全气囊的安装与拆解效率	大于50g的零件都标注上材料成分,以便回收时分类处理	基于3R理念,选择制造材料和设计产品结构
评价技术		建立摩托车循环再生性评价系统	建立汽车循环再生性评价系统				基于3R理念,改进评价系统

3) 日产公司汽车

对汽车产品可再生研发代表性活动见表 1-8。日产公司将从报废汽车上拆解下来的可再使用部件称作"尼桑绿色部件"(Nissan Green Parts),其标识如图 1-6 所示。从报废汽车上拆解下来的可再用部件,用"尼桑绿色部件"的名义出售。这种部件既可以再使用,也可以再制造。再使用部件是只经清洗并检测合格后就可以使用的零件,而再制造部件是经拆解、清洗、检测、修复处理后可以使用的部件。

日产公司汽车产品可再生研发代表性活动　　　　表 1-8

年份	1995 年	1996 年	1997 年	1998 年	1999 年	2000 年	2001 年	2002 年	2003 年	2004 年	2005 年
可循环再生性		到1998年,Sunny 牌轿车的可循环再生率超过了90%以上			到2002年,March 牌轿车的可循环再生率超过了95%以上				到2004年,全部 Lafesta 牌轿车的可循环再生率超过了95%以上		
环境影响		到1998年,铅的用量不到1996年的1/3			到2003年铅的用量是1996年的1/10;为欧洲市场生产的品牌符合欧盟标准				到2005年 Cube 最先达到 MHLW 标准		
材料再生		到1997年,塑料的种类由36种减少到了6种		使用 PET 地毯		Hypermini 部分部件可循环		使用同种材料制造仪表台和门窗装饰条			
可拆解性		一体化安全气囊系统		上下可分式仪表台结构;后灯的组合式结构		保险杠的固定点数减少;			Lafesta 采用易拆解线束		

1998～1999 年,尼桑绿色部件的销售额为 200 万日元;到 2002 年,其销售额达到了 10 亿日元;2005 年增加到 21 亿日元。日产公司在日本的 7 个地区建立了 31 个销售店。可再使用的部件有 31 种,包括前照灯、组合式尾灯、车门、挡泥板、发动机罩、仪表、起动机、刮水器电动机、传动轴、动力转向总成、连接件和后视镜、交流发电机等,如图 1-7 所示。可再制造部件有 11 种,包括发动机、自动变速器、液力偶合器、电子控制模块、制动蹄、动力转向泵、无级变速器、发电机和起动机等。

日产公司积极促进塑料保险杠的回收和循环利用,主要采取作为维修配件和生产新零件的原料两种方法。这些做法在 1992 年就开始实施,到 2005 年回收的汽车保险杠的数量达到 273000 件。

图 1-6　尼桑绿色部件标识

图 1-7　典型可再使用部件
a)后视镜;b)交流发电机

1998 年,日产汽车公司创刊发行了"绿色循环通讯",为相关人员及时提供环境影响报告和基于汽车再生循环法要求的各种数据。

3. 欧盟

1)德国

德国是一个汽车生产和消费大国。德国为了避免使报废汽车成为环境的污染源,自2002 年 7 月 1 日起实施《旧车回收法》。该法规定:汽车制造商或进口商,有免费回收旧车的义务,并须将车体以环保的方式回收、再利用。自 2006 年起,汽车材料、零件的回收必须达到 85% 的回收率以及 80% 的再利用率。从 2015 年起,则分别提高到 95% 和 85%。根据这个法律,自 2003 年 7 月开始,德国汽车生产商已不能使用含有重金属的材料,如镉、汞、铅和六价铬等,以防范更严重的环境污染。

德国拥有约 200 多家废旧汽车回收企业,汽车回收率已达 96%。德国政府的要求是,2001 年以后服役的汽车回收率要达到 100%,并将其列入国家环保计划。实际上,德国汽车业从 20 世纪 90 年代初就开始逐年增加在汽车回收和再生方面的投资。1991 年以来,德国的 3 家主要汽车生产商用于建设专门的拆卸生产线上的投资就达 12 亿马克,年均增幅达20%,远高于其他国家。从 1992 年开始,奔驰公司按照技术标准回收和利用汽车上的旧零件。

在城市中开设专门的汽车零部件收购商店,是德国汽车业对环保所做贡献的一项有效措施。宝马公司通过收购店在 3 年内收集的废旧零部件多达 1000 多种。这些零部件被送往专门的拆解工厂,有不少材料可用于生产新的产品。如对于回收的旧塑料保险杠,经碾碎后可重新制造,其生产成本比采用原塑料制造低 15%。德国政府鼓励开设旧汽车回收企业,国家在信贷、税收上予以照顾。不过,德国昂贵的劳动力使汽车回收业难以获得利润,对此汽车生产商都给予补贴。如奔驰公司曾 3 年内就在这方面的资助达 1400 万马克。该公司认为借此树立"绿色"形象,其宣传效果不亚于花巨资做广告。

德国约有 4000 多家废旧汽车拆解企业。在废旧汽车拆解厂的拆解线上,汽车以逆向装配过程被分解。发动机、车架、塑料、导线和稀有金属等被分门别类堆放在一起。完好的部件被送到汽车修理厂作为备件使用,其余的作为回收材料进行再生处理。在德国报废汽车标准中,对旧车的处理、零件的再利用及对环境的影响等都有明确的规定。德国报废汽车无论是拆解还是零件的回收利用,都采用了较为先进的装备;报废汽车中废液的排除与收集、废旧橡胶的回收和再生利用等基本做到不污染环境。德国奔驰汽车公司的金属材料回收率已达 95%。德国政府采取相关政策,促进增加投资,发展废旧汽车回收业。报废的汽车既能产生巨大收益,同时又减轻对环境的污染和破坏,可谓一举两得。

著名的大众、宝马和奔驰汽车制造公司都已建立了汽车拆解试验中心。

宝马汽车公司 1990 年就在慕尼黑的郊外成立了研发中心,专门进行汽车以及摩托车回收的研究和技术开发。该中心是宝马汽车公司废旧汽车的回收地,并且被认为是汽车工业唯一的由制造商运行的回收和拆解中心。回收中心有一项最重要的工作就是研究拆解方法,开发拆解设备,进行相关人员的培训,并与设计和工程部门合作,以保证其研究成果可以在新型号汽车的设计中得到有效的推广应用。汽车回收拆解试验中心将废旧汽车分类处理,以便确定最佳拆解步骤。经过多年的探索,该中心已经成为宝马汽车公司的独立研发组织,同时也是一家获得了资格认证的废物处理机构。其所确定的拆解原则是以简单、高效的方法和最低的成本使可再利用材料得到回收。整个拆解过程都进行详细记录,以便为新一代宝马汽车的生产设计提供数据,使之更易于拆解。例如,宝马 3 系列汽车前照灯的回收是所取得的一系列成功案例中的一个。尽管 3 系列汽车由无数独立的部件和材料组成,但拆解过程却很短。目前,最新的 7 系列汽车挡泥板的设计充分考虑了汽车报废时拆解的简易性要求。此外,对发动机的回收也很成功。发动机拆卸下来后被送到位于 Landshut 的工厂,在那里,每年可翻新 15000 台发动机,并以新发动机一半的成本达到新发动机的质量。不仅如此,该中心还出售回收后的转向盘、轮胎、后门、车顶天窗式组件、后视镜和车灯组件。其中,利润最大的回收部件是催化转换器,因为这一部件中所含有的贵金属都可以得到再利用。

在研究新型汽车回收的同时,研究人员还将眼光投向了未来的汽车。目前,试验室人员已经开始研究氢气汽车的最佳拆解和回收方法了。根据多年的研究,宝马汽车公司的设计人员已经认识到,若想简化回收过程,就需要在汽车开发之前预先开发专用工具,用来评估新车型所使用的材料组合或零部件的可循环利用性,然后将得到的信息传递发布出去。

大众汽车中试基地培训了一批车辆循环利用专家。拆解工作的第一步是移去发动机,把齿轮油、制动液和制冷剂等废液送到废物处理场。然后再将塑料和金属零件分开。诸如发动机和变速器之类的总成从车上拆下,以便重新组装。若损坏不能工作,则送至破碎机。蓄电池也被拆除,以供再生利用。

2)英国

英国的废旧汽车回收法规着重于环境保护。英国每年产生各种垃圾 4 亿 t,绝大部分经焚烧提取热能,其余部分进行填埋处理。目前,报废汽车拆解业每年产生的废弃物填埋量约占全部垃圾填埋量的 0.25%。拆解厂大多采用较为先进的装备,报废汽车中各种残留油、液体、废旧轮胎等,都能做到不污染环境,同时使可再生物质得到最大的回收利用。

英国在将废旧轮胎用于电厂发电方面效果显著。目前,英国有至少 5 座电厂利用废旧轮胎为燃料。1995 年,英国第一家轮胎燃烧动力发电站,被称为英国最干净的发电站。该电站不排污,每年可以处理英国 23% 的废轮胎,并且在成本上可与常规燃料竞争。

英国现有拆解企业 3000 多个,绝大多数是 3~4 名职工的小企业,年拆解量有限,能拆解 1 万辆以上的企业很少。

3)法国

法国每年约有近 200 万辆废旧汽车,为此,标致—雪铁龙集团联合法国废钢铁公司等建立了汽车分解厂,雷诺汽车公司同法国废钢铁公司建立了报废汽车回收中心。几年前,法国的废旧汽车被压碎后只有 70% 的钢铁和 6% 的其余金属材料可以回收利用,现在已有近

75%的零部件得到回收利用。法国的目标是在2006年将汽车回收利用率提高到85%,并在此基础上进一步达到95%。另外,废旧汽车被压碎后,平均每辆车可产生200～300kg的残碴垃圾,不仅污染环境而且浪费资源。因此,法国决定今后在设计汽车新产品时,必须考虑到报废后的回收利用。法国废旧汽车有一套完善的回收报废制度,首先是建立了完整的废旧汽车回收体系。这项工作基本上是受省级政府的控制,采取审批制。凡是开展此项业务的企业都必须向省级政府提出申请,经省长批准后才能开展业务。政府没有任何优惠政策,完全按照市场化运作。

在法国,经营废旧汽车回收拆解的公司被称作废旧汽车转运公司,任何人均可提出创建这种汽车回收企业的申请。政府在区域、数量等方面没有限制,只是对此行业实行宏观控制,制定汽车报废制度,从制度上杜绝非法行为。政府通过对废旧汽车转运企业实行论证,从而规范市场。论证中心是一个经法国环境能源署认可的中介机构,负责制定论证程序、标准等。但论证采取自愿的原则,非强制性认证。经过认证的企业,市场的信誉度高,废旧汽车的回收数量大。此外,法国政府还对废旧汽车转运业务进行控制监管。现在法国有3000多家从事废旧汽车转运业务的企业,但经省一级单位批准的只占1000家,不足1/3。这说明政府在此方面控制得并不严格,完全是通过市场来调节的。在法国一般转运企业分大、中、小三种类型,大型企业平均每年转运汽车3000～5000辆,中型企业每年1200辆,小型企业每年200辆。

法国在再生资源综合利用方面始终贯穿着两个理念,即环境保护和资源再生利用。作为再生资源综合利用的指导思想,在法律、法规中充分得以体现。资源再生利用的一个原则是能利用的尽量全部利用,这在废旧汽车的拆解过程中得到了体现。在废旧汽车的拆解中,废旧汽车转运公司将汽车按部位实施拆解,拆解后零部件分类并加以利用;不能利用的部分则作为原材,由公司卖给破碎厂进行破碎,然后再生利用。

4)瑞典

瑞典1998年通过立法,规定汽车报废后由汽车生产厂无偿回收,再由汽车厂(含进口商)建立废车处理准备金。处理准备金来源可用提高售价以及附加费的方式解决,政府对基金免税,并且1998年以后出厂的新车都适用这个规定。

瑞典沃尔沃汽车公司和汽车拆解商联合建立了名为“斯堪的纳维亚汽车回收环保中心(ECRIS)”的机构。该机构在处理废旧汽车方面的独特之处就在于以汽车整个寿命周期为目标,从生产中的废料直到报废汽车零件和废液全部都纳入回收处理,并对所有沃尔沃汽车进行全面的研究,以减轻报废汽车对整个环境所带来的影响。为此,对所有型号的沃尔沃汽车都已编制了拆卸手册,并且还投入了相当大的精力来研究再生材料市场的可行性。沃尔沃汽车上的所有塑料零件都做了标记并编了号,拆解商可以很容易了解塑料的种类及潜在的回收性。

斯堪的纳维亚汽车回收环保中心(ECRIS)是一个废旧汽车回收处理的示范工程。一期工程从1996～1997年,为沃尔沃全部车型的拆车工作建立了1个示范基地。二期工程从1997～1999年,为全部欧洲车型建立拆车示范工程。ECRIS不仅讲求环境效益,也追求经济效益。它的资金来自出售拆车材料、参股者的出资和科研补助。其研究的内容包括环境影响、材料回收、能源回收、有毒物质和协调运输。其中发动机和变速器若修复费用低,则由技师进行测试和修理,然后出售给修理厂再用,ECRIS还给二手发动机30天的保修期。

近年来,沃尔沃努力在生产中使用再生材料。目前每部沃尔沃S40和V40型车上所使用的再生塑料、木纤维和衬垫总质量已超过12kg。一部轿车中有75%的部分可回收利用。在新的实验中,分可回收利用率更高达85%。所有质量超过50g的塑料零件都打上标记,以利于拣选。回收的铝用于发动机汽缸制造,并且约有6kg的塑料部件是用再生材料制成的。沃尔沃还与其他汽车制造商联手,共同确认所有取自于报废汽车的材料所具有的市场性和经济性。

5)意大利

意大利汽车行业一直遵循的发展原则是:降低油耗与减少排放污染、生产低环境污染汽车、开发使用替代燃料动力系统的汽车、在汽车使用寿命结束后进行回收利用。

意大利菲亚特公司以生产轿车和轻型商用车著称,是该国注重汽车回收再生利用的典范。目前,该公司采用还原再生法回收加工汽车中的零部件,取得了显著的经济效益。虽然报废汽车的回收利用不但有利于环保也有利于节约资源,但汽车上所有材料100%可以回收利用目前还不能实现。也就是说,汽车材料回收技术仍是当前一门新兴的技术。

目前,汽车上10%左右的零部件是用各种塑料制成的,如保险杠、内装饰和仪表板等。由于塑料使用时间长了会老化,各项性能指标也会下降,因此利用废旧材料回收再生产同样性能的产品也就达不到相关的质量指标。于是,菲亚特汽车公司把废旧塑料回收加工成强度与安全性能低一等的其他零部件。例如,汽车使用10年报废后的保险杠和仪表板,可用来回收做进气管材料;再过10年后,回收做地板材料,也可能会用于生产其他民用工业产品;直到完全丧失使用价值后,再进行作为燃料的能量回收。

4. 欧盟报废汽车指令简介

按照欧盟的法律,欧盟条例和规定分四等:法规(regulation)、指令(directive)、决定(decision)和建议。法规对EU成员国约束力最强,成员国的国内法必须与之一致,直接适用于成员国。指令对成员国约束力不如法规,EU各国的国内法或国内法规必须按指令精神制定和修改制定国内法规,指令有强制性指导作用,因此欧盟各国必须按WEEK、RoHS和ELV分别按国内法修改制定新的法规。欧盟于2000年颁布了关于报废汽车的指令(2000/53/EC指令),其内容涉及汽车产品的设计、生产、材料、标识、有害物质的禁用期限、分类回收体系的建立等。欧盟各国政府根据各自不同的背景情况,积极制定相关法律法规配合实施指令。

1)立法背景

1997年,欧盟委员会接受了一项目的在于减少报废汽车拆解和再回收利用对环境产生影响的提议,此项提议明确了报废汽车及其零部件回收利用的量化目标,及促进生产厂商在设计生产新车时就考虑其再生利用问题的措施。

1999年末,奥地利、比利时、法国、德国、意大利、荷兰、葡萄牙、西班牙、瑞典和英国等欧盟成员国,各自制定了关于报废汽车的法规,并与生产商签订志愿者协议。

2000年9月18日,欧洲议会和欧盟理事会参考了各方提议及商议结果,协调先前各成员国的报废汽车法规和志愿者协议,通过了欧盟报废汽车指令。报废汽车指令的目的是协调各成员国的现有法规,推动欧盟成员国及汽车生产厂商完全执行指令规则,其最终目标是使汽车屑残渣填埋量不超过5%。

2000年10月21日,欧盟报废汽车指令2000/53/EC在欧共体官方公报上颁布并正式生效。

2)欧盟报废汽车指令2000/53/EC框架

欧盟报废汽车指令2000/53/EC对报废汽车再生利用的各个方面进行了详细规定,其框架如下：

（1）目的。汽车废弃物的预防，报废汽车材料及组件的再使用、再循环和回收中尽可能减少废弃物的处理量；同时，在汽车整个生命周期中，特别是报废汽车的处理过程中尽可能减少对环境的污染。

（2）定义。指令中定义了所提到的"汽车""报废汽车""生产厂商""防污""处理""再使用""再循环""回收""处置""经济运作者""危险物质""粉碎设备""拆解信息"等术语。

（3）范围。指令适用于汽车和报废汽车，包括生产的材料和零部件。

（4）预防。欧盟成员国应鼓励生产厂商在汽车生产过程中，尽可能避免使用有害物质。汽车的设计和生产应考虑有利于拆解、再使用和回收，特别是再利用其零部件和材料。生产厂商应在汽车及产品中，增加可再生利用材料的使用。欧盟成员国应确保 2003 年 7 月 1 日以后投入市场的汽车和零部件，不含铅、汞、锡和六价铬，除该指令附录Ⅱ中列出的一些特殊部件。

（5）回收。欧盟成员国应采取必要措施建立技术可行的报废汽车回收系统，拥有充足、有效的回收设备，确保报废汽车转移到认定的处理机构；建立报废汽车的注销系统，并由系统提供报废汽车的回收证明；确保生产厂商提供全部或大部分报废汽车的回收费用，报废汽车由处理机构免费回收，即使报废汽车不含有用零部件；确保权威机构相互认可和接受其他成员国发出的指令。

（6）处理。欧盟成员国应采取有效措施，确保所有报废汽车根据指令进行储存和处理（执行指令附录Ⅰ要求，不偏离国家的健康与环境法规）；确保处理机构都是得到权威机构授权的；确保处理机构都能完成指令中所规定的义务；确保许可证或注册登记满足指令中相关要求；鼓励建立经过鉴定的环境管理系统，执行提出的处理操作要求。

（7）再使用和回收。欧盟成员国应采取必要措施，鼓励零部件的再使用和不可再使用零部件材料回收。

（8）编码标准和拆解信息。确保汽车生产商使用零部件和材料编码标准，以利于可再使用和回收的零部件和材料的鉴别。2001 年 10 月 21 日之前，委员会应按指令中提到的程序建立有关标准。生产商应在新车投入市场 6 个月内，向 ATFS 提供每种车型的拆解信息。成员国应确保汽车的零部件制造商向 ATFS 提供关于可再使用零部件的拆解、存储和检测方法信息。

（9）报告和信息。指令执行每间隔 3 年，欧盟成员国应向委员会递交一份关于指令执行情况的报告。报告内容包括收集、拆解、压碎、回收和再循环产业的变化。成员国应要求相关机构和企业公布有关信息，如考虑到可回收利用性和可再利用性的汽车及其零部件的设计信息等。

（10）执行。2002 年 4 月 21 日起，成员国应必须配合指令实施国内法规和管理政策。成员国应以书面形式向委员会传达采纳指令后通过的国内法律的主要规定。

（11）储存和处理标准（附录Ⅰ）。此附录根据指令第六章节的要求，确立了报废汽车处理的最低技术要求，包括报废汽车的储存地点、处理地点、防污处理操作、促进再利用的处理操作和避免备用件、可回收件及含液体部件损坏的储存要求。

（12）危险物质使用规定（附录Ⅱ）。此附录是对第四章节中涉及的材料和零部件解除有关禁用规定的说明。

欧盟指令2000/53/EC从正式颁布之日后,又经过了多次修订和完善,主要是对汽车生产、使用、报废过程中对有害及危险物质的使用规定,目的是进一步减少对环境的污染。

3)欧盟汽车材料构成与报废汽车回收利用目标

欧盟《关于报废汽车的技术指令》实质上是要减少报废汽车处理时需要被填埋、被焚烧的剩余物,即减少报废汽车的最终废弃物含量。目前,报废汽车的回收利用技术可以分为零件的再使用、材料再回收利用和能量利用等方式。由于受到汽车零部件再制造技术的约束,再利用的零件有一定的质量要求、存在使用寿命周期问题,因而提高零件的再使用率往往不会直接减少报废汽车的最终废弃物含量,而是由报废汽车材料再回收利用中转化而来的。因而,提高报废汽车回收利用率的方法应该从汽车的材料构成入手。

从2000年和2005年欧盟轿车的平均单车材料构成可以看出:橡胶的用量基本未变;塑料件的比例在5年间增加了1%;金属件的比例有所下降,但其中有色金属用量略有上升;其他材料的质量比基本保持不变。按照这种材料平均构成比例,实现欧盟95%再利用和回收利用目标,需要考虑每种材料的可回收利用性。

通常认为金属材料可以全部回收利用,但是由于存在重金属污染问题,也需要进行一些特别处理。非金属的回收利用应该是提升报废汽车回收利用率工作的重点。占有报废汽车质量比11%的塑料是今后回收利用工作的难点。因为塑料不仅是一种难以自燃、分解的物质,而且部分塑料通过焚烧的方式进行处理也会造成严重的大气污染。

为了减轻汽车质量,提高整车的燃油经济性和某些零部件的使用性能,汽车制造商推行的汽车轻量化设计技术,仅仅是改变了汽车材料的构成比例,对实现欧盟报废汽车回收利用指标的贡献不大。依靠材料工业的技术进步,充分考虑新材料的可回收利用性,才能保证推广和应用汽车轻量化设计技术符合欧盟《关于报废汽车的技术指令》的要求。

另外,重金属作为合金元素、杂质或者添加剂等广泛存在于各种材料中,在报废汽车回收时容易造成二次污染,对环境保护是不利的。在钢铁、铝、铜等金属中都含有铅;在塑料中,铅是常用的稳定剂。车用铅酸蓄电池、电镀用六价铬、车用气体放电灯、安全气囊、仪表板显示等,都是含有重金属。如果回收处理不当,都可能造成二次污染。因此,开展危险物质禁用与申报制度有利于提高报废汽车的回收利用率。

然而,开展汽车零部件危险物质禁用与申报制度将涉及整个汽车产业供应链,特别是材料等基础工业。需要整个工业界的共同努力,推进材料替代研究工作,开发出既可以方便回收利用,又能满足零部件各种功能需求的新型材料。因此,如果不考虑禁用危险物质,肯定满足不了该指令设定的预期目标。此外,直接针对目前不能回收利用的最终废弃物,开展各种研究工作,依靠科技进步直接减少最终废弃物的含量,是实现该指令目标的一种有效手段。

由于汽车产品设计可以直接决定零部件的材料选用,也就决定了报废汽车的可回收利用性,因而在产品设计过程中着手考虑汽车在报废处理环节上的零部件拆解性和材料的回收利用性,可以提高汽车产品的回收利用率、延长汽车零部件的使用寿命、实现资源的最佳利用。因此,在该指令的执行过程中,汽车制造商、零部件与材料供应商应处于主导地位,在汽车行业和整个供应链中贯彻执行该指令的要求,主动开展有害物质禁用与申报工作,对提高报废汽车回收利用率是至关重要的。

4)汽车制造商的责任与义务

欧盟《关于报废汽车的技术指令》要求各成员国确保汽车制造商在设计时将报废汽车

的可回收性作为判定标准之一,承担起汽车产品全寿命周期的环保责任;同时采取有效措施限制重金属的使用,保障人类身体健康和生态系统平衡。该指令所定义的责任,不仅是汽车整车制造商的职责,而且也是整个汽车产业链的职责,包括了原材料供应商、汽车零部件制造商、报废汽车处理企业等。为此,欧盟各成员国纷纷立法保障这一要求的具体实施。

5)欧盟《关于报废汽车的技术指令》影响的广泛性

由于欧盟《关于报废汽车的技术指令》不仅针对各成员国汽车制造商,而且要求各成员国的汽车进口商也要负责报废汽车的回收利用工作,实际上成为了全球汽车制造商要共同遵守的技术法规。该技术指令的出台自然受到世界各国汽车制造商的关注。在欧盟《关于报废汽车的技术指令》的影响下,一些国家纷纷制定或修订相关报废汽车回收利用法规,对汽车进口商提出了同样的要求。可见,报废汽车回收利用法规的全球性已经不可忽视了。

在应对欧盟《关于报废汽车的技术指令》方面,部分日本汽车制造商已经开始在欧盟建立起自己的报废汽车回收利用网络,同时也与欧盟汽车制造商开展企业间的合作,实施资源共享,利用欧盟汽车制造商的现有系统开展报废汽车的回收利用工作。各跨国汽车公司已经启动了内部协调机制,开始了公司内部的子公司间的国际协作,讨论如何应对各国报废汽车回收利用法规可能带来的负面影响,通过资助各国政府的报废汽车回收利用研究工作,来争取各国政府支持建立依靠市场机制主导的报废汽车回收体系,实现零投入的报废汽车回收业务,从而实现汽车制造商的利益最大化。

二、国内汽车再生资源回收利用概况

我国报废汽车回收拆解业从其本质属性,一开始便纳入再生资源范畴。报废汽车回收拆解业是再生资源产业的重要组成部分。因此,再生资源产业的整体发展状况也就反映出中国报废汽车回收拆解业的发展与现状。再生资源产业在我国已有多年的发展历史,为国民经济发展和环境保护做出了重大贡献。

1. 报废汽车回收利用体系建立与管理机制

1)初建时期(1980~1994年)

中华人民共和国成立初期,我国汽车保有量只有几万辆,到改革开放前发展到100万辆,20世纪80年代初期刚超过200万辆。20世纪90年代,我国汽车工业快速发展。全国汽车保有量从1982年的216万辆猛增到2010年的8500多万辆。与此同时,我国汽车报废更新速度也相应加快。

1980年,为了节约能源,国家计委、国家经委、交通部和国家物资总局等部门联合发文(计综〔1980〕666号),要求车辆更新单位必须将废旧汽车交给物资金属回收部门回收。回收部门接收旧车后,应及时解体作废钢铁处理,不得用旧零部件拼装汽车变卖。

1981年以后,国务院、国家计委、国家经委、国家机械委和国家能源委等政府部门分别发布了《关于更新改造老旧汽车报告的通知》(国发〔1981〕173号)、《关于加速老旧汽车更新改造的通知》(计机〔1983〕605号)、《报废汽车回收实施办法》(物再字〔1990〕421号)及《关于加强老旧汽车报废更新工作的通知》(计工〔1990〕767号)等文件。其中,决定成立全国老旧汽车更新改造领导小组,下设办公室,由国家物资局为主负责日常工作。强调加强老旧汽车更新工作的组织领导,加快更新步伐,做好报废汽车的回收、拆解工作。同时,制定了具体办法和规定,对加速老旧汽车更新实施了一系列鼓励政策措施。重申报废汽车回收工作由物资统一管理,要求各地方物资部门要指定和适当增设回收、拆车的网点。物资部再生利用总公司和地方各级物资局指定的物资再生(金属回收)公司负责收购报废汽车,回收单位要及时对报废汽车进行解体加工,发动机、前后桥、变速器、车架和转向器等几大总成必须作废钢铁处理,禁止出售报废旧车和总成;对尚可使用的零件允许回收单位作价出售,但严禁拼装整车转卖。到1994年,全国物资系统已建有报废汽车拆解厂、点3000余家,初步形成了收购、拆解、回炉和返材系统化服务体系。

2)完善时期(1995~1999年)

1995年,汽车更新办公室和国内贸易部联合发布了《报废汽车管理办法》(汽更办字〔1995〕第016号),对报废汽车回收管理及报废汽车回收程序等作了详细规定。

1996年,国家经贸委、国内贸易部联合下发了《关于加强报废汽车回收工作管理的通知》(国经贸〔1996〕724号),规定实行报废汽车回收拆解企业的资格认证制度。资格认证具体实施办法由国内贸易部颁布并负责资格认证工作。公安部门根据资格认证文件核发特种行业许可证,工商行政管理部门根据资格认证文件和特种行业许可证核准注册登记。

1997年,国内贸易部、国家经贸委印发了《报废汽车回收(拆解)企业资格认证实施管理暂行办法》的通知(内贸再联字〔1997〕第53号),明确了企业资格认证的条件、程序和年审制度等,规定全国报废汽车回收(拆解)企业控制在400家,企业年回收(拆解)量不低于900辆的行业规划。严禁审批新的报废汽车回收(拆解)企业。

1997年7月15日,国家经济贸易委员会、国家计划委员会、国内贸易部、机械工业部、公安部和国家环境保护局发布了《汽车报废标准》(国经贸经〔1997〕456号)。这是对1986年制定的《汽车报废标准》的修订。同时,公安部发布了关于实施《汽车报废标准》有关事项的通知(公交管〔1997〕261号)。

1998年7月7日,国家经济贸易委员会、国家计划委员会、国内贸易部、机械工业部、公安部和国家环境保护局发布了关于调整轻型载货汽车报废标准的通知(国经贸经〔1998〕407号)。2000年12月1日,国家经济贸易委员会、国家发展计划委员会、公安部和国家环境保护总局又发布了关于调整汽车报废标准若干规定的通知(国经贸资源〔2000〕1202号)。

1999年,国家国内贸易局、公安部和国家工商行政管理局联合下发了《关于做好报废汽车回收(拆解)企业管理工作有关问题的通知》(内贸局联发再字〔1999〕第11号),重申了报废汽车回收管理工作的重要性,要求认真做好认证工作。各地商品流通主管部门和报废汽车回收管理部门要加强对报废汽车回收(拆解)企业的管理,严禁拼装、倒卖报废汽车整车及五大总成流入市场。各地公安、工商行政管理部门也应在各自职责范围内加强对此项工作进行指导、检查和监督。

这一时期,我国报废汽车回收拆解业逐步建立了一套符合中国国情的管理制度、操作程序和服务体系,是行业得到快速发展的阶段。

3)规范时期(2000年至今)

国内一些地区先后出现违反国家规定,在利益驱动下无证无照或证照不全就擅自回收拆解报废汽车,甚至利用报废汽车五大总成和零配件拼装汽车。通过抬高报废汽车回收价格,导致报废汽车回收拆解秩序混乱,并客观上危及了人民群众的生命财产安全,影响了我国汽车工业的健康发展。

2001年6月16日,国务院颁布了《报废汽车回收管理办法》(第307号令)(以下简称

《办法》),其中明确了报废汽车所有者和回收企业的行为规范及依法应予禁止的行为;明确了负责报废汽车回收监督管理的部门及其职责分工;明确了地方政府对报废汽车回收工作的责任;明确了对违法行为的制裁措施等。同年,为了进一步贯彻落实全国整顿和规范市场经济秩序工作会议精神和《报废汽车回收管理办法》,国务院办公厅以特急件发电《关于限期取缔拼装车市场有关问题的通知》;国家经贸委、监察部、公安部和国家工商行政管理总局联合下发了《关于贯彻〈办法〉的实施意见》;国家经贸委印发了《报废汽车回收企业总量控制方案》(国经贸资源〔2001〕773 号)。据此,国家工商行政管理总局迅速开展了严厉打击非法收购、拆解和拼装汽车的经营行为,坚决取缔报废汽车拆解拼装市场。同时,公安部对公安机关依法强化报废汽车回收拆解行业的治安管理工作也提出了要求。

《报废汽车回收管理办法》的颁布,标志着我国报废汽车回收拆解业开始走上规范化、法制化的轨道,也为进一步加强立法和管理,积极探索适应社会主义市场经济要求的中国报废汽车回收拆解体系和模式提出了新的要求。

2004 年 12 月 29 日,第十届全国人民代表大会常务委员会第十三次会议修订通过了《中华人民共和国固体废物污染环境防治法》,并自 2005 年 4 月 1 日起施行。其中,第三条 国家对固体废物污染环境的防治,实行减少固体废物的产生量和危害性、充分合理利用固体废物和无害化处置固体废物的原则,促进清洁生产和循环经济发展。国家采取有利于固体废物综合利用活动的经济、技术政策和措施,对固体废物实行充分回收和合理利用。国家鼓励、支持采取有利于保护环境的集中处置固体废物的措施,促进固体废物污染环境防治产业发展。第五条 国家对固体废物污染环境防治实行污染者依法负责的原则。产品的生产者、销售者、进口者、使用者对其产生的固体废物依法承担污染防治责任。第七条 国家鼓励单位和个人购买、使用再生产品和可重复利用产品。第十六条 产生固体废物的单位和个人,应当采取措施,防止或者减少固体废物对环境的污染。第三十二条 国家实行工业固体废物申报登记制度。产生工业固体废物的单位必须按照国务院环境保护行政主管部门的规定,向所在地县级以上地方人民政府环境保护行政主管部门提供工业固体废物的种类、产生量、流向、储存、处置等有关资料。上述这些条文不仅是报废汽车的回收管理和再生利用的法律依据,而且也对汽车及其相关生产单位提出了应承担的法律义务。

2005 年 8 月 10 日,商务部令 2005 年 16 号《汽车贸易政策》颁布实施。《汽车贸易政策》共 8 章 49 条,内容涉及汽车销售、二手车流通、汽车配件流通、汽车报废与报废汽车回收、汽车对外贸易等领域,涵盖从汽车销售到报废的全过程,系统地提出了我国汽车贸易的发展方向、目标、经营规范和管理体制框架。其中,第六章(从第二十九条至第三十五条)对汽车报废与报废汽车回收的问题进行了详细的规定。

2006 年 2 月 6 日,国家发展和改革委员会、科学技术部和国家环保总局联合发布《汽车产品回收利用技术政策》。这是推动我国对汽车产品报废回收制度建立的指导性文件,目的是指导汽车生产和销售及相关企业启动、开展并推动汽车产品的设计、制造和报废、回收、再利用等项工作。国家将适时建立《汽车产品回收利用技术政策》中提出的有关制度,并在 2010 年之前陆续开始颁布实施。

2006 年 9 月 30 日,商务部发布了《机动车强制报废标准规定》(征求意见稿)对机动车强制报废标准进行了修订,其中的重要内容就是取消对非营运乘用车报废年限的限制,而由汽车排放和安全技术状况决定是否报废,这对汽车生产企业提出了更高的要求。

2012 年 8 月 24 日,商务部第 68 次部务会议审议通过,由商务部、国家发展和改革委员会、公安部、环境保护部联合发布的《机动车强制报废标准规定》，自 2013 年 5 月 1 日起施行。2013 年 5 月 1 日前已达到本规定所列报废标准的，应当在 2014 年 4 月 30 日前予以报废。《关于发布〈汽车报废标准〉的通知》（国经贸经〔1997〕456 号）、《关于调整轻型载货汽车报废标准的通知》（国经贸经〔1998〕407 号）、《关于调整汽车报废标准若干规定的通知》（国经贸资源〔2000〕1202 号）、《关于印发〈农用运输车报废标准〉的通知》（国经贸资源〔2001〕234 号）、《摩托车报废标准暂行规定》（国家经贸委、公安部、环保总局令〔2002〕第 33 号）同时废止。

2. 汽车再生资源利用技术研发

随着世界汽车工业的快速发展，汽车保有量大幅攀升，报废汽车数量也逐年上升，由此所引发的环境、资源等问题已得到政府及社会各界的广泛关注。作为世界汽车第一产销大国，我国 2011 年民用汽车保有量已突破 1 亿辆，汽车报废量超过 400 万辆，预计 2020 年报废量将超过 1400 万辆，由此带来的环境资源问题会日益突显，严重制约我国汽车产业健康可持续发展。

欧美日等汽车工业发达国家在汽车回收利用方面起步较早，具有较为丰富的经验，所形成的汽车回收利用管理方式和回收体系各具特色，对我国汽车回收利用产业的发展具有较强的借鉴意义。作为世界汽车工业重要的组成部分，加强国际交流合作、提高汽车回收利用水平、促进报废汽车合理处置、避免环境污染、实现资源再利用已成为我国亟待解决的问题。当前，我国汽车回收利用产业还处于初期发展阶段，涉及产业链较长，需要政府进行宏观引导，只有汽车全产业链各方"上下联动，协同合作"，才能全面有效地提升我国汽车产品回收利用水平，促进我国汽车产业与环境资源的协调发展，不断推进我国汽车产业的健康可持续发展目标的实现。

随着我国汽车保有量的增多，汽车再生资源利用问题也得到了更多的关注。但我国汽车工业起步晚、基础差，汽车回收利用技术还相当落后，汽车再生资源利用率低。目前，我国还没有系统的汽车回收与再生资源利用的技术规范，基本靠原始手工操作；汽车再生资源利用主要以原材料的回收为目的，采取破坏性拆解方式，并且不具备有效的分离手段；获得的回收材料成分混杂，再生利用价值低，使回收价值极高的材料（如铝、镁等）严重流失。由于废旧汽车再生资源的有效回收和利用的法规还不十分完善，缺少汽车再生资源有效利用的技术支持。因此，对可再生零部件和原材料的循环利用的深度不够。2002 年，上海市科学技术委员会立项《上海报废汽车处置关键技术与示范研究》课题，着重开展先进报废汽车拆解企业示范工程、报废汽车零部件的综合利用示范系统的建立、计算机管理信息化示范工程。并由市政府、回收企业和上海交通大学共建了汽车回收与循环利用研究所。近年来，我国一些科研单位和企业积极开展再制造方面的实践，已基本掌握了再制造基础理论和关键技术。2003 年 6 月 25 日，装甲兵工程学院成立了我国第一个装备再制造技术国家重点实验室，在研发具有自主知识产权的用于再制造的表面工程技术方面取得了进展。上海大众、中国重汽济南复强动力有限公司等企业在引进国外先进技术开展汽车发动机再制造方面进行了有益的探索，取得了初步成果。但是，我国汽车再制造产业发展仍然缓慢，还处于起步探索阶段，与发达国家相比还有很大的差距。

2005 年，国务院发布了关于加快发展循环经济的若干意见和做好建设节约型社会近期重点工作的通知，明确提出要积极支持废旧机电产品再制造。2006 年 3 月，全国人大审议批准了《国民经济和社会发展第十一个五年规划纲要》，提出"十一五"期间要建设若干汽车发动机等再制造示范企业。

2008年3月2日,国家发展和改革委员会办公厅发布了《关于组织开展汽车零部件再制造试点工作的通知》。以贯彻落实科学发展观,推进循环经济发展,加快建设资源节约型、环境友好型社会为指导原则,提出了《汽车零部件再制造试点方案》,选择确定了一批整车(机)生产企业(3家)和汽车零部件再制造企业(11家)开展汽车零部件再制造试点;就开展汽车零部件再制造试点工作的有关要求颁布《汽车零部件再制造试点管理办法》。

2010年5月13日,根据国家发展和改革委员会等11个部门联合下发的《关于推进再制造产业发展的意见》(发改环资〔2010〕991号),我国将以汽车发动机、变速器、发电机等零部件再制造为重点,把汽车零部件再制造试点范围扩大到传动轴、机油泵、水泵等部件。同时,推动工程机械、机床等再制造及大型废旧轮胎翻新。

三、汽车再生资源利用发展趋势

在废旧汽车回收利用的早期,汽车回收主要是简单的拆解方法。目前,废旧汽车回收和再生资源循环技术的研究转向高技术、低污染、容易回收、减少固体废弃物,并为再利用和再生循环提供高质量的原料。在普遍提高拆解技术水平的同时,使回收过程符合环保要求。发达国家年报废汽车量相当大,西欧、美国和日本每年报废汽车总量约3500万辆。因此,它们对报废汽车回收利用十分重视,从立法到拆解方式已经形成了完整的体系,报废汽车成为产生巨大经济效益和社会效益的现代化产业。其主要特点是:技术成熟、全国性回收网络、管理信息化及零部件利用率高。

1. 国外发展趋势

欧盟关于报废汽车的法规为材料回收确定了很高的目标。2006年以后,报废汽车的循环利用率至少要达到80%,回收率至少要达到85%;到2015年,这两项指标将分别上升到85%和95%。

随着汽车制造业中轻质材料用量的增加,2015年以后需要回收的非金属物质的比例将更大。目前,欧盟成员国每年有超过1000万辆汽车投放市场,这些汽车在13～14年后将达到使用寿命,那时将产生800～900万t的废弃物。对于汽车企业而言,要想达到欧盟规定的要求,就必须在新车的开发阶段就融入回收的概念,以保证生产出来的汽车更加安全、更加环保。

国外汽车再生资源利用的发展趋势是,尽可能提高回收利用率;开发利用快速装配系统和重复使用的紧固系统及其他能使拆卸更为便利的技术及装置;开展可拆解、可回收性设计;开发由可循环使用的材料制作的零部件及工艺;开发易于循环利用的材料;减少车辆使用中所用材料的种类;开发有效的清洁能源回收技术。由美国能源部先进汽车技术办公室和阿贡实验室赞助的一项研究,提出了未来20年影响汽车回收利用的主要因素及其它们之间的关系,如图1-8所示。并为实现95%回收利用率目标做出了规划,如图1-9所示。欧盟(EU)的环境政策的目的是在于:保全、保护环境并提高环境质量,保护人类健康,合理利用国土资源。其政策的制定基于预防原则,采取预防行动的原则、找出环境破坏的根源从而优先改善的原则以及污染者负担原则。

所谓预防原则是指:有害可能存在时,在有害结论得出之前,禁止使用。也就是说,即使在有害结论出来以前,也可以限制使用。另外,所谓污染者负担原则是指由于污染环境的是产品制造者,所以应由制造者承担环境处理责任。

2.国内发展趋势

报废汽车回收利用并不单纯是行业自身发展的问题,它在资源综合利用、环境保护、提供就业机会等方面都有积极的影响。在报废汽车回收利用产业发展进程中,将以提高报废汽车回收、再制造利用率和保护环境为目的,完善立法,调整产业布局;加强科学管理和科技投入,提高回收利用水平,减少环境污染;推动企业规模化、市场化进程,引入多元投资渠道,加大企业技术装备改造力度,推进技术进步,促进报废汽车回收利用产业健康、有序、稳定和协调发展。

图 1-8　影响汽车回收利用的主要因素之间的关系

图 1-9　实现汽车回收利用率 95% 目标的规划

近年来,我国对发展汽车再生资源利用产业关注和重视。例如,在对国内外再制造产业发展状况深入研究的基础上,提出了中国汽车零部件再制造产业发展的对策与措施:

(1)大力地对汽车零部件再制造示范工程进行支持。

(2)适时修订、完善相关法规和汽车零部件再制造管理办法,建立汽车零部件再制造与报废汽车回收拆解相衔接的制度。

(3)加强对再制造产品市场流通的监管,建立再制造产品生产和市场监管体系,对汽车零部件再制造实行严格的市场准入制度;制定再制造行业标准;实施再制造产品认证和标识制度;建立产品信息登记管理系统等。

（4）加大再制造关键技术研发和产业化示范的支持力度。科技部已将再制造关键技术开发列为重大科技攻关项目，国家发展和改革委员会也将利用国债资金对再制造产业化示范项目给予支持。

（5）提高社会各界对发展再制造产业重要性和紧迫性的认识，鼓励消费者使用再制造产品。

此外，企业将重视汽车再生资源利用技术的自主创新，开展汽车绿色设计与制造、采用单材料及开发再生材料等，从根本上提高汽车再生资源回收利用程度的方法研究和推广应用。

第三节　汽车再生工程简介

一、主要术语定义

中华人民共和国国家标准批准发布公告 2011 年第 14 号，国家质量监督检验检疫总局、国家标准化管理委员会批准了《汽车回收利用术语》（GB/T 26989—2011）发布，并于 2012 年 3 月 1 日起实施。此外，根据 GB/T 19515—2004/ ISO 22628:2002《道路车辆可再利用性和可回收利用性计算方法》和《中华人民共和国固体废物污染环境防治法》第八十八条提出的主要术语定义如下：

（1）再使用（Re-use）。对报废车辆零部件进行的任何针对其设计目的的使用。

（2）再利用（Recycling）。经过对废料的再加工处理，使之能够满足其原来的使用要求或者用于其他用途，不包括使其产生能量的处理过程。

（3）回收利用（Recovery）。经过对废料的再加工处理，使之能够满足其原来的使用要求或者用于其他用途，包括使其产生能量的处理过程。

（4）可拆解性（Dismantlability）。零部件可以从车辆上被拆解下来的能力。

（5）可再使用性（Reusability）。零部件可以从报废车辆上被拆解下来进行再使用的能力。

（6）可再利用性（Recyclability）。零部件和/或材料可以从报废车辆上被拆解下来进行再利用的能力。

（7）可再利用率（Recyclability rate）。新车中能够被再利用和/或再使用部分占车辆质量的百分比（质量百分数）。

（8）可回收利用性（Recoverability）。零部件和/或材料可以从报废车辆上被拆解下来进行回收利用的能力。

（9）可回收利用率（Recoverability rate）。新车中能够被回收利用和/或再使用部分占车辆质量的百分比（质量百分数）。

（10）固体废物。是指在生产、生活和其他活动中产生的丧失原有利用价值或者虽未丧失利用价值但被抛弃或者放弃的固态、半固态和置于容器中的气态的物品、物质以及法律、行政法规规定纳入固体废物管理的物品、物质。

（11）工业固体废物。是指在工业生产活动中产生的固体废物。

（12）危险废物。是指列入国家危险废物名录或者根据国家规定的危险废物鉴别标准和鉴别方法认定的具有危险特性的固体废物。

（13）储存。是指将固体废物临时置于特定设施或者场所中的活动。

（14）处置。是指将固体废物焚烧和用其他改变固体废物的物理、化学、生物特性的方法，达到减少已产生的固体废物数量、缩小固体废物体积、减少或者消除其危险成分的活动，或者将固体废物最终置于符合环境保护规定要求的填埋场的活动。

（15）利用。是指从固体废物中提取物质作为原材料或者燃料的活动。

二、汽车再生工程

1. 基本定义

汽车再生工程是汽车再生资源利用工程的简称，是对废旧汽车进行资源化处理活动。主要包括对废旧汽车所进行的回收、拆解及再利用等生产过程。

在汽车工业发达的国家，汽车制造商及环保部门已日益重视废旧汽车的回收，并正在形成一个颇为诱人的新兴产业。诚然，发达国家的汽车制造商对报废汽车回收业格外"青睐"，除了回收零部件再制造可获得丰厚利润外，很大程度上是基于各国环保政策的约束。随着各国"生产者负责法"的制定与实施，制造商担负起双重职责：既要汽车的生产制造负责，也要对汽车的报废回收负责。因此，制造商做研发时就必须考虑产品的可回收利用性，以保证上万个零部件都易于再利用。汽车回收行业的兴起一方面得益于利润丰厚的回收零部件再利用，而且不容忽视的因素是各国环保政策对汽车生产商及汽车消费者的约束。

随着中国经济快速持续发展，人们消费水平提高，汽车产品更新换代的频率将加快。但是，也必须面对自然资源的日益匮乏和汽车等机电产品报废量激增的现实。同时，如果废旧汽车等产品不能及时有效地资源化，也将成为环境公害之一。废旧汽车产品资源化的基本途径可分为再使用、再制造和再利用三部分。其中，再使用和再制造是废旧汽车资源化的最佳形式和首选途径，具有更加显著的综合效益。虽然再利用也有资源和环境效益，但是采用这种方式是由当前技术水平或经济条件所决定。

2. 研究范畴

工程活动是现代社会存在和发展的基础，现代工程深刻改变着人类社会的物质生活状态。世界各国现代化的过程在很大程度上就是进行各种类型现代工程的过程，现代工程是既有现代科学理论指导又有现代技术方法支撑的社会活动方式。在现代社会中，工程的数量越来越多、规模越来越大、程度越来越复杂，工程与工程、工程与自然、工程与经济社会之间以及工程自身内部都有许多极其复杂的关系，需要进行跨学科、多学科的研究，特别需要从宏观层面、以哲学思维把握工程活动的本质和规律。因此，工程直接关系经济社会的发展，关系民众的利益和社会的福祉，而且必须坚持理论联系实际的基本原则。工程研究的范畴从广义上讲包括：工程定义、内容、层次和尺度，工程理念、决策和实施，工程哲学、伦理和美学，工程历史和典型案例，工程教育和公众理解等。

汽车再生工程主要研究内容包括以下 3 个方面：汽车再生资源利用理论、汽车再生资源利用技术和汽车再生资源利用管理。

（1）汽车再生资源利用理论。人们常常想当然地认为循环经济就是把废弃物资源化。实际上，循环经济的根本目标是要系统地避免和减少废物。废物再生利用和资源化只是减少废物的方式之一。

汽车再生资源循环利用模式的研究内容主要包括资源消耗线性模式和资源消耗循环模式；汽车可回收性设计包括回收方式选择、可回收性设计和回收信息建模；汽车可拆解性设计与评价涉及拆解设计准则、拆解序列生成与优化和可拆解性评价；汽车可再生性评价方法主要有可再利用性计算方法、可回收利用性计算方法以及汽车生命周期分析（LCA：Life Cycle Analysis）等。

（2）汽车再生资源利用技术。汽车等废旧机电产品资源化需要经历从废旧产品的回收，到使其转化为新的产品或者材料的复杂过程，这一过程需要采用各种高新技术。目前，采用的关键技术可分为共性技术、再制造技术和再利用技术等。

①共性技术。包括面向废旧产品的资源化设计技术、资源化方式选择建模技术、废旧产品剩余寿命评估技术、资源化预处理技术、产品全寿命周期费效分析及逆向物流管理等。

②再制造技术。包括对零部件失效分析、检测诊断、寿命评估、质量控制等多种学科。如微纳米表面工程技术、产品再制造信息化升级技术、质量控制技术、先进材料成形与制备一体化技术、虚拟再制造技术、先进无损检测与评价技术、再制造快速成形技术等。

③再利用技术。包括材料分类检测技术、产品粉碎及粒化技术、材料物理及化学分选技术、产品循环利用技术等。

（3）汽车再生资源利用管理。汽车再生资源利用管理分为不同层面，有不同的方式。在政府层面上，以立法方式一方面促进再生利用，另一方面又进行强制性监督；在行业层面上，协会制定各项回收利用标准和程序，保证再生资源回收的品质和提高社会的回收利用意识；在企业层面上，主要是质量管理和生产管理，保证质量，提高经济效益和社会效益。

此外，从企业规划和项目可行性研究方面，还涉及汽车再生资源利用管理技术经济分析、汽车再生资源循环利用模式分析。从管理信息化方面，还包括汽车再生资源回收利用管理信息系统建立、汽车拆解信息系统应用等内容。

3. 学习目的

20 世纪 90 年代之后，发展知识经济和循环经济成为国际社会的两大趋势。我国从 20 世纪 90 年代起引入了关于循环经济的思想。所谓循环经济，本质上是一种生态经济，它要求运用生态学规律而不是机械论规律来指导人类社会的经济活动。与传统经济相比，循环经济的不同之处在于：传统经济是一种由"资源—产品—污染排放"单向流动的线性经济，其特征是高开采、低利用、高排放。循环经济要求把经济活动组织成一个"资源—产品—再生资源"的反馈式流程，其特征是低开采、高利用、低排放。所有的物质和能源要能在这个不断进行的经济循环中得到合理和持久的利用，以把经济活动对自然环境的影响降低到尽可能小的程度。

循环经济主要有三大原则，即"减量化、再利用、资源化"原则，每一原则对循环经济的成功实施都是必不可少的。减量化原则针对的是输入端，旨在减少进入生产和消费过程中物质和能源流量。换句话说，对废弃物的产生，是通过预防的方式而不是末端治理的方式来加以避免。再利用原则属于过程性方法，目的是延长产品和服务的时间强度。也就是说，尽可能多次或多种方式地使用物品，避免物品过早地成为垃圾。资源化原则是输出端方法，能把废弃物再次变成资源以减少最终处理量，也就是通常所说的废品的回收利用和废物的综合利用。资源化能够减少垃圾的产生，制成使用能源较少的新产品。总之，循环经济要求最大限度地将废弃物转化为商品，力求以最小的资源和环境成本来取得最大的经济效益，以实现社会经济的可持续发展。汽车行业作为国民经济的支柱产业，其循环经济的发展已引起社会的高度关注。汽车再生工程以汽车再生资源综合利用为目的,是汽车行业发展循环经济的途径之一。了解、掌握并应用汽车再生资源利用工程专业知识,有以下几方面的主要目的:

第一,随着我国汽车产业的发展,产品制造消耗大量资源。因此,资源的减少和环境的污染,将势必制约汽车工业的发展。对废旧汽车零部件和材料的再使用(Reuse)、再制造(Remanufacture)和再利用(Recycling),可以保护环境和节约资源。

第二,汽车消费量逐年增加,每年将有占保有量7% ~ 10%的车辆达到报废期限。如果这些废旧车辆不能被有效地处置,将形成对自然环境十分有害的固体污染源。例如,欧盟每年报废车辆900万 ~ 1000万辆,产生的废品就达到800万 ~ 900万 t。同样,未来我国的报废汽车对环境的影响问题不容忽视。

第三,废旧汽车中可再使用、再制造和再利用的零部件,是数量巨大的再生资源。如果这些部分不能有效地再生利用,将是资源的浪费。为此,各国政府发布了相应的技术标准和指令。因此,需要足够数量的具有循环经济意识,并掌握汽车再生资源利用工程专业知识专业的人才,开展汽车再生资源利用活动。

在不断解决汽车的安全、污染和节能问题之后,汽车再生资源利用的问题将是人们对汽车关注的新热点。因为汽车的大量生产将不断消耗有限的自然资源,并且废旧汽车的处置不适当将会对环境产生不利影响。所以,在我国应开展汽车再生资源利用知识的普及和相关专业人才的培养,为促进汽车行业循环经济的发展奠定基础。

 复习思考题

1.名词解释

(1)资源;(2)自然资源;(3)可再生资源;(4)再生资源;(5)汽车再生资源;(6)再使用;(7)再利用;(8)回收利用;(9)可拆解性;(10)可再使用性;(11)可再利用性;(12)可再利用率;(13)可回收利用性;(14)可回收利用率。

2.资源分为几类? 各具什么特点?

3.简述自然资源的可再生性,并举例说明。

4.废弃物成为再生资源的基本条件是什么?

5.试论汽车再生资源循环利用的效益。

6.通过收集、整理国内外汽车回收利用现状和发展趋势相关资料,综合分析影响汽车回收利用效果的因素,并提出如何提高汽车回收利用率的建议。

7.汽车再生资源利用工程研究的主要内容是什么? 你对哪些内容感兴趣? 你认为应该如何研究和学习?

第二章 汽车可回收利用性

本章提要：介绍了绿色设计概念、内容、特点和原则；阐述了汽车回收性设计要点和影响因素，可拆解性设计要点与影响因素、设计方法、模型与构建、拆解序列与规划及其可拆解性评价；说明了国内外汽车可再生性评价和计算方法；分析了汽车生命周期评价方法的特点及其对汽车回收利用的影响。

第一节 绿色设计简介

一、绿色设计概念及内容

1. 绿色设计概念

绿色设计（GD：Green Design）是将保护环境的措施和预防污染的方法应用于产品的设计，其目的是使产品在全寿命周期内对自然环境的影响最小。即从产品的概念形成、设计制造、使用维修、报废回收、再生利用以及无害化处理等各个阶段，要达到保护自然生态、防止污染环境、节约原料资源和减少能源消耗的效益。具体地讲，绿色设计就是在产品整个生命周期内，将产品的环境影响、资源利用及可再生等属性同时作为产品设计目标，在保证产品应有的基本功能、使用寿命和周期费用最优的前提下，满足环境设计要求。

2. 绿色设计内容

绿色设计是在设计、制造、使用、回收和再生利用等产品生命周期各阶段综合考虑环境特性和资源利用效率的先进设计理念和方法，它要求在产品的功能、质量和成本基本不变的前提下，系统考虑产品生命周期的各项活动对环境的影响，使得产品在整个生命周期中对环境的负面影响最小，资源利用率最高。绿色设计的主要内容包括：

（1）产品描述与建模。主要是准确全面地描述绿色产品，建立系统的绿色产品评价模型是绿色设计的关键。

（2）材料选择与管理。绿色设计的选材不仅要考虑产品的使用条件和性能，而且应考虑环境约束准则，同时必须了解材料对环境的影响，选用无毒、无污染材料及易回收、可重用、易降解材料。

除合理选材外，同时还应加强材料管理。绿色产品设计的材料管理包括两方面内容：一方面不能把含有有害成分与无害成分的材料混放在一起；另一方面，达到寿命周期的产品，有用部分要充分回收利用，不可用部分要采用一定的工艺方法进行处理，使其对环境的影响降低到最低限度。

（3）可回收性设计。在产品设计初期，应充分考虑其零件材料的可回收性、回收价值、回收方法、可回收结构及拆解工艺性等一系列与回收相关的问题,最终达到零件材料资源、能源的最大利用,并对环境污染为最小的一种设计思想和方法。可回收性设计包括以下几方面的主要内容:①可回收材料及其标志;②可回收工艺与方法;③可回收性经济评价;④可回收性结构设计。

(4)可拆解性设计。在产品设计初级阶段,应将可拆解性作为设计的评价准则,使所设计的结构易于拆卸和便于维护,并在产品报废后再使用部分能充分有效地回收和利用,以达到节约资源、能源和保护环境的目的。可拆解性要求在产品结构设计时,改变传统的连接方式,代之以易于拆解连接方式。可拆解结构设计有两种方式:即基于典型构造模式的可拆解性设计和计算机辅助的可拆解性设计。

(5)产品包装设计。绿色包装已成为产品整体绿色特性的一个重要内容。绿色包装设计的内容包括:优化包装方案和包装结构,选用易处理、可降解、可回收重用或再利用的包装材料。

(6)技术经济分析。在产品设计时就必须考虑产品的回收、拆解及再利用等技术性能;同时,也必须考虑相应的生产费用、环境成本及其经济效益等技术经济分析问题。

(7)数据库建立。数据库是绿色产品设计的基础,它应包括产品寿命周期中与环境、经济等有关的一切数据,如材料成分、各种材料对环境的影响值、材料自然降解周期、人工降解时间与费用,制造、装配、销售和使用过程中所产生的附加物数量及对环境的影响值,环境评估准则所需的各种判断标准等。

二、绿色设计的特点与原则

1. 绿色设计特点

绿色设计源于人们对发达国家工业化过程中,对资源浪费和环境污染的反思以及对生态规律认识的深化,是传统设计理论与方法的发展与创新。

在产品绿色设计时,必须按环境保护的要求选用合理的材料和合适的结构,以利于产品的回收、拆解及材料再利用;在制造和使用过程中,应能实现清洁生产、绿色使用并对环境无危害;在回收和资源化时,保证产品的回收率,使废弃物最少并可进行无害化处理等。

绿色设计在产品整个寿命周期中把其环境影响作为设计要求,即在概念设计及初步设计阶段,就充分考虑到产品在制造、销售、使用及报废后对环境的各种影响。通过相关设计人员的密切合作,信息共享,运用环境评价准则约束制造、装配、拆解和回收等过程,并使之具有良好的经济性。

绿色设计涉及机械设计理论与制造工艺、材料学、管理学、环境学和社会学等学科门类的理论知识和技术方法,具有多学科交叉的特性。因此,单凭传统设计方法是难于适应绿色设计的要求。绿色设计是一种集成设计,它是设计方法集成和设计过程集成。因此,绿色设计是一种综合了面向对象技术、并行工程、寿命周期设计的一种发展中的系统设计方法,是集产品的质量、功能、寿命和环境为一体的系统设计,绿色产品设计系统简图如图2-1所示。

在传统设计过程中,通常是根据产品技术性能和使用消费属性进行设计,如功能、质量、寿命和成本。设计原则是产品易于制造,并应保证技术性能和满足使用要求,而较少或基本不考虑产品报废后的资源化、再利用以及对生态环境的影响。这样设计制造出来的产品,不仅资源和能源浪费严重,而且报废后回收利用率低,特别是有毒有害等危险物质,对生态环境将产生严重污染。

由此可见,绿色设计与传统设计的根本区别在于:绿色设计要求设计人员在设计构思阶段就要把降低能耗、易于拆解、再利用和保护生态环境与保证产品的性能、质量、寿命和成本的要求列为同等的设计要求,并保证在生产过程中能够顺利实施。

图 2-1　绿色设计系统简图

2. 绿色设计原则

绿色设计把减量化(Reduce)、再利用(Reuse)和再循环(Recycle)作为基本原则,它们构成从高到低的优先级排列。

减少资源使用是绿色设计最经济和最有效的选择,即从产品生产的源头采取措施,尽量减少资源的使用。但是,资源节约并不是不消耗资源,而是要物尽其用。资源高效利用和再利用的实质是在生产活动中尽量应用智力资源来强化对物质资源的替代,实现产品生产的知识转向。

尽量利用可用零部件或者经过再制造的零部件进行设计。其中,模块化设计是最常用的设计方法。模块化设计在一定范围内对不同功能或相同功能不同性能、不同规格的产品进行功能分析,划分并设计出一系列功能模块。通过模块的选择和组合构成不同产品,满足不同需求,既可以解决产品品种规格和生产成本之间的矛盾,方便维修,又有利于产品的更新换代和废弃后的回收与拆解。

绿色设计选择资源再利用模式,在保证自然资源利用和环境容量生态化的前提下,尽可能延长产品使用周期,把废弃产品变为可以利用的再生资源,使资源的价值在循环利用过程中得到充分的发挥,并且把生产活动对自然环境的影响降低到尽可能小的程度。

三、绿色设计意义

1. 绿色设计是推动资源循环利用的关键

在传统的设计模式中,产品的最终状态是"废弃物"。产品设计只关心技术、功能、工艺和市场目标,至于产品使用后废弃物如何处理,则不在设计范畴。特别是在产品设计过程中,满足市场需求的观念导致了大量生产、大量消费和大量废弃局面的出现,而且产品产量越大,资源消耗越快,垃圾产生越多,生态环境系统负荷日益增加,造成了资源和环境的双重压力。资源存量和环境承载力的有限性难以维系社会的可持续发展,也增加了"末端治理"的成本和难度。

2. 绿色设计是节约资源和避免环境污染的起点

绿色设计运用生态系统理论,把资源节约和环境保护从消费终端前移至产品的开发设计阶段,从源头开始重视产品全寿命周期可能给资源和环境带来的影响。即在产品设计时就充分考虑产品制造、销售、使用、报废回收、再利用和废弃处理等各个环节可能对环境造成的影响,对产品及其零部件的耐用性、再利用性、再制造性、加工过程的能耗以及最终处理难度等进行系统、综合地评价,将产品生命周期延伸到产品报废后的回收、再利用和最终处理等阶段。

目前,绿色设计在许多方面有待于进一步完善,主要表现在:

(1)在产品绿色设计中,设计者必须对产品进行生命周期评价,依据评价结果,才能知道产品是否与环境协调。目前,在评价方法及与之相应的评价软件工具的发展中还有不少困难有待克服。

(2)在绿色产品设计中,设计者要减少设计对环境的影响,就得把环境方面的设计要求转换成特定的、易于应用的设计准则来具体指导设计,但是,目前这一点还难以做到。

第二节　汽车可回收利用性分析

一、产品回收利用方式

1. 回收利用方式分类

根据回收处理方式,废旧汽车零部件可分为以下类型:

(1)再使用件。经过检测确认合格后可直接使用的零部件。由于同一辆汽车的所有零部件不可能达到等寿命设计,当汽车报废时总有一部分零部件性能完好,因此既可以作为维修配件,也可作为再生产品制造时的零部件。

(2)再制造件。通过采用包括表面工程技术在内的各种新技术、新工艺,实施再制造加工或升级改造,制成性能等同或者高于原产品的零部件。

(3)再利用件。无法修复或再制造不经济时,通过循环再生加工成为原材料的零部件。

(4)能量回收件。以能量回收方式回收利用的零部件。

(5)废弃处置件。无法再使用、再制造和再循环利用时,通过填埋等措施进行处理的零部件。

所以,废旧汽车回收利用的基本方式可分为:再使用、再制造、再利用及能量回收4种主要方式。汽车零部件常见的可回收利用方式见表2-1。相应零部件在汽车上的位置如图2-2所示。

汽车零部件常见的可回收利用方式　　　　表2-1

序号	部件名称	可选的回收利用方式	典型的回收利用形式
1	前保险杠	再使用、再利用及能量回收	前保险杠、内饰件或工具盒等
2	冷却液	再利用、能量回收	作为锅炉或焚化炉燃料
3	散热器	再利用	铜、铝材料
4	发动机机油	再利用、能量回收	作为锅炉或焚化炉燃料
5	发动机	再制造、再利用	发动机或铝制品
6	线束	再利用	铜产品
7	发动机罩	再利用	钢材用于汽车部件和其他产品
8	风窗玻璃	再利用	碎片,再生玻璃
9	座椅	再利用、能量回收	用于车辆的隔声材料
10	车身	再利用	车身部件或钢材用于汽车部件和其他产品
11	行李舱盖	再利用	行李舱盖或钢材用于汽车部件和其他产品
12	后保险杠	再使用、再利用及能量回收	后保险杠、内饰件
13	轮胎(内胎)	再利用、能量回收	橡胶原料或水泥窑燃料
14	车门	再使用、再利用	车门、钢制品

序号	部件名称	可选的回收利用方式	典型的回收利用形式
15	催化器	再利用	稀有贵金属
16	齿轮油	再利用、能量回收	作为锅炉或焚化炉燃料
17	变速器	再制造、再利用	钢或铝制品
18	悬架	再利用	钢制品
19	车轮	再使用、再利用	车轮、通用钢、铝制品
20	轮胎(外胎)	再使用、再利用及能量回收	橡胶原料或水泥窑燃料
21	蓄电池	再制造、再利用及能量回收	蓄电池、再生铅材料

图 2-2　与表 2-1 序号相对应的零部件位置

2. 回收利用方式选择

产品回收方式的选择即产品回收策略的确定,是指产品报废时对产品整体或零部件采取的回收利用途径。根据产品的设计目标、结构特点和使用情况,为获得最大的回收利用效益应采用不同的回收策略。无论是新产品设计还是废旧产品回收,都应进行回收利用方式分析。当然,对于新设计而言,主要是为了提高回收性能;而对于废旧产品回收,则主要是为了提高回收利用效益。产品回收利用方法确定时,应考虑的主要影响因素见表 2-2。

表 2-2 中所列因素对回收策略确定的影响具有一定的关联性和模糊性,同时各种因素影响的确定也需对产品进行大量和长期的跟踪调查才能确定。但是,也可以从产品结构、环境影响和成本估计三个方面进行综合的定性分析。

(1)产品结构。产品的结构是决定产品或零部件回收利用方式的基本因素。产品的设计确定了产品零部件潜在的回收可能性与利用方式,其结构直接决定了产品的可拆解性,间接地影响了产品或零部件回收利用的经济性。

(2)环境影响。产品回收过程应尽量减小环境负荷,因此,产品回收决策应考虑环境影响程度。在不同的回收策略中,可能产生环境负荷的过程有:运输、拆解、再造、包装、粉碎、材料分离、再生加工和最终废弃物处理。

回收过程可能产生的环境影响形态有:能耗、粉尘、气体或液体排放、固体废弃物和噪声等。产品的回收既有使产品或材料再生的可能,也会带来附加的环境影响。

编 号	影 响 因 素	说 明
1	使用寿命	设计寿命和使用条件,如汽车 10～15 年
2	设计周期	产品升级的周期,如汽车 2～4 年
3	技术更新	产品技术更新的周期、成本
4	替代产品	产品可以被替代的时间
5	废弃原因	完全报废、主要总成损坏和技术过时等
6	功能层次	主要总成与整体功能的关系
7	部件尺寸	产品零部件的尺寸
8	材料毒性	有毒材料或须单独处理的材料
9	清洁程度	产品使用后的清洁程度
10	材料数量	材料种类的数量
11	部件数量	物理上可分离的并能实现独立功能的部件
12	零件数量	零件的大致数量
13	集成程度	产品集成的程度

为了简化分析,仅考虑回收过程的环境负荷,其计算公式为:

$$EI = EI_{\text{manuf}} + EI_{\text{transp}} + EI_{\text{package}} + EI_{\text{recycle}} + EI_{\text{disposal}} + EB_{\text{bonus}} \qquad (2\text{-}1)$$

式中:EI——回收过程的环境负荷;

EI_{manuf}——再制造过程的环境负荷;

EI_{transp}——运输过程的环境负荷;

EI_{package}——包装产生的环境负荷;

EI_{recycle}——破碎分离产生的环境负荷;

EI_{disposal}——填埋处理产生的环境负荷;

EB_{bonus}——能够减少的环境负荷(负值)。

环境负荷的计算值仅具备比较意义,而无绝对意义。而且采用不同的回收策略,将涉及不同的回收过程。因此,上述环境负荷的计算不一定包括式(2-1)所列的各项。例如,对于部件的再使用就不涉及再制造、回收及最终处理等过程。

(3)成本估计。成本因素是决定是否可进行回收利用的关键因素。不同的回收策略,所需的回收成本是不同的,必须在权衡成本和收益后做出决策,成本的计算公式为:

$$PLM(k) = R_{\text{vk}} - C_{\text{dk}} - C_{\text{pk}} - C_{\text{rk}} + C_{\text{bk}} \qquad (k = 1,2,3\cdots j) \qquad (2\text{-}2)$$

式中:$PLM(k)$——第 k 个零部件采用某种回收策略的盈亏值;

R_{vk}——第 k 个零部件采用某种回收策略的收益值;

C_{dk}——第 k 个零部件采用某种回收策略时的拆解成本;

C_{rk}——第 k 个零部件采用某种回收策略时再制造的成本;

C_{pk}——第 k 个零部件采用某种回收策略时回收处理成本;

C_{bk}——第 k 个零部件采用某种回收策略时的奖励值。

二、产品可回收性设计要求

废弃产品的回收利用能减轻自然资源的消耗强度,同时也可减少废弃物对环境的危害。

美国、日本和欧盟等国先后颁布了有关产品回收利用的法律法规,引起了学术界和工业界的高度重视。许多学者和研究人员针对产品的可回收性提出了各自不同的理论,其中面向回收的设计(DFR:Design for Recycling)最具代表性。所谓的面向回收的设计是指在产品设计时,应保证产品、零部件的回收利用率,并达到节约资源及环境影响最小的目的。面向回收的设计也被称为可回收性设计。

广义上讲,产品可回收性设计包括以下内容:可回收材料的选择和可回收性标识、可回收产品及零部件的结构设计、可回收工艺及方法的确定和可回收经济性评价等。面向回收的设计思想要求在产品设计时,既要减少对环境的影响,又要使资源得到充分利用,同时还要明显降低产品的生产成本,其主要要求包括以下几个方面。

1.合理选择材料

(1)应用新型材料。汽车上使用的树脂类材料必须具有足够的刚度、冲击韧性和良好的可回收性,并且材料回收再利用时,性能不能退化。例如,丰田公司采用新的结晶理论进行材料分子结构设计,开发出了商业化的丰田超级石蜡聚合物(TSOP:Toyota Super Olefin Polymer)。这种热塑性塑料比常规的增强型复合聚丙烯(PP,polypropylene)具有更好的回收性。现在,TSOP已经广泛应用于各种新的车型部件制造。应用TSOP分子设计方法可以生产20种树脂。1999年9月以来,丰田公司已经在各种车型上开始使用这些改进型材料。丰田皇冠采用的TSOP保险杠如图2-3所示。

图2-3 TSOP保险杠

(2)少用PVC材料。用具有良好循环性的材料代替聚氯乙烯材料(PVC,Polyvinyl Chloride)。例如,用无卤素基线束代替具有溴化物防火阻燃层的PVC线束。丰田公司2003年生产的Raum型轿车使用的PVC树脂材料是以前的1/4,甚至更少。

(3)采用天然材料。使用天然材料作车门的内装饰件等。

(4)减少材料种类。例如,汽车仪表台采用的材料组合型结构,它由基材、发泡材料和表面蒙皮组成。采用热塑性树脂使三种结构的材料成分统一,可以简化材料的回收工艺,避免了对复杂材料成分的分离。材料组合型结构仪表板材料成分,见表2-3。

(5)标注统一标识。采用国际标准化的材料标识,有利于提高材料的回收利用率。

材料组合型结构仪表板材料成分　　　　　表2-3

组成结构	材料成分	
	原材料	现材料
蒙皮层	聚氯乙烯 PVC	热塑性石蜡聚合物 TPO
发泡层	聚亚胺酯 PUR	聚丙烯 PP
基材层	丙烯腈—丁二烯—苯乙烯 ABS	聚丙烯 PP

2.改进可拆解性

丰田公司在Raum车上采用新的拆解技术,使车辆的拆解时间所短了30%,如图2-4所示。改进主要体现在废液的排出和大尺寸树脂部件的拆解方法上,这使拆解效率有较大的提高。

为改进结构的可拆解性,主要采取以下措施:

（1）使固定部件黏结区域可以在较大的拉力下被分离的连接结构。

（2）只要有可能使用弹性卡夹固定方式，就应替代使用螺栓的固定方式。

（3）部件模块化。

（4）避免零部件采用材料组合型结构，即避免所用零部件的材料成分不同。

（5）设计和采用易拆解标识。

为简化拆解工艺，在车辆部件上标注拆解标识。当第一次拆解时，可以清楚地确定拆解点。例如，大尺寸树脂部件的固定部位、液体排放孔的位置等。

图 2-4　丰田公司在 Raum 车上采用新的拆解技术

3.控制有害材料用量

对环境有影响的材料成分主要有铅、汞、镉和六价铬等。对环境有影响的材料成分及控制目标见表 2-4。

4.减少废物产生

（1）减轻质量。可以通过改进结构和工艺，降低产品质量。例如，使用高强度螺栓，减少紧固件尺寸；采用偏平型缸体和 6 挡手动变速器。改进材料加工工艺，制造薄铝车轮；采用高强铝材制造制动器支架。此外，还可通过使部件小型、轻量、耐久和易修等措施，达到减量化目的。

（2）提高消耗材料的使用寿命。延长发动机机油、冷却液、机油滤芯和自动变速器传动液等消耗材料的使用寿命，见表2-5。

对环境有影响的材料成分及控制目标　　　　　表2-4

对环境有害成分	在汽车上的应用	控 制 目 标
铅	线束防护层、燃油箱	2006年以后，日本规定铅的用量应是以前车型的1/4，或123g/车。丰田车铅的用量已经达到1996年用量的1/10
汞	液晶显示器	2004年以后，日本规定除了LCD导航系统液晶显示器以外，禁止使用含有汞成分的部件
镉	雾灯和转向灯灯泡	丰田公司已经放弃了使用含有镉的灯泡
六价铬	螺栓、螺母	改变了螺栓、螺母的防腐成分

消耗材料使用寿命指标　　　　　表2-5

消耗材料	原使用里程或时间	改进后使用里程或时间
发动机机油	10000km	15000km
长寿命冷却液	3 年	11 年
机油滤芯	20000km	30000km
自动变速器传动液	40000km	80000km

（3）采用可回收性结构。例如，将过去整体式保险杠设计成组合式，以便于拆解和更换部分损坏的零件，以减少废弃物的产生。分体式保险杠结构如图2-5所示。

使用高回收性的改性石蜡基树脂（Promotion of olefin resin）材料，用注射模制造零部件，例如，行李舱内饰件，保险杠、A、B和C柱内饰件，空调及仪表面板和车门内饰件等，统一塑料材料的种类。

传统CR-V的侧护板采用的是金属和树脂复合结构，然而现在使用聚丙烯材料，通过采用气体辅助注射成形方法既可以保证刚度要求，又可以减少材料的用量，如图2-6所示。目前，金属和树脂复合结构已减少到以前用量的50%。

  金属和树脂复合结构 聚丙烯注射成型结构

图2-5　分体式保险杠式设计　　　　　图2-6　改变材料复合型结构

丰田公司已经停止使用PVC树脂作为线束防护套，PVC材料的用量已经减少到以前的1/4。应用对环境影响小的生态塑料（Toyota Eco-Plastic），根据全寿命周期分析的结果，新材料的应用使二氧化碳的排放量减少了52%。丰田汽车公司产品应用可回收材料的位置如图2-7所示。

此外，用插接固定方法代替大面积黏结发动机舱隔声毡，利用再生聚丙烯制作行李舱内饰和隔板等，如图2-8所示。

设计可达性好和易分离的部件,如仪表台。减少聚氯乙烯 PVC 材料的使用;通过声学优化设计,使降噪材料的使用最少。在结构设计时要求零部件供应商提供具有可回收概念的产品等,都是提高汽车可回收性的具体方法。

图 2-7　丰田公司再生材料的应用位置
1-再生隔声材料(RSPP);2-再生聚丙烯(PP);
3-生态塑料(Toyota ecoplastics);4-聚乙烯/苯乙烯复合材料(Polyethylene);5-超级石蜡聚合物(TSOP);6-热塑性石蜡(TPO)

图 2-8　由再生材料制作的部件

防护板　　后台板　　行李舱底板
地板　　导流板　　侧护板

通过采用可回收设计,即选用合适的材料和设计合理的结构,日产 Sunny 型 1998 年型轿车的可回收率已经达到 90% 以上,而且 2005 年以后可回收率超过 95%。日产汽车公司典型的可回收利用部件如图 2-9 所示。

聚丙烯部件PP
因其多功能性,可用于汽车和其他

可再使用部件
作为日产绿色部件再使用

聚丙烯保险杠
作为绿色部件或树脂材料再使用

热塑性部件
作为树脂再使用

图 2-9　日产汽车典型的可回收利用部件

5.遵循可回收性设计指南

为了保证在新车型的开发中具有积极的和前瞻性的再利用意识,有些汽车生产企业提出了产品可回收设计指南(Recycling Design Guidelines),使汽车零部件的可回收性在新车型的开发中达到可回收性要求。

产品设计过程是一个由概念设计到技术设计逐渐深入与不断细化的过程。在这个过程中,设计指南起到了很重要的作用。它使得设计者能够沿着正确的方向和路线改进设计,从而减少了设计反复修改的过程,大大降低了设计周期。面向可回收设计应考虑的因素见表 2-6。

序号	因素内容	考虑原因
1	提高再使用零部件的可靠性	便于产品和零部件具有再使用性
2	提高产品和回收零部件的寿命	确保再使用的产品和零部件具有多生命周期
3	便于检测和再制造	简化回收过程、提高再用价值
4	再使用件应无损的拆卸	使再使用成为可能
5	减少产品中不同种材料的种类数	简化回收过程,提高可回收性
6	相互连接的零部件材料要兼容	减少拆解和分离的工作量,便于回收
7	使用可以回收的材料	减少废弃物,提高产品残余价值
8	对塑料和类似零件进行材料标识	便于区分材料种类,提高材料回收的纯度、质量和价值
9	使用可回收材料制造零部件	节约资源,并促进材料的回收
10	保证塑料上印刷材料的兼容性	获得回收材料的最大价值和纯度
11	减少产品上与材料不兼容标签	避免去除标签的分离工作,提高产品回收价值
12	减少连接数量	有利于提高拆解效率
13	减少对连接进行拆卸所需要的工具数量	减少工具变换时间,提高拆解效率
14	连接件应具有易达性	降低拆解的困难程度,减少拆解时间,提高拆解效率
15	连接应便于解除	减少拆解时间,提高拆解效率
16	快捷连接的位置	位置明显并便于使用标准工具进行拆解,提高效率
17	连接件应与被连接的零部件材料兼容	减少不必要的拆解操作,提高拆解效率和回收率
18	若零部件材料不兼容,应使它们容易分离	提高可回收性
19	减少黏结,除非被黏结件材料兼容	许多黏结造成了材料的污染,并降低了材料回收的纯度
20	减少连线和电缆的数量和长度	柔性物质或器件拆解效率差
21	将不便拆解的连接,设计成便于折断形式	折断是一种快捷的拆解操作
22	减少零件数	减少拆解工作量
23	采用模块化设计,使各部分功能分开	便于维护、升级和再使用
24	将不能回收的零件集中在便于分离区域	减少拆解时间,提高拆解效率,提高产品可回收性
25	将高价值零部件布置在易于拆卸的位置	提高回收利用的经济效益
26	使有毒有害的零部件易于分离	尽快拆解,减少可能产生的负面影响
27	产品设计应保证拆解对象的稳定性	有稳定的基础件,有利于拆解操作
28	避免塑料中嵌入金属加强件	减少拆解工作量,便于粉碎操作,提高材料回收的纯度和价值
29	连接点、折断点和切割分离线应比较明确	提高拆解效率

6. 进行可回收性评价

　　2003 年,日产和雷诺汽车公司联合开发出了汽车回收利用评价系统(OPERA),其可以在开发阶段进行汽车可回收性模拟评价,计算可回收率和基于设计数据的再生费用。只要输入零部件材料、拆解时间等数据,OPERA 系统就可以在设计的初期阶段模拟汽车的回收率和再生费用,有利于车辆再生效率的提高。日产汽车公司已经在某些车型上开始采用这项技术,并且计划在不远的将来对所有新开发的车型都采用这项技术。OPERA 系统组成如图 2-10 所示。

7. 重视可回收结构设计

在可回收结构设计方面,以日产 Serena 型汽车为例进行分析。日产 Serena 型汽车的可拆解结构如图 2-11 所示。其中前部外饰件(图 2-11 中 1,2)由原来的 15 个固定点减少到 14 个;组合尾灯(图 2-11 中 3)由原来的 18 个固定点减少到 8 个。图 2-11 中,1~5 各部分的再生性设计目标见表 2-7。

图 2-10　日产和雷诺汽车公司开发的 OPERA 系统组成

图 2-11　日产 Serena 型汽车可回收性结构设计部位

日产 Serena 汽车典型部件的可回收性设计 　　　　　　　　　　表 2-7

序号	部件名称	可回收性设计方法	回收利用方式
1	散热器格栅	易拆解结构	再利用 + 再使用
2	保险杠	易拆解结构与材料再利用	再利用 + 再使用
3	后组合灯	易拆解结构	再使用
4	内饰件	易拆解结构与材料再利用	再利用
5	车轮装饰件	易拆解结构与材料再利用	再利用

通过采用经济有效的可拆解结构设计,使线束的可回收率由 50% 提高 95%。易拆解线束固定方式如图 2-12 所示。

为避免再利用的困难,应设计可清晰分辨材料成分的标识,如图 2-13 所示。例如,热塑性材料和热固性材料使用后经常混淆不易分。

图 2-12　易拆解线束固定方式

图 2-13　部件材料成分标识

8. 注意材料的兼容性

产品的可回收性具有不同的层次,即产品级、部件级、零件级和材料级。对于产品和零部件级主要考虑的是产品和零部件的再使用性,而材料级主要考虑的是材料的可回收性。

决定产品和零部件的再使用性的主要因素有:产品和零部件的可靠性、剩余寿命、再制造和检测的方便性以及可否实现非破坏性拆解等。对于材料的回收性能是由材料本身的回收属性、产品所含材料的纯度以及这些材料成分的一致性或兼容性来决定。材料本身的回收属性要受到现有技术水平的制约,现在不能回收的材料,将来或许就能采用一定的技术手段将其回收。

目前,回收技术状况是单一材料的回收和金属材料的回收技术相对比较成熟,而对于复合材料和混合材料的回收还存在着一定的困难,而且往往是以牺牲回收材料的质量为代价的。正因如此,才对材料的纯度和混合材料成分的一致性有比较高的要求。影响回收材料纯度和以及混合材料兼容性的因素如下:

(1)连接件与被连接零件材料的兼容性。如果两者不兼容,可能造成回收材料纯度下降。例如,被连接的两个零件材料相同,但连接件材料却与它们不兼容。从拆卸的经济性考虑不需要再继续拆解下去,但对连接件却要进行非兼容材料的拆解处理。再如,由于某个连接被腐蚀,很难将其从被连接件上拆除,而该连接材料就被混入了其他材料的回收过程中,则需要进行拆解处理。

(2)被连接零件材料的兼容性。当拆解的经济性比较差时,往往就不再继续拆解。这时那些被作为材料回收的、还没有被拆解的零部件就被混在一起处理。对混合材料的处理一般会先将各种成分采用一定的技术手段进行分离,例如,利用磁铁分离铁金属,利用密度不同分离塑料,然后再进行回收。但这种分离的效果就比较差,大大降低了材料的纯度,也使回收材料的质量下降。因此在设计时,应尽量使被连接零部件的材料选择相同或者兼容。

(3)金属件嵌入塑料中。由于这些小金属件是在塑料成形过程中镶嵌在塑料零件中的,分离很不方便,而且经济性又较差。这就造成了材料可回收性的下降。因此,在产品设计时应予以避免。

(4)塑料零件缺少标识。产品使用的塑料种类繁多,成分千差万别,对它们的回收比较困难。由于它们在外形上极其类似,就使得塑料的区分和分离成为一大难题。但可以采用ISO 11469:2000《塑料——通用定义与塑料产品标记》进行塑料成分标识。

(5)标签、黏结剂或墨水的材料兼容性。很多产品为了美观、宣传和广告等目的在产品表面粘贴了很多标签、或印上各种颜色的图案。虽然粘贴在装配过程中是一个快捷的操作,但拆下来就很困难了。因此,从回收和环保的角度来看,应尽量少贴标签或采用材料兼容的标签、黏结剂和墨水。

9. 减少 ASR 填埋量

为促进塑料材料的再利用,减少 ASR 的填埋量,大量使用热塑性材料。热塑性材料不仅易于再利用,而且还可以开发其他易于循环的材料。除此之外,还注重塑料部件材料成分的识别和使用单一材料设计部件。日产汽车公司大量使用热塑性塑料,以增加产品的可循环性。聚丙烯(PP)是使用最多的热塑性塑料,用量占 50% 以上。这种材料可以制作各种零部件,从要求有良好耐冲击性的保险杠,到需要有良好耐热性的加热器部件。但是,目前日产汽车公司已经将聚丙烯材料减少到 6 种。塑料材料应用的比例如图 2-14 所示。

图 2-14　塑料材料应用的比例

a）原来组成；b）现在组成

三、产品可回收利用性评价信息

对于产品可回收性评价而言，所需要的信息包括各零部件的回收要求、材料成分、质量大小以及在使用过程中的性能变化以及国家法令对产品的限制等。这些信息的获取主要方式是从产品和零部件的设计文件中直接读取，或通过产品回收评价与决策系统交互输入。主要的信息有以下方面。

（1）产品设计信息。产品设计过程中，完整地描述产品所需的信息量很大，包括设计寿命、材料种类、部件结构、尺寸和质量等。这些信息决定了零部件的技术性能和结构特性，是进行产品回收决策所必须的基本信息。

（2）产品结构信息。基于产品三维装配模型提取产品的结构信息，主要是产品的装配层次、零部件之间的装配关系以及紧固件的类型与数量等信息。产品结构信息是进行产品拆解规划的基础。

（3）零件基本信息。零件的基本信息包括零件的类型、形状、质量、位置和材料等信息。这些信息一方面影响产品拆解规划，如零件类型与形状；另一方面影响产品材料回收规划，如零件的材料及质量。

（4）使用过程信息。在使用阶段，由于工作环境和使用者等不确定因素的长期作用，将会使产品的回收性能发生改变。因此，使用过程信息应包括使用时间、使用环境和操作人员等。

（5）产品维护信息。在进行产品维护时常会发生零部件更换或增加的情况，这就改变了产品零部件正常的使用情况，甚至会由于维修而改变产品结构。产品回收决策必须充分考虑这些因素，以做出正确的回收规划。

（6）产品拆解信息。对于以获取某一零件或装配体为目的拆解而言，拆解操作可分为两个部分：一是解除（其他零部件对装配体或零件的）约束；二是以一定的方向取出。从信息描述的角度，必须了解待拆零部件与整体的连接关系；在待拆零部件的拆解方向上是否有障碍，即需要零部件在整体中的位置关系信息，以及与拆解难易程度和经济性相关信息，如拆解工具和拆解时间等。

第三节　汽车可拆解性设计与评价

可拆解性是产品绿色设计的主要目标之一。在产品设计的初级阶段，可拆解性作为产品特性设计的目标是使产品的构造形式与连接方法不仅具有良好的制造工艺性和维护方便性,而且还要易于拆解,以使产品报废后部分可用零部件得到更充分有效的利用。

100多年前,福特汽车公司通过采用汽车零件互换性设计和整车流水线式装配,实现了福特T型车的低成本、大批量生产,推动了汽车的普及应用。今天,由于汽车产品报废形成的固体废物污染和再生资源利用问题的日益突出,汽车的设计与制造不仅要考虑产品的质量与装配的快捷,而且还要考虑报废时拆解的简单与汽车再生资源利用的高效。因此,为使汽车具有良好的可拆解性,在设计阶段就必须充分考虑拆解问题,即进行可拆解性设计(DFD:Design for Disassembly)。

为了使产品适应绿色设计的要求,国外许多大的汽车制造公司以提高产品的可拆解性能开展了广泛的研究。例如,克莱斯勒、通用和福特三大汽车制造商在美国密歇根州的海兰帕克共同建立了报废汽车回收利用技术开发研究中心。工程技术人员通过拆解汽车全部零件和将每个零部件称重,并对整个过程进行录像和计时,以便研究如何改进汽车结构设计,使产品更易于拆解。宝马汽车公司在慕尼黑建有一家再循环和拆解中心,负责研究报废汽车的拆解技术和工具研究。该中心的场地上存放有数百辆报废车辆,包括宝马公司生产的各种型号的汽车,也包括MINI和劳斯莱斯。

目前,对可拆解性设计的研究主要集中于非破坏性拆解,其内容包括以下三个方面:第一,收集、分类和归纳可拆解性设计的有关知识;第二,对产品的可拆解性进行量化评估;第三,创建新的可拆解性设计方法和工具,并且使这些工具与CAD设计集成为专家系统。

现在绝大多数的研究主要在第一和第二方面,少数人也在开发与CAD集成的可拆解性设计专家系统。面向装配的设计DFA(Design for Assembly)与面向拆解的设计DFD在内容上有较大的差别,面向拆解设计的研究主要集中在拆解顺序、拆解路径分析和评估工具的开发。

一、可拆解性及影响因素

1. 可拆解性及类型

拆解是对产品或装配体进行系统的拆卸及分解成为零部件的操作过程,或是采用某些方法或利用工具,消除零部件的约束或相互之间的各种连接,将产品的零部件依次分离的过程。可拆解性是在规定条件下和规定时间内,零部件从产品或装配体上被拆卸或分解成为零部件的难易程度。

常见的连接方式主要有:螺纹连接、焊接、铆接和粘接等。按被拆解的零部件在拆解过程中是否被损伤分为两种:

第一种是可逆的,非破坏性拆解(Non-destructive Disassembly)。例如,螺钉的旋出、快速连接的分离等。

第二种方式是不可逆的,破坏性拆解(Destructive Disassembly)。例如,将产品的外壳切割开或采用挤压的方法把某个部件挤压出来,这将造成某些零部件的破坏。

2. 可拆解性影响因素

对于不同的产品、不同的零部件可以采取不同的拆解方式。如果产品在设计时就考虑其零部件的回收和拆解问题,将有助于提高产品的拆解效率和回收率。否则,会给拆解和回收带来不利的影响。评价拆解性的主要指标是拆解时间、拆解质量和拆解成本。因此,对影响产品可拆解性的主要因素分析如下:

(1)需拆零部件的基本数量。零部件是否需要被拆解,一方面取决于它是否造成了对其他需要拆解零部件的约束;另一方面取决于该零部件的回收方式。例如,需拆解零部件在产品装配过程中所处的次序越早,那么拆解过程中它所涉及的零部件和连接数目就可能越多。显然,需拆零部件的数量越大,所需要的拆解时间越长。

（2）需拆零部件的连接方式。连接是造成零部件相互约束与限制的根本原因,不同的连接方式拆解所需要的时间不同,而且不同的回收策略将影响拆解所需时间。例如,非破坏性连接的拆解时间比破坏性的拆解时间长。此外,采用的连接方式种类越多或同一方式的多种形式,则造成拆解过程中工具更换次数的增加和拆解时间的延长。例如,在同一个产品中同样是螺纹连接方式,但是,同时使用了六角头螺钉、十字槽螺钉或内六角螺钉等不同形式的紧固件。

（3）需拆零部件的连接数量。减少需拆零部件的连接件数量,可以减少拆解时间。此外,一般的连接是将两个零件连接在一起,所以采用一个连接件紧固多个零件,既可以减少了连接件的数量,也可提高拆解的效率。

（4）需拆连接部位的可达性。需拆连接件在易接近和具有可操作空间的位置时,其可拆解性就好。例如,拆卸螺母的工具可以回旋360°比只能在90°内摆动的拆卸时间要短。

（5）需拆连接部件的状态。在拆解时经常会遇到这样的情况,某个螺母生锈或者螺母外部打滑而无法将其旋出。这时就必须采用破坏性的方法把螺母破坏或者在螺母外部再造新的工具夹持附件,这就大大降低了拆卸效率,甚至破坏原本可以回收再使用的零部件。因此,应对连接可能发生的状况进行估计并在设计时就提供解决对策,才能减少拆解时间。

（6）拆解过程的独立性。产品的结构决定了零部件拆解过程可能是并行的,也可能是顺序的。并行拆解过程是指在某一时刻,可以从不同的位置同时对产品进行拆卸。顺序（串行）拆解过程是指零部件的拆解必须依次进行,也就是两个或以上的零部件拆解是有先后次序的。显然,并行拆解过程比串行拆解过程效率高。

二、可拆解性设计方法

产品可拆解性设计主要采用两种方式,即基于典型构造模式的可拆解性设计和计算机辅助的可拆解性设计。

1. 基于典型构造模式的可拆解设计

基于典型构造模式的可拆解性设计是参考或应用经实践验证的具有完备可拆解性的典型构造模式进行产品结构形式与连接方式设计的方法。所谓的具有完备可拆解性的典型构造模式是指对构造特征、拆解程序、使用工具和操作空间等信息都有明确描述的结构形式与连接方法。同时,通过对这些结构形式与连接方法进行分类编码并生成构造模式后,可构成典型构造模式可拆解信息数据库,并用来指导规范的可拆解设计。这样,在进行产品可拆解设计时就能充分利用典型可拆解构造模式的数据信息来减少设计工作量,并在合理应用典型可拆解构造模式的基础上,进行集成性创新,实现可拆解结构与连接的优化设计。

典型可拆解构造模式是将零部件的结构形式与连接方式抽象成一组既有相同功能和相同连接要素,又有不同性能或用途,但是能互换的基本零部件单元。若将这些基本零部件单元组合,则可得到相对独立、拆解性良好的装配体。因此,基于典型构造模式的可拆解设计分成两个步骤:

第一,选择基本零部件单元或模式筛选,即根据结构形式、连接方法和使用条件等要求,合理地选择出若干相应的基本构造模式。

第二,按设计要求进行基本单元组合或模式综合。基于典型可拆解构造模式的可拆解性设计可在实现产品功能要求的前提下,通过减少连接方法的种类和简化拆解工艺等,保证产品具有良好的可拆解性能。

目前,汽车产品常用的连接方法有螺纹、焊接、铆接、粘接以及过盈配合等。从整体性来看,铆接和焊接较好;但是,焊接或铆接成组合件势必会造成回收拆解的困难。此外,车身内饰件采用扣件插接代替螺纹连接或粘接等传统的固定方法,提高了内饰组件的可拆解性。所以,虽然螺纹连接与其他方法相比有较好的可拆解性,但是在某种构造形式下也并不一定是最佳的连接方法。

2. 计算机辅助可拆解性设计

计算机辅助可拆解性设计是将基于典型构造模式的可拆解设计过程由计算机辅助进行,并能对设计决策做出相应的评价及修改建议。采用这种方法能在产品设计时,就对与其他零部件有结构连接的零部件进行可拆解性结构设计,并可在计算机上模拟演示装配与拆解过程。同时,统计显示拆解所需的时间、拆解成本及效率、回收材料价值、能量消耗及费用、有害成分排放量及零件再生利用价值等。计算机辅助可拆解性设计流程如图 2-15 所示。它包括以下几个模块:

图 2-15 计算机辅助可拆解性设计流程

①结构设计模块。当零部件有连接要求时,连接方法和结构形式可参照或采用典型构造模式进行选择与设计。

②可拆解性评价模块。构造设计能否满足拆解性要求,则应根据拆解性评价准则进行评判。若不满足要求,则给出建议并修改设计。

③模拟分析模块。对构造设计进行拆解模拟演示,统计显示拆解模拟过程相关参数。

④模拟评价模块。对模拟演示结果进行综合评价,给出评价结果及修改建议。

⑤快速成形模块。对定型结构进行快速成形制造及实物检验。

⑥制造文件模块。对可拆解性良好的构造进行产品制造工艺设计,并生成工艺文件以备生产。

可拆解性设计的关键技术主要包括建立可拆解性设计知识库、数据库及典型构造模式库。可拆解性设计知识库和数据库是产品绿色设计知识库的一部分,是可拆解设计的核心内容。典型构造模式库是采用基于成组技术原理的模块化,将成熟的易于拆解的构造根据结构形式和连接方法的特征等提取构造模式信息,形成相应的数据库。设计时,先在典型构造模式库中进行比较选择,并根据具体要求进行组合设计及局部修改。

可拆解设计除涉及常规的设计要求外,还与产品的回收、拆解成本、产品寿命周期与环境条件的关系等密切相关。知识库包括的主要内容有:易于拆解的特征定义规则、特征拆解工艺知识、拆解性评价准则及修改建议等。数据库包括:拆解时间、拆解费用可再用材料的价值、拆解过程中有害成分的排放量等。在可拆解性设计过程中,每个设计决策要反复与数据库、知识库进行比对,直至设计出拆解性、回收性及经济性良好的结构方案。

3.可拆解设计准则及过程

拆解是实现再生资源利用的重要环节,良好的拆解性能可提高产品回收利用率及可再使用的零部件数量。但是,只有在产品设计的初始阶段将报废后的拆解性作为设计目标,才能最终实现产品的高效回收。由于可拆解性设计尚无数量化的完整计算方法,因此,可拆解性设计主要是基于可拆解知识积累与设计经验总结的指导性设计准则。它使可拆解性设计过程趋于系统化,避免设计者个人思维的局限性,扩大产品设计约束的调节范围,使容易被忽视的影响因素得到了应有的重视。目前,被广泛接受和应用的面向再生利用的可拆解性设计准则要点内容见表2-8所示。可拆解设计的流程如图2-16所示。

面向再生利用的可拆解性设计准则要点内容   表2-8

序号	设计准则	设计要求	设计效果
1	减量化	减少零部件数量和质量;减少危害和污染环境的材料量;减少紧固件数量	减少拆解作业量
2	一致性	减少零部件材料种类;减少连接紧固类型	降低拆解复杂度
3	通用性	使用标准件;增加系列产品零部件的通用性	
4	可达性	易于接近拆解点和破坏性切断点;避免拆解位置的变化和复杂的移动方向	
5	耐久性	可重复使用或再制造,避免零部件被污染和腐蚀	提高再使用率
6	组合性	采用组合式可分解结构,以提高可再用零件的比例	
7	无损性	尽量避免表面损伤及二次处理;避免易老化及腐蚀材料的连接	
8	分离性	有利于不同材料的分离、筛选	保证再循环率
9	相容性	避免在塑料部件中嵌入金属件;避免不同材料组合型结构	
10	辨识性	采用可再生材料成分标识和可再用零件标识	
11	工艺性	模块化设计;优化拆解工艺;避免零部件或材料损坏拆解或加工设备	改进拆解效率
12	环保性	保证对危害和污染环境的材料及部件的拆解处理效果,避免二次污染	避免环境污染

三、可拆解性评价

1.可拆解性评价指标

拆解评价通常是从两方面着手进行,一方面是产品结构的拆解难易程度;另一方面是与拆解过程有关的时间、费用等。而在这些指标中,有一些是定量指标,也有一些是定性指标。

1)与拆解过程相关的指标

与拆解过程有关的指标包括拆解费用、拆解时间、拆解能耗和拆解造成的环境影响等。

(1)拆解费用。产品中零部件连接结构不同,拆解的难易程度不同,拆解费用也不同。拆解费用是指与拆解有关的费用,主要是人力费用和设备费用等。

设备费用包括拆解所需的工具和夹具购置、运输及存储等费用。人力费用主要是工资。

拆解费用是衡量结构拆解性好坏的主要指标之一。某一零部件单元的拆解费用高,则其回收再利用的价值就小。当拆解费用大于该零部件废弃后的残余价值时,就失去了回收

再用的价值。由此可见,拆解费用越小,零部件的回收再用价值就越高。拆解费用可用下式表示:

$$C_{disa} = K_1 \sum_i (C_1 \cdot t_i / 60) + K_2 \sum_i C_2 \cdot S_i \qquad (2\text{-}3)$$

式中:C_{disa}——总拆解费用,元;

　　　K_1——劳动力成本系数,应考虑到不同的拆解方式(如手工拆解或自动拆解等)、工人的技术水平和不同拆解时间等劳动力费用的变化;

　　　K_2——工具费用系数,应考虑拆解工具购置费用随拆解方式的变化;

　　　i——第 i 次拆解操作;

　　　C_1——第 i 次拆解操作的当前劳动力成本,元/h;

　　　t_i——第 i 次拆解操作所花费的时间,min;

　　　C_2——第 i 次拆解操作的当前工具费用;

　　　S_i——第 i 次拆解操作的工具利用率。

图 2-16　产品可拆解设计流程

(2)拆解时间。拆解时间即拆除某连接所需要的时间。产品的某一部件可能是由多个连接方式组合而成,则该部件的拆解时间就是完成所有这些连接所消耗的时间总和。它包括基本拆解时间和辅助时间。基本拆解时间是指松开连接件、将待拆零件和相关连接件分离所花费的时间;辅助时间是指为完成拆解工作所作的辅助工作所花费的时间,如拆解工具或人接近拆解部位的时间等。拆解时间越长,表明该结构的复杂程度越高,产品的拆解性能差。拆解时间可由下式表示:

$$T_{disa} = \sum_{i-1}^n t_{di} + \sum_{i-1}^m N_{fi} \cdot t_{ri} + t_a \qquad (2\text{-}4)$$

式中:T_{disa}——系统拆解时间,min;

t_{di}——拆开连接零件 i 所用时间，min；

N_{fi}——与某一连接有关的紧固件数量；

n——系统零件总数；

m——连接件的数量；

t_{ri}——移去连接件的时间，min；

t_a——辅助时间，min。

不同连接方式的拆解时间计算方法不同。例如，单个螺栓连接可用下式计算：

$$T = T_1 + T_2 \tag{2-5}$$

$$T_1 = L/(n \times p) \tag{2-6}$$

$$T_2 = K_t \times T_1 \tag{2-7}$$

式中：T_1——拆解螺栓的时间，min；

T_2——其他时间，包括分离连接件的时间及辅助时间，min；

T——总拆解时间，min；

L——螺纹长度，mm；

n——螺栓头数；

p——螺纹螺距，mm；

K_t——修正系数，即辅助时间与基本拆解时间的比例。

当然，在拆解过程中拆解工具、熟练程度和结构复杂程度对拆解时间会有不同程度的影响，可根据具体情况调整其修正系数。拆解时间的确定必须来自于实际拆解数据的搜集、整理与分析。

（3）拆解过程的能量消耗。产品拆解必然要消耗能量。其能量消耗方式有两种，即人力消耗和动力消耗（如电能、热能等）。拆解零部件所消耗的能量大小，也是表明该零部件拆解性能的指标之一。能耗少，则该零部件拆解性能好。

由于产品中采用着多种连接方式，如螺纹连接、搭扣连接、粘接和焊接等。因此，其拆解能量的计算方法也不同。

螺纹连接和搭扣连接的拆解能量包括螺纹的释放能、搭扣连接的弹性变形能或连接件的摩擦能等；而粘接和焊接方式可视其分离方法确定其消耗的能量是熔化或断裂能。

以螺纹连接和搭扣连接为例，给出拆解能的计算方法。

①螺纹连接。螺纹连接是通过施加一定的拧紧力 $F(\text{N})$，产生相应的拧紧力矩来使螺纹紧固的。拧紧力矩的大小与拧紧力 F 和螺纹直径 $d(\text{mm})$ 成正比，可用下式表示：

$$M = 0.2 \cdot F \cdot d \times 10^{-3} \quad (\text{N} \cdot \text{m}) \tag{2-8}$$

式中：0.2——力矩系数，其大小与摩擦系数和螺纹中径有关。

由机械零件知识可知，螺纹连接的轴向力等于拧紧力矩的10%。由于该轴向力作用在螺纹的放松方向，则当拧松螺纹所需的力矩按拧紧力矩的80%计时，拧松螺纹的能量可由下式计算：

$$E_1 = 0.8 \cdot M \cdot \theta \tag{2-9}$$

式中：θ——产生轴向应力的旋转角，rad。

②搭扣连接。搭扣连接的拆解能 E_2 可定义为使搭扣配合的搭钩的高度产生变形所需要的应变能。根据材料力学原理，可将搭扣连接简化为一悬臂梁，该悬臂梁的应变能可由下式计算得到：

$$E_2 = 1/8 \cdot (E \cdot w \cdot h_1 \cdot t/h_2) \tag{2-10}$$

式中：E——材料的弹性模量；

　　h_1——搭扣连接部分的高度；

　　h_2——搭钩高度；

　　t——搭扣连接部分的厚度；

　　w——搭扣连接部分的宽度。

以上计算的是单个连接单元的拆解能量，如果某一待拆解的零部件有多个连接，则拆解能量应是所有各连接单元拆解能量的总和。

（4）拆解过程对环境影响。拆解过程对环境影响主要表现为噪声及排放到环境中的污染物种类和数量。拆解过程中遇到的特殊材料（如含有有害成分、有毒成分等的材料）应采取特殊的拆解方式和保护手段。拆解时一定要注意安全，并将拆下的零部件妥善分类保管，以免引起与其他部分的污染环境；还有一类物质，如汽车中的汽（柴）油、润滑油等也应妥善收集处理，以免到处流动，污染工作场地和环境或因任意排放而污染水资源。

2）与连接结构相关的指标

实际上，具体结构设计往往是拆解性能的关键，也应是评价可拆解性指标的主要组成部分。产品结构拆解性能通常都是采用定性描述，但是应尽可能用定量的方法来评价产品结构的可拆解性。

（1）可达性。可达性包括三个方面，即视觉可达、实体可达和操作可达。无论是手工拆解还是自动拆解，都要有足够的拆解空间。例如，手工拆解时，拆解空间要能使操作者方便地运用拆解工具，并将拆下部分顺利地分离；自动拆解时，拆解空间要能使拆解装置方便地接近拆解部位，并使其沿规定的方向进行拆解操作。

拆解空间的大小与连接结构形式、拆解部位的结构尺寸、拆解方式、所用的拆解工具和分离时的运动方向等因素有关。手工拆解时，应考虑人机工程学的要求。例如，螺钉尺寸是否太大，不适合于手工拆解；工件是否太重，需辅助机械。对螺纹连接进行拆解时，为了使扳手能方便地进行操作，不同直径的螺栓都有最小空间尺寸值。在产品结构设计时，连接尺寸应符合标准要求。螺栓拧松后，为了方便地取出连接件，其轴线方向必须有较大的分离空间。如果螺栓尺寸太大，采用扳手可能太费力，应采用辅助机械或采用其他工具。

（2）标准化程度。标准化程度也是产品可拆解性的评价指标。产品标准化程度主要是用标准化系数来描述，一般包括标准件系数、通用件系数和借用件系数三种。标准化系数用标准件、通用件和借用件的件数和同零件总数（或总种数）的比表示。一般来说，标准化系数越大，可以减少设计、制造、拆解等方面的费用，有利于应用较先进的手段和方法。标准化系数分标准化件数系数和标准化种数系数。

产品标准化件数系数 = （标准件件数 + 通用件件数 + 借用件件数）/零件总数 × 100%

产品标准化种数系数 = （标准件种数 + 通用件种数 + 借用件种数）/零件总数 × 100%

（3）拆解方向。一般来说，一个可拆解的零部件可以沿着一个方向或一系列的方向拆解，这些方向就称为拆解方向范围。对于某个装配体，在确定了其拆解序列后，应分别确定出各个组件的方向范围，以供评价。一般而言，拆解方向范围越大，拆解就越容易。拆解方向对利用机械装置进行自动拆解具有重要意义。

（4）结构复杂度。产品结构复杂程度的描述主观性较强，可以将产品抽象成结构（物理）模型后进行分析。例如，采用 AND/OR 图进行量化评价。

2.可拆解性评价方法

可拆解结构评价不仅要给出评价结果,而是希望能为设计人员提供修改建议,并进行设计结果模拟,采用拆解评价图法可以满足此目标。拆解评价图的基本结构见表2-9。

拆解评价图的基本结构　　　　　　　　　　　　　　　　　　　　　表2-9

1	2	3	4	5	6	7	8	9	10	11	12	13	14
零件号	理论最少件数	重复动作次数	拆解任务类型	拆解方向	拆解工具	可达性	定位要求	拆解力小	拆解附加时间	特殊拆解问题	难度等级之和	难度等级与重复次数总和	注解

对表2-9所列项目简单说明如下:

(1)零件号。记录产品中每个零件的编号。对于同时拆解的相同零件及具有相同拆解特点的零件(如用于紧固同一零件的3个相同螺钉),可用相同的编号表示。产品的部件可以看成是一个零件,为了与零件区别,可用某些符号做以标记,如在编号后加以后缀 sub。

(2)理论最小的零件数。组成产品零件的理论最小数量是指这些零件从理论上是否需要作为一个单独零件存在。若零件必须作为一个单独零件存在(该零件与其他零件有相对移动或者该零件与其他零件材料不同,或者该零件必须要拆下来),则用"1"表示;否则,用"0"表示。对编号为1的零件均需进行评价,编号为1的零件总数填入拆解图的第2列。对部件来讲,填入的值取决于后续拆解操作。若部件需要进一步拆解,用"1"表示;不需进一步拆解的部件,则可看成是一个零件,按上述原则确定是"1"或是"0"。

(3)重复动作次数。记录完成每一拆解任务的操作次数。主要是考虑要同时拆解相同零件,如3个完全相同的螺钉,拆下螺钉的任务要重复3次。

(4)拆解任务类型。完成具体拆解的操作,如推/拉、拧松螺纹、移动、切割和轻敲等。在拆解过程中,有时为拆下一个零件往往需要多种操作方式。例如,拧松螺纹本身就包含了移动这个操作等。对于这种情况,通常只表示前面的操作任务,这样前述的操作只需表示拧松螺纹即可。具体的拆解操作任务可根据拆解实践进行归纳总结,以便进行评价。

(5)拆解方向。人手臂或拆解工具接近待拆解零件的轴线方向。为此,须建立相应的坐标系。在拆解过程中,坐标系是刚性的,它不随工件的拆解而发生变化。一个拆解动作往往有多个运动方向,可根据动作发生的先后顺序表示在该栏目中。

(6)拆解工具。为完成拆解任务所需要的工具类型。例如,十字螺丝刀、扁嘴钳和扳手等。不借助工具仅由手工完成的拆解操作,不必记录。

(7)可达性。用于衡量操作者的手臂或拆解工具接近待拆零件的难易程度。它主要表示是否存在适当的拆解空间及拆解过程中对待拆零部件实施操作的难易。

(8)拆解定位要求。为完成拆解任务,操作者的手臂或拆解工具所需要的精确定位或转向的度量。例如,与简单地抓取与移动操作相比,将十字螺丝刀放入螺钉头部并拧动螺钉就需要较高的定位精度。

(9)拆解力。为完成拆解动作所需要力量的度量。例如,拆除具有过盈配合性质的零件所需要的拆解力要比拆除间隙配合零件所需要的拆解力要大得多。分离相互粘接的零件或对零件进行破坏性拆解也需要较大的力量。

(10)拆解附加时间。指拆解过程比较困难,且难度与时间有关时,通常的时间无法满足当前的时间要求,而必须附加的额外时间。例如,长螺纹比短螺纹的拆解难度大,因而其拆解需要更长的时间。需要指出的是,这里的附加时间是指这些时间没有在其他地方考虑进去,在此进行附加。若在其他地方考虑了这些拆解的额外难度,则在此不予考虑。

(11)特殊拆解问题。主要是在前面各个栏目中没有考虑或无法列入的特殊问题。例如,当拆解导线时,当其准确位置不知道时,可列入次栏目中。

(12)难度等级之和。第7至第11栏目中各难度等级之和。对表中7、8、9、10和11项进行难度等级评定时,分为以下四个等级,其分值为:容易为1,有一定难度为2,中等难度为3,较大难度为4。

(13)难度等级与重复次数的总和。第12栏目和第3栏目数据的乘积,以表示某一拆解任务的多次重复。这也是拆解任务的总难度等级。

(14)注解。用于解释所完成的特殊任务、所需的特殊工具或特殊拆解问题栏目出现的其他情况。

根据上述的拆解图各栏目的含义,将待评产品的具体内容填入表中,即可进行拆解难度的评价。

第四节　汽车可回收利用性评价方法

一、定量评价方法

1. 基于国家标准的计算方法

2004年5月17日,国家质量监督检验检疫总局、国家标准化管理委员会正式批准国家标准 GB/T 19515—2004《道路车辆可再利用性和可回收利用性计算方法》,并于2004年11月1日起实施。这是我国首次制定的车辆可再利用性和可回收利用性定量评价方法标准,性质为推荐性国家标准,等同采用了 ISO 22628:2002 的全部内容。

标准规定了用于计算新生产汽车的可再利用率和可回收利用率的方法,并用车辆质量的百分比(质量百分数)表示车辆可以被再利用和/或再使用(可再利用率),或回收利用和/或再使用(可回收利用率)程度指标。可再利用率/可回收利用率不仅取决于新车设计及其所使用材料的特性,同时也取决于标准中所提及的已被证实有效的处理技术。计算是在新车投放市场时,由车辆制造商完成,计算方法不反映对报废车辆的处理过程。

(1)评价指标之间的关系。评价指标主要包括可再利用率和可回收利用率,评价指标之间的关系与质量范围见表2-10。

评价指标之间的关系与质量范围　　　　　　　表2-10

指 标 与 范 围	术 语 内 涵 关 系			
评价指标	可回收利用率			填埋率
	可再利用率		—	—
质量范围	再使用零部件质量	再利用材料质量	能量回收材料质量	废弃材料质量
	回收利用质量			残余物质量
	整车质量			

再使用是针对汽车的零部件而言,而再利用和回收利用主要是针对车辆材料回收而言。新车的可再利用率和可回收利用率为汽车的可再利用和可回收利用部分的质量与车辆质量

之比的百分数。

汽车的材料被分为 7 类,即金属,聚合物,橡胶,玻璃,液体,经过改良的有机天然材料(MONM),如皮革、木料、纸板和棉羊毛织物,其他。材料的分类可以在确定每个阶段的质量时进行。

(2)回收处理数据收集。在汽车设计时,除了要考虑车辆的安全、环保和节能问题外,还需要考虑汽车的可再生性。因此,需要有对新车可再利用/可回收利用性能进行定量评价的。国家标准 GB/T 19515—2004《道路车辆可再利用性和可回收利用性计算方法》规定了再利用率和可回收利用率计算方法,及对报废汽车进行预处理阶段、拆解阶段、金属分离阶段和非金属残余物处理阶段应进行的计算。

①预处理阶段。需要确定所有的液体(包括燃油、机油、变速器/分动器齿轮油、差速器双曲面齿轮油、助力转向油、冷却液、制动液、减振液、空调制冷剂、风窗玻璃清洗液及液压悬架液)、蓄电池、机油滤清器、液化石油气(LPG)罐、压缩天然气(CNG)罐、轮胎和催化转换器的质量。这些液体和装置所使用的材料都被认为是可再使用或可再利用的。在进行预处理时,各装置的拆除效率和液体的排空效率被认为是 100%。

②拆解阶段。需要确定在预处理阶段结束后,其他可再使用或可再利用的零部件质量。在这个阶段中,零部件的可再使用性和可再利用性主要取决于其可拆解性。而且,零部件的可拆解性要通过其可达性、紧固技术和已获验证的拆解技术进行评价。在此基础上,判断零部件是否是可再使用的还要基于其材料和针对该材料的已获验证的再利用技术。

车辆制造商负责对可再利用零部件进行评估,并提出清单。本标准并未给出在本阶段处理的可进行再使用的零部件的清单,这是由于:理论上来说,所有的零部件都是可以进行再使用的;某一特定的零部件是否可以再使用取决于当地市场的具体情况;在大多数情况下,可进行再使用的零部件中都含有金属,因此它们无论如何都被认为是可再利用的。

③金属分离阶段。要确定在前两个阶段中,没有被考虑到的金属质量。所有这些金属都被认为是可再利用的,并且其再利用效率被认为是 100%。本阶段结束后,构成车辆的所有的金属都应被分离完毕。

④非金属残余物处理阶段。在前三个阶段中未被考虑到的所有材料构成了非金属残余物,此阶段要确定根据已获验证的再利用技术被认为是可再利用的非金属残余物的质量以及根据政府认可的技术被认为可以用于能量回收的剩余物的质量。

(3)计算公式。利用通过上述 4 个阶段得到的数据,可以计算出车辆的可再利用率和可回收利用率。标准的附录 A 为规范性附录,给出了整个计算过程中记录数据的数据表。附录 B 为资料性附录,以图示的形式对计算方法进行了说明。

①可再利用率 R_{cyc}。

采用质量百分数表示,其计算公式如下:

$$R_{cyc} = \frac{(m_p + m_D + m_M + m_{Tr})}{m_V} \times 100\% \tag{2-11}$$

式中:m_p——预处理过程中回收的可再使用和可再利用的零部件和材料总质量,kg;

m_D——拆解过程中回收的可再使用和可再利用的零部件和材料总质量,kg;

m_M——金属分离过程中回收的可再使用和可再利用的零部件和材料总质量,kg;

m_{Tr}——残余物处理过程中可再利用的非金属残余物的总质量,kg;

m_V——汽车整备质量,kg。

②可回收利用率 R_{cov}。

$$R_{\text{cov}} = \frac{(m_{\text{p}} + m_{\text{D}} + m_{\text{M}} + m_{\text{Tr}} + m_{\text{Te}})}{m_{\text{V}}} \times 100\% \qquad (2\text{-}12)$$

式中：m_{Te}——残余物处理过程中可以用于能量回收的剩余物的总质量，kg。

本标准只与单一车辆在出厂时的状况有关，并不涉及实际当中的车辆报废回收。因此，它不会作为国家对报废车辆进行回收的具体规定或依据。但是，本标准可以在其他相关议题中得以应用，并且为我国今后制定车辆报废标准法规提供了规范的术语和定义。

与此同时，欧洲已经开始在车辆的形式认证过程中对车辆的可再利用率和可回收利用率进行检查，因此，本标准对那些在欧洲销售整车或零部件的国内企业来说是很重要的。

2. 日本新型车回收利用率计算方法

日本汽车工业协会在"环境行动计划"中公布了新型车回收利用率的目标。为了在回收利用倡议的基础上，更好地推进"自主行动计划"，编制了回收利用率的定义和计算方法指南。它不仅适用于当前政府规定范围内的乘用车（1500～2000cc 级），也适用于其他种类及大小的汽车（包括货车和二轮机动车）。

（1）回收利用计算考虑的因素。回收利用率是指在生产新型车时预测到的、将来该车报废时能够达到的回收利用质量与整车质量之比，实际上也是一个预测值。对汽车零部件回收利用性进行评价时，主要考虑以下 4 项因素：

①拆解性：可将零部件从车上拆卸下来。

②分离性：可将该零部件按原材料进行分类。

③识别性：可确认原材料名称。

④再利用性：可对该原材料进行回收再利用。

拆解性、分离性、识别性和再利用性是与汽车零部件回收利用性能评价相关的单项指标，判断能否进行回收利用的标准如下：

①拆解性的判断标准：使用标准工具和设备即可方便地进行拆解操作。

②分离性的判断标准：使用标准工具和设备即可方便地进行分离操作。

③识别性的判断标准：通过目视等方法，可对原材料进行识别。

④再利用性判断标准：符合表 2-11 中 1、2 和 3 中的任意一项。

回收利用技术现状及应用 表 2-11

序号	技 术 现 状		回 收 对 象 分 类		
			原材料	零部件	液体
1	A 类：材料回收利用技术得到确认，已经在进行再利用的物质		金属类	蓄电池、轮胎、催化转换器	燃料、发动机机油
2	材料回收利用技术已经得到实际验证，预计将来能够扩大使用	B 类：粉碎后的材料回收再利用技术已通过实际验证	聚氨酯泡沫、纤维、玻璃	—	—
		C 类：材料回收再利用技术已经通过实际验证	热塑性树脂、聚氨酯泡沫、纤维、玻璃、EPDM 橡胶	PP 保险杠	LLC、氟利昂
3	D 类：热能回收再利用技术已经得到实际验证，预计将来能够扩大使用		热硬化树脂、木材、橡胶、纸、皮等，产生有害物质的可能性很小的材料	—	—

（2）回收利用方式分类。在计算新型车回收利用率时，将回收利用方式分成如下两大类：

①材料回收再利用（M_{rc}）：作为原材料使用。

②热能回收再利用（T_{rc}）：作为热能使用。

（3）零部件的评价顺序和新型车的回收利用率计算方法

①零部件的评估顺序。新型车回收利用率（预测值）评估顺序，如图2-17所示。对汽车零部件进行评价，计算回收利用率。在回收利用过程中，原则上以材料再利用优先。

图2-17　新型车回收利用率（预测值）评估顺序

②回收利用率的计算方法。按照上述的评价顺序对车辆零部件进行评价，求出材料回收再利用质量 M_{rc} 和热能回收再利用质量 T_{rc}，用两者之和除以车辆质量，从而得出回收利用率。即：

$$新型车可回收利用率 = \sum(M_{rc} + T_{rc}) / 车辆质量 \times 100\%$$

其中，乘用车车辆质量为：

$$乘用车车辆质量 = 最大总质量 - 55 \times 定员数 + 备胎质量 + 工具质量$$

二、定性评价方法

日本汽车工业协会为了进一步促进已销售汽车和新生产汽车报废后的正确处理和回收利用，正在进行相关技术开发。为促进回收利用，在产品设计阶段所进行的提前评价的目的及其可回收性判断标准相关指南，见表2-12和表2-13。

日本汽车工业协会提出的产品设计阶段所进行的提前评价目的及方法　　　表2-12

项　目	评价目的	评估标准实例	评估方法
材料措施	作为再生资源而利用的可能性	○从技术上，是否可以作为再生资源而利用，或者今后是否有这个可能？ ○从经济性上，是否可以作为再生资源而利用，或者今后是否有这个可能？ ○如果作为再生资源加以利用的可能性低，那么是否能够用其他材料替代？	●公司标准 ●再生技术
结构措施	再生利用零部件的拆卸方便性	○为使拆解更加方便，是否在结构设计、组装方法上下了工夫？ ○是否能够用标准设备和工具进行拆卸？	●公司标准

项　目	评价目的	评估标准实例	评估方法
分选措施	合成树脂零部件的材质名称标识	○是否按照日本汽车工业协会的标准进行名称标识？ ○是否在 100g 以上的新零部件上进行标识？（标识困难的情况除外） ○使用的标识是否符合 ISO 标准？ ○在已拆除的状态下，是否在可辨认的地方进行标识？	●公司标准
报废处理相关安全保障	有毒有害材质	○在使用材料时，是否遵照材料使用相法规等限制规定？ ○在处理材料时，是否遵照材料处理相关法规等限制规定？	●相关法规 ●公司标准
	报废处理安全性	○对于在处理时容易发生爆炸、燃烧等的零部件，是否采用正确的处理方法？ ○在处理方法方面，如果有需要是否编制说明资料？	●公司标准

日本汽车工业协会可回收利用性判断标准相关指南　　　　表 2-13

项　目	判　断　内　容	判　断　标　准
材料措施	制作汽车零部件时，使用那些可回收利用的材料	可回收利用的材料是指无论从技术上还是经济性上，均可作为再生资源进行利用的材料，还要考虑其将来的资源。同时，优先针对合成树脂应用
结构措施	采用易于拆解的零部件结构及安装方法，使汽车报废处理简单	对易于拆解结构设计及安装方法等方面，优先针对那些需要促进利用的再生资源（发动机、变速器、保险杠、座椅、燃油箱、蓄电池等）的改进
分选措施	对合成树脂零部件的材质名称、标识或其他分选方法进行研究	材质名称标识，由日本汽车工业协会加以规定，并根据规定实施
报废处理安全保障	充分考虑材料的毒性和其他特点，保障安全	在报废处理安全性方面，了解和掌握汽车的原材料；遵循材料及报废处理相关规定，在进行报废处理时尽量避免使用有害物质。同时，在报废处理安全性方面，如有必要则采取编写说明资料等措施
安全性考虑	在促进再生资源利用时，要充分考虑汽车的安全性、耐久性以及其他必要事项	安全性及其他必要事项是指与汽车的安全性、耐久性、排放性、节能性等相关的法律规定，是为不影响汽车基本功能而加以考虑
更换措施	维修商在更换汽车零部件时，要使用那些作为再生资源可以利用的零部件；同时，还要根据材质名称对报废零部件进行分类	—
提高技术	提高技术水平（包括学习），促进再生资源的利用	结合运营商的特点，对下列技术进行调查、研究、开发。 （1）调查、研究和开发可再生材料如何应用于零部件。 （2）调查、研究和开发再生资源化技术（包括汽车拆解处理技术、分离与筛选技术、再生材料的成形技术、涂膜的分离技术等）。 （3）调查和研究树脂材料报废零部件的回收及利用

项　目	判　断　内　容	判　断　标　准
提前评估	根据《回收再利用法》第1条至第4条的规定，预先对汽车进行评价。按每种汽车种类，规定评估项目、评估标准及评估方法进行评估，同时进行必要的记录	提前评估按照以下顺序进行： （1）制造商编制业内"提前评估指南"，根据行业特点制定评估项目、评估标准以及评估方法。 （2）制造商参考行业"提前评估指南"的内容，制定本公司的实施规定，并进行提前评估。 （3）制造商在总公司或者分支机构中，设立提前评估实施责任部门，建立提前评估实施及其记录保管体系。 （4）另外，在不符合评估标准的情况下，在记录评估结果时，必须注明其理由
提供信息	协助提供汽车结构、零部件拆卸方法、零部件材料名称及其他信息	尽可能提供对再生资源的利用有益的信息

第五节　汽车生命周期评价

一、基本概念

1. 产品生命周期

产品生命周期又称生命循环或寿命周期，是指经过开采、冶炼、加工、再加工等生产过程形成最终产品，又经过产品存储、销售、使用，直至产品报废或处置等过程，构成物质转化的一个生命周期。简单地说，产品生命周期就是产品从自然中来到自然中去，即"从摇篮到坟墓"的全过程。除此而外，还有产品多生命周期的概念。

多生命周期不仅包括本代产品的全部生命周期时间，而且还包括本代产品报废或停止使用后，产品或零部件在换代（第二代、第三代等）产品中的循环使用和循环利用的时间。产品多生命周期从产品多生命周期的时间范围来综合考虑环境影响与资源综合利用问题和产品寿命问题，其目标是在产品多生命周期时间范围内，使产品再利用时间最长，对环境的负面影响最小，资源综合利用率最高。

由于科学技术的迅猛发展，产品生命周期将越来越短，因此为了实现产品多生命周期工程的目标，必须在综合考虑环境和资源效率问题的前提下，高质量地延长产品或其零部件的回用次数和回用率，以延长产品的回用时间。绿色制造理论和技术是产品多生命周期工程的理论和技术基础，而产品及其零部件再利用技术和废弃物资源化技术则是关键。产品多生命周期理论还涉及经济与控制策略研究，包括产品多生命周期的成本分析；产品多生命周期的监测系统、信息系统和控制系统的开发研制；可持续工业生产的新型企业的生产、经营、管理集成制造模式研究等。

2. 生命周期评价

生命周期评价（LCA：Life Cycle Assessment）是一种面向产品系统的环境管理工具。产品系统是指与产品生产、使用和用后处理相关的全过程，主要包括原材料采掘、原材料生产、产品制造、产品使用和产品废弃处理5个环节。产品系统的输入可能造成生态破坏与资源衰竭，产品系统输出可能带来环境污染。所以，环境管理必须评价整个产品系统对环境的总影响。

生命周期评价有许多定义,其中国际标准化组织(ISO)和国际环境毒物学和化学会(SETAC)定义最具有权威性。

(1)ISO定义。生命周期评价是汇总和评估一个产品(或服务)体系在其整个寿命周期期间的所有投入及产出对环境造成的和潜在的影响的方法。

(2)SETAC定义。生命周期评价是一种对产品生产工艺以及活动对环境压力进行评价的客观过程,它是通过对能量和物质利用以及由此造成的环境废物排放进行辨识和进行量化的过程。其目的在于评估能量和物质利用,以及废物排放对环境的影响,寻求改善环境影响的机会以及如何利用这种机会。评价贯穿于产品、工艺和活动的整个生命周期,包括原材料提取与加工、产品制造、运输以及销售;产品的使用、再利用和维护;废物循环和最终废物处理。

1993年10月,国际标准化组织成立了ISO/TC207环境管理技术委员会。其目的是适应和推动全球性的环境管理需要,积极开展环境管理体系和工具方面的标准化工作,支持世界各国建立环境管理体系,加强环境管理措施以及规范企业及各种组织的活动、产品和服务的环境行为。到目前为止,ISO/TC207环境管理技术委员会已组织并制定20～30个有全球性影响的技术文件和国际标准,其中有关LCA的标准编制在ISO 14040系列标准中,主要包括:环境管理—生命周期评价—原则与框架;目标和范围的界定及清单分析;影响评价;ISO 14042应用实例(未来技术报告);生命周期评价数据文件格式;ISO 14041目标、范围定义和清单分析的应用实例。上述标准除第一和第二个分别于1999年和2000年发布外,其余都尚在起草之中。

从20世纪80年代末到现在,从不同的角度用LCA的方法对大量复杂产品和系统进行了环境评价。例如,政府机构用LCA制定约束环境行为的规章制度、法律;企业利用LCA进行产品开发、环境管理以及市场管理,用户用LCA来规范消费行为。虽然生命周期评价还不成熟,但它在人类社会生产活动中已发挥作用。表2-14列举了LCA在丹麦的应用实例。

产品环境评价在丹麦的应用　　　　　　　　　　表2-14

组　织	应　用	例　子
政府机构	社团活动计划	纸张焚烧和回收的比较;可回收玻璃瓶和其他的饮料容器的比较;工业产品的分级
	公众购买的环境行为	汽车、工作服、公司设施
	用户信息	环境标志
	建立环境关注	识别环境改善情况;基于产品定位的环境策略;环境管理
	设计选择	概念设计,元件选择,材料选择,工艺选择
	环境类文件	用户的环境信息
消费组织	环境协调消费指南	生态标志
	社团活动的生命周期评价	生态或传统农业,运输系统

二、生命周期评价方法

1. 生命周期评价技术框架

生命周期评价由4部分组成,即目标定义与范围界定、清单分析、影响评价和改进评价。

(1)目标定义与范围界定。确定目标和范围是LCA研究中的第一步,也是最关键的部分。它由确定研究目标、范围、建立功能单位、建立一个保证研究质量的程序组成。

研究目标包括一个明确完成 LCA 原因的说明和评价结果的预计使用目的。范围界定中应详细描述系统的功能、功能单位、系统边界、数据分配程序、环境影响类型、数据要求、假定条件、限制条件、原始数据质量要求、对结果的评议类型、研究报告类型。范围界定要保证研究的广度和深度与目标一致。LCA 是一个反复过程,根据收集数据和信息可能修正设定的范围来满足研究目标,甚至修正研究目标。

（2）清单分析。清单分析是对产品、工艺过程或活动等整个生命周期阶段资源和能源的使用以及对环境排放废物等进行定量的技术过程。清单分析开始于原材料获取,结束于产品的最终消费和处理。在清单分析中,产品(或服务)系统作为完成一定特定的功能并与物质和能量相关的操作的集合。系统从包围它的系统边界中分离出来,边界外所有区域称作系统环境,系统环境是系统输入来源和输出场所。清单分析共分五个步骤:

第一步:对讨论的产品组进行市场调查和产品调查。

第二步:从讨论的产品组中选出有市场和环境问题的代表性产品。

第三步:对代表性产品进行生命周期清单分析。

第四步:为了鉴别产品生命周期中与产品有关的主要环境问题,需要对产品生命周期清单分析的结果进行评价,即进行影响分析。

第五步:组织专家组讨论并制定该类产品的环境标志标准。

标准制定时需注意下面几个方面:鉴别生命周期中的主要环境问题;减轻这些环境问题的可行技术;满足环境标志标准的经济可行性。

（3）影响评价。在 LCA 中,影响评价是对清单分析中辨识出来的环境负荷的影响作技术的定量或定性的描述和评价。

影响评价通常由影响分类、特征化和量化评价三步骤组成。影响分类将清单分析得来的数据归类到不同的环境影响类型。影响类型通常有资源耗竭、人类健康影响和生态影响三大类,每一大类包含许多小类。特征化将每一影响大类中的不同影响类型汇总。

特征化方法通常有两种:一种方法是用统一的方式将来自清单分析的数据与特定的环境标准相联系;另一种方法是模拟剂量—效应的关系模型,并在特定场合运用这些模型。具体讲,特征化目的在于给不同产品系统打分,使本来不可比的环境污染排放量指标更具有可比性。特征化最终计算出某种排放在此次评估中对某一种环境问题的危害程度,通常用所占百分比来衡量,为下一步量化评价提供依据。量化评价是确定不同影响类型的贡献大小,即确定权重,以便能得到一个数字化的可供比较的单一指标。

（4）改进评价。系统地评估产品系统整个生命周期内减少能源消耗、原材料使用以及环境释放的需求与机会的分析,包括定量和定性的改进措施。为了每个功能单位的环境性能都能得到改善,产品和过程的投入以及对环境产出都要进行评价。改进的效果依据于清单分析和影响评价两者结合,改进的机会也应该被评价,以确保它们不产生额外的影响而削弱提高的机会。改进评价是目前发展最不足的部分。

2. 环境评价方法的比较

环境管理方式经历了末端管理、过程管理和产品系统管理 3 个发展阶段。末端管理偏重于污染源治理,不能有效预防污染,更不能有效解决区域性环境问题。20 世纪 80 年代出现的过程管理主要关注产品整个生产过程,从被动的末端治理走向积极污染预防,是当前环境管理的重要手段。但是,过程管理忽视产品使用和产品废弃处理环节,不能满足经济资源可持续发展的要求。过程管理和末端管理忽略原材料采掘和产品作用阶段,仅仅控制生产过程的排放物,不能达到总量控制要求。所以,从末端管理和过程管理转向产品系统为核心的全过程管理是大势所趋。

传统上广泛应用的环境管理工具是风险评价和环境影响评价,现将传统环境管理工具与生命周期评价作以比较,见表2-15。

环境管理工具比较 表2-15

项 目	风险评价	环境影响评价	LCA
目标	预告目标生物的危险性	具体工程或项目环境影响	全球生态系统变化的预警
方法论	查汇分析	综合评估	溯源分析
内容结构	接触评价,危险识别,风险描述,风险管理	范围界定,影响识别,影响度量,影响预测,减轻措施,评价监测	目标定义,清单分析,影响评价,改进评价
评价对象	潜在有害物	具体的工程或项目	产品及产品系统
时空特性	局部性的、短时的影响	局部和区域的短期影响	全球性长期影响
局限性	(1)仅限于小地域的人类健康;(2)忽略持续性风险;(3)极少分析自然环境	(1)局限于具体地域的具体项目;(2)不考虑全球环境影响;(3)方法论不统一	(1)无法分析偶然性排放;(2)对数据高度综合的结果,忽略了对局部的影响

3. 生命周期评价的作用

生命周期评价起源于企业内部,最先在企业部门得到广泛应用。生命周期评价主要有以下作用:

(1)产品系统的环境影响辨识与诊断。通过对产品系统的分析,不同产品不同的生命周期阶段的环境影响是不同的。例如,电冰箱主要环境影响是在用后处理阶段,因为 CFC 释放对臭氧层破坏和全球变暖的影响非常严重;汽车主要是在使用阶段,排放出废气对环境的污染十分严重。生命周期评价评估产品的资源效益,一方面要求降低物耗、能耗;另一方面尽可能采用有利于环境的原材料和能源。

(2)产品环境影响评价与比较。以环境影响最合理化为目标,分析比较某一产品系统的不同方案或者对替代产品(或工艺)进行比较。例如,通过对燃油汽车和燃气汽车的排放污染评价,燃气汽车对环境污染较小。

(3)绿色产品设计与新产品开发。新产品开发与设计中直接应用产品生命周期评价。例如,丹麦 GRAM 公司通过对其原有电冰箱产品进行生命周期评价发现,电冰箱在使用阶段对资源和能源消耗最大,在用后处理阶段对温室效应和臭氧层破坏影响最大。因此,通过改进设计,制造出低能耗、无氟电冰箱,取得了良好经济效益和社会效益。

(4)再利用工艺设计。生命周期评价结果显示,产品废弃处理阶段的问题特别突出。解决该问题的根本途径在于从产品设计阶段就考虑产品废弃分解和资源再回收利用。

三、汽车生命周期评价应用

生命周期评价是一种评价产品从原材料开采与提炼开始,到产品制造、营销、使用、报废和最终处置全过程环境影响的方法。与其他的环境影响评价方法显著不同的是,生命周期评价是针对产品、工艺技术或服务系统"从摇篮到坟墓"整个生命周期内所产生的综合环境影响进行系统的评估,从而克服了传统方法仅从产品、工艺技术或服务系统整个生命周期中某个环节或某个阶段的"末端影响"进行环境评估的片面性和局限性。由于生命周期评价是一种新型的资源和环境分析方法,因此在实用领域应用还相当有限。但是,其评价结果是具有指导作用。生命周期评价最传统和广泛的应用是针对各种工业产品,汽车及其产品是研究评价最多的对象之一。怎样正确评价汽车生命周期并给出恰当的评价标准和方法,对指导汽车及产品的开发具有十分重要的意义。

传统汽车及其产品生命周期是从"摇篮到坟墓"的过程,这是一个开环系统,其结果是废弃后的产品仅作为低级的材料加以回收。而现代汽车的生命周期是从"摇篮到再生"的过程,它是对普通产品生命周期的扩展,即现代汽车的生命周期除原材料生产、设计制造、运输销售、使用服务阶段外,还包回收再利用及无害化处理阶段,这种生命周期是一个闭环系统,如图 2-18 所示。

图 2-18   现代汽车的生命周期示意图

为保护环境,汽车须同时满足以下几个方面的要求:减少尾气排放、降低油耗(节能)、降低噪声、节省资源和提高回收再利用等。通过汽车的生命周期评价研究,可以进一步确定降低环境负荷的主要因素。但是,汽车由 2 ~ 3 万种零部件组成,如果要在生产、使用和回收再利用的全过程使用 LCA,那么,还有不少课题有待解决。

日本汽车工业协会与汽车厂商就对影响环境方面的主要基本因素加以考虑,努力提供环保性汽车产品。同时,还在进行生命周期评估(LCA)适用性研究。近年来,通过产品生命周期分析,即对原料开采、材料和零部件生产、组装加工、产品使用、市场服务和报废产品的回收再利用等阶段,进行定量评估环境负荷的方法引起人们的关注。为了设计、开发、生产出低环境负荷的汽车产品,日本汽车工业协会和汽车厂商正着手建立 LCA 方法的相关数据库,其行动指导方针与环保目标的关系,见表 2-16。

行动指导方针与环保目的的关系   表 2-16

行动指导方针 \ 环保的目的		防止地球变暖	节省资源	保护臭氧层	改善大气环境	改善沿途环境	促进回收利用	减少废弃物
强化环保综合性措施	环境专业部门准确而迅速的应对	○	○	○	○	○	○	○
	考虑汽车的生命周期	○	○	○	○	○	○	○
	充实和完善环保管理体系	○	○	○	○	○	○	○
	推进海外项目中的环保工作	○	○	○	○	○	○	○

环保的目的 行动指导方针		防止 地球变暖	节省 资源	保护 臭氧层	改善 大气环境	改善 沿途环境	促进 回收利用	减少 废弃物
防止地 球变暖	降低油耗	○	○					
	推广普及低排放车	○	○		○	○		
	向共同开展的活动提供协助	○	○			○		
	控制工厂排放二氧化碳使其保持稳定水平	○	○					
	促进汽车空调制冷剂的回收	○	○	○			○	
	使汽车交通更加顺畅的措施	○	○			○		
促进 回收再利 用、减少废 弃物	有效利用报废汽车粉碎渣		○				○	○
	提高汽车回收利用率		○				○	○
	减少环境负荷物质		○				○	
	减少工厂产生的废弃物		○				○	○
改善地 区环境	控制尾气排放				○	○		
	降低噪声					○		
	化学物质的管理				○			

 复习思考题

1. 名词解释

(1)绿色设计;(2)可回收性设计;(3)可拆解性设计;(4)生命周期评价;(5)再使用件;(6)再制造件;(7)再利用件;(8)能量回收件;(9)废弃处置件。

2. 简述绿色设计的基本内容、特点和原则。

3. 举例说明汽车主要零部件回收与循环利用方式。

4. 简述影响产品回收利用方式选择的主要因素。

5. 简述可回收性设计有哪些主要内容。

6. 如何提高汽车可回收性?

7. 汽车回收性评价需要哪些基本信息? 各有什么意义?

8. 试论述材料兼容性对回收性的影响。

9. 面向可回收性的设计应考虑哪些因素? 如何应用可回收性设计指南?

10. 连接件的拆解有几种方式? 各有什么特点?

11. 试论述影响可拆解性的因素有哪些?

12. 可拆解性设计有哪些方法? 各有什么特点?

13. 可拆解性设计准则的基本要点是什么?

14. 汽车可回收性有哪些定量评价指标? 其含义是什么?

15. 汽车可回收性有哪些定性评估项目? 评估的目的是什么? 怎样评价?

16. 任选一种汽车产品,选择一种或几种方法进行生命周期评价。

第三章 废旧汽车回收

本章提要：介绍了废旧汽车回收特点、付费机制及运作方式；阐述了产品回收网络类型及特性，逆向物含义、形态和价值，汽车产品回收逆向物流及其特点；分析了正向与逆向物流系统的关系和建立要求。

第一节 废旧汽车回收运作

一、废旧汽车回收特点

1. 汽车回收特性

废旧汽车回收作为汽车生命周期的一个阶段，对整个汽车生命周期过程具有重要影响。汽车报废制度的完善、回收管理的强化和网点布局的优化，既有利于汽车工业和消费市场的健康发展，也对环境保护和交通安全有重要意义。

（1）回收利用的初始性。产品回收是指废旧产品的收集过程，称为废旧产品收购或废旧产品收集。收集或收购报废汽车的活动是汽车再生资源利用物流过程的开始，决定着可进行资源化的废旧汽车数量。

（2）回收物流的逆向性。产品回收业被称为"静脉产业"，这形象地反映出废旧产品回收是"多对一"和"分散到集中"的物流过程。它与产品销售的物流过程相反，是逆向物流过程。

（3）回收活动的制约性。废旧汽车的回收活动受法律法规的制约。我国国务院2001年颁布了《报废汽车回收管理办法》，规定对报废汽车的回收行业实行特种行业管理，报废汽车回收利用企业资格认定制度，并规定报废车只能由指定的回收企业收集和解体。

（4）回收效益的市场性。尽管报废汽车回收活动具有直接的社会效益，但是其回收经济效益又取决于市场规律。

2. 汽车回收付费机制

（1）交易制。政府对报废汽车回收付费方式无强制性规定。有关报废汽车的回收是采取有偿回收或报废的交易方式，即视回收车辆的状态来决定是由车主付费报废，还是由企业付费回收。例如，在英国、法国和德国等曾经实行。

（2）基金制。政府通过制定法律或管理文件的形式，对有关报废汽车回收的方法、内容、程序和付费方式等做出规定，所有汽车报废回收处理费用在车主购车或注册时以基金方式支付，并由基金会依法进行管理。例如，在日本、荷兰和瑞典等实行。

（3）补偿制。由政府财政支出汽车报废补贴资金，对按规定报废的车辆进行补偿，车主可以获得一定数量的财政补贴资金。目前,只有我国采用这种机制。

(4)无偿制。无偿制也是生产者责任制。例如,按欧盟报废汽车回收指令的规定,对于2002年7月1日以后的新车及2007年7月1日以后的全部报废车,在交给加盟国认定的处理设施处理时,最终所有者不负担回收处理费用,由生产者负担回收处理费用的全部或大部分。

二、废旧汽车回收运作过程

在汽车工业发达的国家中,汽车制造商及环保部门已日益重视废旧汽车的回收,并正在形成一个颇为诱人的新兴产业。汽车回收行业的兴起一方面得益于利润丰厚的回收零部件再造环节,另一不容忽视的因素是各国环保政策对汽车生产商及汽车消费者的约束。随着各国"生产者负责法"的制定与实施,制造商担负起双重职责:即对汽车的生产制造负责和对汽车的报废回收负责。因此,制造商做研发时就必须考虑产品的可回收利用性,以保证汽车上万个零部件都易于回收利用。

1. 国外废旧汽车回收运作过程

1)日本

汽车的最终所有者决定报废汽车后,将汽车交废旧汽车收购商。收购商将废车依次交氟利昂回收厂、解体工厂、粉碎工厂进行回收处理。处理程序完成后,向日本汽车回收再利用促进中心报告。该中心核实汽车处理全部完成后,由废旧汽车收购商通知车主,车主根据该中心提供的车辆处理信息向国土交通省下属的各地陆运支局申请永久注销汽车登记。日本汽车回收处理费用及其相关信息管理流程如图3-1所示。

2)德国

1991年,德国政府公布了有关废车处理的政府令(草案)。1996年2月,经过政府和有关行业的长期协商后,以德国汽车工业协会为首的15个行业协会同意自主回收处理。1998年4月,政府通过政令规定了有关解体事业者的认定条件、解体证明书、监督方法等实施。

在德国,当汽车行业对政府设定的方针表示自主同意后,实施报废汽车的回收处理系统。有关交易所、解体事业所、压碎事业所的认定条件、解体证明书和废物的管理方法等均由政府规定。其基本程序:汽车由最终用户向认定的交易所提出废车处理的申请,由交易所转交认定的废车解体场解体后,分别将可用的二手车部件出售,车体和废液分别委托压碎厂和废液类再生处理厂进行处理。然后,由解体厂经交易所将解体证明书返还用户,用户以此为据向交通和税务部门注销牌证和停止纳税,并向保险公司解除保险。

关于认证方面,交易所由商工小组负责,解体厂由商工会议所任命的鉴定师认证并负责检查。由于政府和行业协会长期协商后用政令和行业自主行动的紧密配合,特别是处理费仍由汽车厂用提高新车售价的方式转嫁负担。因此,再生费用低,则有利于提高汽车的价格竞争能力,使汽车生产和再生利用向一体化发展。

汽车生产和再生利用一体化主要表现在:在汽车设计时,从结构和选材上考虑再生利用问题,或者兼营再生事业。例如,奔驰公司和宝马公司都兼营二手车部件的检修和销售业务。

3)荷兰

在荷兰,用户承担的费用由法律规定。其他工作在相关团体协助下,由民营公司自主进行。1993年,由汽车协会、维修业界和解体业界共同成立了荷兰汽车再生协会(ARN)。

1995 年起,在新车登记时征收 250 荷兰盾的再生附加费(1998 年 1 月改为 150 荷兰盾)。以此作为基金,对与 ARN 订有合同的解体业者、回收业者和再生利用事业者根据处理实绩给予一定报酬,以促进报废汽车再生。

图 3-1　日本汽车回收处理费用及其相关信息管理流程

在荷兰,解体证明书和汽车登记系统实施共享。特别是参加 ARN 的解体事业者,对解体部件、压碎部分和其他废物均分类记录。还有按法律规定,向购车者征收再生附加费,只要由行业协会向主管部门申请经批准即可。报废汽车证明书由荷兰运输部长认定的 600 户解体事业者发放。首先,由解体事业者将报废汽车分为解体车和二手车。其次,对解体车从运输部的登记中履行注销手续后停止交税。最后,对二手车者则转为售车者或解体事业者所有,征税对象亦改变。

由于荷兰实施一国一区制,车辆所有者变更时登记号亦不变。ARN 和解体事业者订有合同,对合同解体事业者所处理废车的再生利用活动支付部分酬金。目前,与 ARN 订有合同的解体事业者共有 280 户,处理的报废汽车占全国的 88%。1997 年,实际处理约 24 万辆;1998 年,达到了 90%(约 23.3 万辆);1999 年,达到 89.2%(约 25.2 万辆)。1999 年,荷兰报废汽车约 50 万辆。由于二手车较多,实际作解体处理的仅 28.4 万辆。

ARN 可对运输部的汽车登记账进行变更,当合同解体事业者吊销登记证明,即将再生材料量通知合同解体事业者,合同解体事业者将解体后的部件转交给下一工序的运输事业者时,可按其实绩从 ARN 领到酬金。

4)瑞典

在瑞典,整个回收系统机制由立法规定。其中,已售车的处理费用按法律规定由用户负担。1975 年,政府立法对新车征收预付费作为政府对废旧汽车回收管理基金。回收时,根据认定的解厂出具的解体证明返还一部分资金。但是,回收时的返还金(500 克朗)尚不如解体厂接受废车时征收的费用高,故难以确保报废汽车的回收。因此,1998 年 1 月,经汽车界和政府协商后通过立法,改为售出车报废后由汽车厂无偿回收,再由汽车厂(含进口业者)建立废车处理准备金,具体来源可用提高售价以及附加费方式解决,对基金免税。所以,1998 年以后,出售的新车采取了新规定。由地方自治体认可的解体事业者约 700 户,和保险业界订立合同的解体事业者约 170 户,由瑞典汽车协会(BIL)认定的解体事业者约 100 户。后者和汽车厂签订废车解体合同。

瑞典汽车协会为贯彻无偿回收的新规定,成立了从事此项工作的机构,对解体厂进行认定,并给认定合格者以较多的补助,实际上发挥了政府的作用。

现在的报废汽车以 1998 年前生产的车为主,仍由政府实施费用返还。这一机制对促进合理处理设备的投资有较大影响。另外,在解体厂未与汽车厂订立合同之前,对再生利用率的监管亦不足。

2. 我国废旧汽车回收运作过程

1)废旧汽车回收企业资质

2001 年 6 月 13 日,国务院第 41 次常务会议通过的中华人民共和国国务院令第 307 号《报废汽车回收管理办法》。其主要目的是规范报废汽车回收活动,加强对报废汽车回收的管理,保障道路交通秩序和人民生命财产安全,保护环境。

国家经济贸易委员会负责组织全国报废汽车回收拆解的监督管理工作,公安、工商行政管理等有关部门在各自的职责范围内负责报废汽车回收有关的监督管理工作。县级以上地方各级人民政府经济贸易管理部门对本行政区域内报废汽车回收活动实施监督管理。县级以上地方各级人民政府公安、工商行政管理等有关部门在各自的职责范围内对本行政区域内报废汽车回收活动实施有关的监督管理。

国家对报废汽车回收业实行特种行业管理,对报废汽车回收企业实行资格认定制度。除取得报废汽车回收企业资格认定的外,任何单位和个人不得从事报废汽车回收活动。报废汽车回收企业除应当符合有关法律、行政法规规定的设立企业的条件外,还应当具备下列条件:

(1)注册资本不低于 50 万元人民币,依照税法规定为一般纳税人。

(2)拆解场地面积不低于 5000m²。

(3)具备必要的拆解设备和消防设施。

(4)年回收拆解能力不低于 500 辆。

(5)正式从业人员不少于 20 人,其中专业技术人员不少于 5 人。

(6)没有出售报废汽车、报废"五大总成"、拼装车等违法经营行为记录。

(7)符合国家规定的环境保护标准。

设立报废汽车回收企业,还应当符合国家经济贸易委员会关于报废汽车回收行业统一规划、合理布局的要求。

2）废旧汽车回收处理程序

根据国务院令第 307 号《报废汽车回收管理办法》规定,报废汽车处理流程如图 3-2 所示。

图 3-2　我国报废汽车处理流程

报废汽车回收处理要求如下:

（1）报废汽车拥有单位或者个人应当及时向公安机关办理机动车报废手续。公安机关应当于受理当日向报废汽车拥有单位或者个人出具《机动车报废证明》,并告知其将报废汽车交售给报废汽车回收企业。

（2）任何单位或者个人不得要求报废汽车拥有单位或者个人将报废汽车交售给指定的报废汽车回收企业。

（3）报废汽车回收企业凭《机动车报废证明》收购报废汽车,并向报废汽车拥有单位或者个人出具《报废汽车回收证明》。

（4）报废汽车拥有单位或者个人凭《报废汽车回收证明》,向汽车注册登记地的公安机关办理注销登记。

3）废旧汽车回收处理要求

报废汽车拥有单位或者个人应当及时将报废汽车交售给报废汽车回收企业。任何单位或者个人不得将报废汽车出售、赠予或者以其他方式转让给非报废汽车回收企业的单位或者个人;不得自行拆解报废汽车。

报废汽车回收企业对回收的报废汽车应当逐车登记;发现回收的报废汽车有盗窃、抢劫或者其他犯罪嫌疑的,应当及时向公安机关报告。报废汽车回收企业不得拆解、改装、拼装、倒卖有犯罪嫌疑的汽车及其"五大总成"和其他零配件。

报废汽车回收企业必须拆解回收的报废汽车;其中,回收的报废营运客车,应当在公安机关的监督下解体。拆解的"五大总成"应当作为废金属,交售给钢铁企业作为冶炼原料;拆解的其他零配件能够继续使用的,可以出售,但必须标明"报废汽车回用件"。

禁止任何单位或者个人利用报废汽车"五大总成"以及其他零配件拼装汽车。禁止报废汽车整车、"五大总成"和拼装车进入市场交易或者以其他任何方式交易。禁止拼装车和报废汽车上路行驶。

报废汽车回收企业拆解报废汽车应当遵守国家环境保护法律、法规,采取有效措施,防治污染。

各省市又根据本地的实际情况又颁布了具体的《报废汽车回收管理办法》实施细则。例如,回收企业回收报废汽车时,首先核对发动机号、车架号,对整车附号牌以回收企业为背景进行拍照存档,然后到公安机关车辆管理部门核对档案资料,核对无误后立即进行解体（大型客车、大型货车及其他营运车辆应当在公安机关车管部门的监督下解体）。解体后,还需拍照、刻录光盘存档。同时还规定拆解报废汽车必须符合下列要求:

（1）发动机缸体侧面冷却水道附近敲出一个面积不小于$100cm^2$、贯通水道的深洞；发动机缸盖从中部沿横向切断成2截。

（2）转向器壳体砸裂，裂口长度应不小于$10cm$；转向轴管从中部横向切成2段。

（3）变速器壳纵向侧面或底部敲裂，裂口面积应不小于$15cm^2$，且从外到内贯通。

（4）前后桥左右两端靠近钢板弹簧支座位置横向切断，前桥和后桥分别切成3段。

（5）车架纵梁两侧前后钢板弹簧支架附近切断纵梁，横向把纵梁切成3段；对于承载式车身，应当从车身的横向沿驾驶室前车门后支柱前缘位置切断车身，车身横向切成2段。

（6）客车车身从中部横向切割成两段。

但是，上述规定的要求，对汽车零部件再制造的资源利用有一定影响。

第二节　逆向物流及其系统

产品回收网络是逆向物流系统的表现形式，逆向物流问题已受到企业界和理论界的重视。全新的资源环境观和经济观的演变，导致了逆向物流系统的普遍建立和快速发展。逆向物流系统是由连接节点（收集点（店）、拆解中心、加工制造厂、配送仓库和用户）和运输路线构成的产品回收网络。产品回收网络的构建涵盖了逆向物流的管理模式、管理策略以及运行操作等问题，即从产品回收开始，以尽可能少的物流费用，实现产品回收网络构建和布局优化。

一、产品回收网络类型及特性

1. 产品回收网络类型

（1）再使用回收网络。这类网络所回收的主要是可再使用的产品。例如，可再利用的包装一旦返回到包装提供中心，就可以直接被再次利用。在整个过程中，回收时间是最大的不确定因素。而且，回收产品数量和损失也是主要的不确定性问题，同时运输费用也影响回收成本。

可再利用产品只需要简单的再处理，如清洗和检查。由于再利用和原始利用之间基本上不存在区别。因此，再使用产品回收网络自然成为闭环结构形式。例如，再使用回收网络主要用于产品包装的回收。

（2）再制造回收网络。这种网络所回收的主要是可再制造的价值较高的产品或零部件，如照相机、复印机和汽车发动机等。

由于所涉及的对象价值较高，常常是由制造商来组织回收网络。再制造的产品或部件会用于新产品的生产，其回收市场和再利用市场有重合。此外，回收数量的不确定性也是影响该类型网络的一个重要因素，回收费用也较高。

（3）再利用回收网络。这种网络所回收的主要是可再利用价值较低的产品、零部件或材料。例如，纸张、塑料、钢铁副产品等。因此，此类网络要能大批量回收产品，以形成规模效应，使得回收有资源意义和经济价值。

再利用网络多是集中型网络结构，网络节点的各个责任方之间的紧密合作是确保大规模和批量处理的关键。由于这种回收方式的材料利用环技术的可行性并不严格依赖于回收产品的质量，因此，再利用网络结构简单，系统层次不多。

2. 产品回收网络特性

（1）集中度。集中度是指完成同种操作所需的活动地点数目，表示网络的横向幅度。

同类作业活动应尽量安排在同一地点完成,形成规模效益,节约人力物力,且是网络横向整合的有效措施。

（2）层次数。网络层次是指物流需要顺次流经的节点数,表示网络的纵向深度。单层次网络中,所有操作都集中在某一节点;多层次网络中,不同的操作分别在不同的节点(设施和地点)完成。

（3）关联度。主要是指产品回收网络与现存的物流网络的相关程度。产品回收网络可能单独建立,也可能是在原有网络基础上扩建而形成的。

（4）合作度。合作程度涉及网络构建中的各负责方,这些企业通过签订合同或联合联营的方式进行合作,但把产品回收工作外包给第三方逆向物流经营者的方式比较普遍,可以提高效率,产生规模经济。

（5）闭合型。产品回收物流又回到制造处,经过加工后再次回到市场,称为闭合型网络。

（6）开放型。产品回收物流从一点开始,到另外一点结束,称为开放型网络。

二、产品回收网络布局及节点活动

1.产品回收网络布局

产品回收物流过程大致分为三个阶段。第一阶段是收集阶段,即回收商从市场回收产品;第二阶段是运输阶段,即回收产品流向处理加工制造节点;第三阶段是再送阶段,即处理后可再利用的产品再次被配送到市场进行销售。

回收网络中的主要节点:一是收集点(店),进行报废产品收集与集结;二是拆解中心,在这里完成检验、拆解、分类以及不可再利用产品的废弃处理;三是加工制造厂,进行回收产品的资源化处理,包括再制造厂、材料再生厂;四是再配送仓库,用来储存经过处理后待配送的可再利用产品;五是用户,即消费和销售市场。以上连接节点的选址定位以及规模的决定就是网络布局需要解决的主要问题。

产品回收网络布局应以费用低、方便回收为目标,主要涉及以下几个问题:

（1）预测计划区域内可能回收产品的数量,确定应设置的收集点(店)数。

（2）根据拆解中心的任务和处理能力,确定拆解中心的位置及优化所对应的收集点物流关系。

（3）确定拆解中心与加工厂的物流关系,以及配送处理后的产品以及零部件。

（4）解决拆解中心和加工厂的废弃物处理等。

2.产品回收网络中的节点活动

产品回收网络中的节点活动一般涉及收集、检验与决策/拆解/分类、加工制造、废弃处理和再配送。

（1）收集。将废旧产品通过有偿或无偿的方式集中到回收点。收集是逆向物流的起点,是产品回收网络的关键节点。它判定产品是否应该进入逆向物流网络及初步决定回收产品在逆向物流网络中的流向和处理方法。

（2）检验与决策/拆解/分类。通过对回收产品相应指标进行测试分析,并根据产品结构特点和产品各零部件的性能确定可行的循环再生方案,它决定了回收产品是否可再利用以及用何种方式回收利用。

（3）加工制造。通过再制造、循环再生加工等活动,将回收产品转变成有用的产品。

（4）废弃物处理。对那些没有经济价值或严重危害环境的回收品和零部件,通过机械处理、地下掩埋或焚化等方式进行销毁。废弃处理一般在拆解中心进行,因此可能导致进、出拆解中心的物流量不相等,并需要一定的处理费用。

（5）再配送。将回收后经过加工制造的产品配送到市场进行销售等,主要包括运输和仓储。

建立包括制造商、批发商、零售商和消费者在内的产品回收网络,可以改变原来返物流之间的单向作用关系,在节约资源的同时保护环境,有利于社会的可持续发展。

三、逆向物流系统及其建立策略

1. 逆向物流简介

1）逆向物含义

1992 年,Stock 在给美国物流管理协会的研究报告中提出了逆向物流（Reverse Logistics）的问题。美国物流管理协会对逆向物流的定义是:"计划、实施和控制原料、半成品库存、制成品和相关信息,高效率和成本经济地从消费点到起点的流通过程,从而达到回收价值和适当处置的目的。"

1999 年,美国学者 Dale S. Rogers 等根据对传统正向物流的定义,提出了一个较为确切的逆向物流定义,即逆向物流是"对高效且高成本效率的从消费点到起源点的物料、在制品库存、成品和相关信息的流动进行设计、实施和控制的过程,以达到重新获取利润或恰当处理的目的。"

实际上,逆向物流是在企业物流过程中,由于某些物品失去了明显的使用价值,或消费者期望产品所具有的某项功能失去了效用或已被淘汰,并将作为废弃物抛弃;但是,在这些物品中还存在可以再利用的潜在使用价值,企业可通过回收系统,使具有再利用价值的物品回到物流活动中来;这个回收系统就是逆向物流系统,而系统中的物流就是逆向物流。

上述各定义虽然表述有所不同,但关于逆向物流的内涵是基本相同的。逆向物流的内涵可以从逆向物流的对象、流动目的和活动构成等方面来说明:

（1）流动对象。逆向物流是产品、产品运输容器、包装材料及相关信息,从它们的最终目的地沿供应链渠道的"反向"流动过程。

（2）流动的目。逆向物流是为了重新获得废弃产品或有缺陷产品的使用价值,或者对最终废弃物进行正确处置。

（3）活动构成。为实现逆向物流的目的,逆向物流应该包括对产品或包装物的回收、重用、翻新、改制、再生循环和垃圾填埋等形式。

此外,逆向物流根据其涵盖的范围,可分为狭义逆向物流和广义逆向物流。

（1）狭义的逆向物流。对那些已经废弃的产品再制造、再利用以及物料回收的过程,而这种过程经常是由于环境或产品已过时的原因所致,且参与逆向物流的主体不是原来的主体。

（2）广义的逆向物流。除了包含狭义的逆向物流的定义之外,还指减少资源使用达到减少废弃物的目标,同时,还能够使得正向以及逆向的物流更有效率。

2）逆向物流的分类

按产品的消费过程分类,逆向物流可分为:退货、产品召回和废旧产品回收三种形式。

（1）退回物流。一般来讲,包括不合格品的返修和退货。对于退货可以分为正常退货和立即退货两类:

①正常退货。在经销商收货时货物完好正常收入,但在其负责销售期间因各种原因未

能售出,根据销售协议可以退回产品的退货行为。例如:经销商未能完全销售出所进货物,生产商在一定期限内给予某些经销商一定的退货限额,将部分未能售出的产品退回。

②立即退货。在交货当时发生的因供应商责任造成的货物不符合交货要求所产生的退货。

(2)召回物流。由企业自身行为,包括设计、生产、包装、销售、储运过程中造成产品质量缺陷,导致的消费者权益受损都应由企业负责。当产品在一定区域内对消费者造成损害时,企业就不得不在政府市场管理部门监督下对有缺陷产品进行集中回收处理,称为产品召回。由产品召回过程产生的物流,称为召回逆向物流。

(3)回收物流。包括报废产品的再使用、再制造和再利用的逆向物流,以及周转使用的包装物的回收。包装物的回收利用广义上也是再使用或再利用。

3)逆向物流的价值

在美国、德国和澳大利亚等物流业发达国家,更多的制造企业认识到应将逆向物流纳入企业发展的战略规划中,使之成为新的压缩成本、提高利润的着眼点。很多第三方物流企业开始关注逆向物流所带来的价值。

(1)经济价值。逆向物流的经济价值是指企业通过逆向物流活动的开展带来的经济效益。企业以利润最大化为原则,实施逆向物流活动,必须有逆向物流基本设施、技术和人力资源等方面的投入,表面上看似增加了企业的支出水平。但是,更应该看到逆向物流服务能给企业带来的经济效益。

例如,某些产品、零部件经过拆解、翻新、改制等活动重新获得使用价值后,可直接进入产品生产过程或在维修市场上销售。汽车、飞机的零部件制造业及电子产品制造业,使用翻新零部件已成为一种趋势。美国重新利用改制与翻新的零部件,使飞机制造费用节省了40% ~60% 。

(2)市场价值。逆向物流的市场价值,是指从营销学的角度出发,基于顾客满意的理念,企业通过开展逆向物流活动,提高消费者满意度。从供应链管理的角度看,顾客满意应确保价值链让渡系统中的每一个环节、每一类顾客的满意,从而能有效地提高供应链的整体竞争力。

(3)环境价值。逆向物流的环境价值,是指企业的逆向物流活动给环境带来的良性保护作用。保护地球环境,维护社会利益,已是现代社会面临的主要问题。每个企业应该从自身做起,对本企业可能会产生的环境污染物的回收、处理是现代企业的一个不可回避的责任。

很多工业化国家或地区都制定了环境法规,对企业的环境行规定了约束标准,环境业绩已成为评价企业经营绩效的重要指标。例如,荷兰政府规定,汽车制造商必须将汽车使用的可回收材料比例提高到86%;欧盟规定生产商必须将至少45%的包装材料回收利用。这使得企业用于回收处理的费用逐年增加。而企业实施逆向物流战略,能减少最终废弃物的排放量,从而相应降低处理费用,同时还可改善企业在公众中的形象。另外,市场的全球化以及国际绿色壁垒的形成,也迫使企业寻求更加环境友好的经营方式。

2.正向与逆向物流的关系

从物流系统可持续发展角度看,不仅要考虑物流资源的正常合理使用,发挥物流主渠道作用,同时还需要实现物流资源的再使用(回收处理后再使用)、再利用(不用的物品处理后转化成新的原材料或产品使用)。为此,应当建立起生产、流通和消费的物流循环系统,如图3-3所示。

逆向物流系统分成两个部分:一部分是由提供产品的生产企业建立,如退货、维修等逆向物流活动;另一部分是由专业物流公司或政府监督控制部门建立,因为不少逆向物流问题是社会问题,不是哪一家企业能够处理好的,由公共的专业物流公司通过提供有偿服务、国家财政资助等手段,实现逆向物流的有效进行。

图3-3　正向与逆向物流过程

正向物流和逆向物流是循环物流系统的两个子系统,两者是相互联系、相互作用和相互制约的。逆向物流是在正向物流运作过程中产生和形成的,没有正向物流,就没有逆向物流;逆向物流的流量、流向和流速等特性是由正向物流属性决定的。如果正向物流利用效率高,损耗小,则逆向物流必然的流量小,成本低;反之,则流量大,成本高。另外,正向物流与逆向物流,在一定条件下,可以相互转化,正向物流管理不善、技术不完备就会转化成逆向物流;逆向物流经过再处理、再加工、改善管理方法,又会转化成正向物流,被生产者和消费者再利用。因此,必须从正向物流和逆向物流相互联系和相互作用过程中,制定和设计循环物流系统的优化策略。

3. 逆向物流系统建立要求

环境效益与经济利益的结合是企业实施逆向物流的总体目标。但是在具体运作时,会遇到经济利益与环境效益矛盾、逆向物流与正向物流相冲突等问题,因此,必须采取有效的管理策略。

(1)分层次的逆向物流。逆向物流追求不同层次的目标:资源消耗减量化→重复利用→再生循环→废弃处置。首先,逆向物流强调产品生命周期的资源消耗减量化,即通过环境友好的产品设计,使原料消耗和废弃物排放量最小化,使正向物流和逆向物流活动量最低化。其次,是重复使用,应尽量使产品零部件以材料本身的形态被多次重复利用。这就要求改变传统的单向物流方式,以便处理物品的双向流动。最后,由于再生循环是使废弃材料再资源化的过程,相对于重复利用再生循环需要一定的投资和资源。例如,城市的再循环材料搜集网络和运输网络,其运行、维护的代价是很昂贵的。废弃处置是最后的选择,可采用焚烧或填埋,焚烧处置能使某些形态的能量得以恢复,应该优先采用,但对大气有污染。

(2)基于供应链的逆向物流。由前面分析可知,逆向物流并不等于废品回收,它涉及企业的原材料供应、生产、销售和售后服务等各环节,因而不能作为一个孤立的过程来考虑。企业要实施逆向物流,还必须与供应链上的其他企业合作。为了实现风险共担、利益共享,企业必须与供应链上的其他企业共享信息,建立战略合作伙伴关系。也就是说,企业必须从供应链的范围来构建逆向物流系统。

(3)正向与逆向物流一体化。逆向物流也需要经过运输、加工、库存和配送等环节,这可能会与企业的正向物流环节相冲突。大多数企业很关心正向物流,对逆向物流的投入有限。当两者发生冲突时,常常会放弃逆向物流。为有效地建立起逆向物流系统,就必须统一规划正向物流与逆向物流,考虑物流的双向流动。通过建立一体化的信息系统,对退货进行跟踪,测定处理时间,评价业绩,以便与供应商更好地协作,压缩处理时间。对回收零部件处理越快,给企业带来的利益就越多。

物流循环系统建立的动力来源于三个方面的推动和制约:一个是物流效益,物流被视为"第三利润源";二是资源成本,减少资源消耗、降低能耗已被企业广泛认识,但是,企业对资源环境成本认识不足,这成不重视逆向物流的重要原因;三是环境压力,如政府、行业的环境保护法规政策要求使企业建立逆向物流。

第三节　汽车回收物流

一、汽车逆向物流

1. 基本概念

(1)汽车物流。汽车物流按业务流程可分为 4 大部分,即供应过程中的零部件配送、运输,生产过程中的储存、搬运,整车与备件的销售储存及运输和工业废弃物的回收处理。

汽车物流是集现代运输、仓储、保管、搬运、包装、产品流通及物流信息于一体的综合性管理;是沟通原料供应商、生产厂商、批发商、零件商、物流公司及最终用户满意的桥梁;更是实现商品从生产到消费各个流通环节的有机结合的载体。对汽车企业来说,汽车物流包括生产计划制定、采购订单确认及跟踪、供应商管理、运输管理、进出口货物的接收、仓储管理、材料发放及在制品管理和生产线上物料管理及整车发运等。

(2)汽车逆向物流。汽车逆向物流是以满足顾客和保护环境为出发点,根据实际需要对汽车产品实行回收,或再利用的物流活动。

2. 汽车逆向物流的形成

汽车逆向物流的形成主要有以下原因:

(1)退货。在汽车制造中,成千上万的零部件,只有很少一部分由本地生产,特别是全球经济一体化以及供应链管理的实施,大部分汽车零部件都需要通过跨地域的物流活动进行供应。大规模的生产和配送、运输及存储等环节都会造成零部件的缺陷和瑕疵。顾客在购买由于此类原因造成的问题产品后,就会对此类汽车产品进行退货。

(2)汽车召回。产品召回制度源于 20 世纪 60 年代的美国汽车工业。经过多年实践,目前美国、日本、欧洲和澳大利亚等国家及地区对缺陷汽车的召回都已经形成了比较成熟的管理制度。2004 年 3 月 15 日,我国颁布了《缺陷汽车产品召回管理规定》,并在 2012 年 10 月 10 日国务院第 219 次常务会议通过了《缺陷汽车产品召回管理条例》(中华人民共和国国务院令第 626 号)。

汽车召回是指按照《缺陷汽车产品召回管理条例》的要求,由缺陷汽车产品制造商进行的消除其产品可能引起的人身伤害、财产损失的缺陷的过程。包括制造商以有效方式通知销售商、修理商和车主等有关方面关于缺陷的具体情况及消除缺陷的方法等事项,并由制造商组织销售商、修理商等通过修理、更换或收回等具体措施有效消除其汽车产品缺陷的过程。

(3)废旧汽车回收。汽车的使用寿命是有限的,经过了一定时期的运行后,汽车零部件的磨损达到极限,汽车废气排放量加大,对环境造成严重污染,而且也容易造成汽车事故的发生。此时,汽车必须进行报废,以降低其对环境的破坏程度,消除安全隐患。从经济角度上看,报废汽车上的钢材、铝材等金属能经过处理后重新利用;某些零部件拆解后能重新使用。因此,废旧汽车回收利用形成的逆向物流将不断增加。

(4)生产过程的废弃物。汽车生产过程中会产生许多废弃物,主要包括边角废料和废弃包装物等。以汽车生产所需的钢材为例,由于产品设计和一些不可避免的原因,大量的钢材边角在切割完后被弃用,不仅影响到生产环境,还造成资源的浪费。此外,汽车生产中零部件包装用的泡沫、纸箱和塑料袋等也是废弃物,同样会对环境造成影响。所以,对生产过程中废弃物的回收也是汽车逆向物流中的主要内容。

3.汽车逆向物流的意义

汽车逆向物流的成功运作,能够确保不符合订单要求的产品及时退货,保证有质量问题的产品能够及时被召回,从而增强消费者对企业的信任感及忠诚度。

汽车企业能否顺利地实施可持续发展战略,是企业向社会承诺和负责的伦理道德尺度。通过对有安全隐患问题的车辆进行召回和对到期报废的汽车进行回收处理,可体现出企业勇于承认错误的诚信行为及主动实施可持续发展战略的经营理念,可在公众心目中树立具有良好的社会责任感的企业形象,以增加企业的无形资产。

汽车工业是一个高耗能产业,能源、钢材等原材料的耗用很大,而且多属不可再生资源。对报废汽车钢材等原材料的再利用,不单能提高资源的利用率,也能降低企业的生产成本。汽车企业如何有效利用和配置资源,关系到企业的发展前景。充分发挥汽车逆向物流中回收物流的作用,能给企业带来巨大的效益。

另外,从企业层面看,实施汽车逆向物流不仅有利于提高企业的物流服务水平,提升企业的运营效率,还可降低企业的生产成本。同时,汽车生产企业可以从逆向物流的发生源头上找到企业在生产、管理和服务中存在的不足和缺陷,从而促使企业提高产品设计、内部管理和经营水平。

从社会层面看,汽车逆向物流能够有效降低汽车产业对环境的不利影响,提高资源的利用率,同时还能促进绿色物流的发展。

4.汽车逆向物流存在的问题

(1)缺乏对逆向物流的认知。物流是一个服务性的行业,空间和时间效益是物流的基本效益。但是与汽车正向物流的效益相比,汽车逆向物流的效益不能在短期体现出来,致使汽车逆向物流得不到应有的重视,甚至有些企业还认为逆向物流会给企业带来时间和效益的损失,使逆向物流的作用得不到体现。

(2)缺少有效的逆向物流信息系统。汽车制造企业通过逆向物流信息系统可以对退货的产品进行逐一管理,反馈退货原因;可以为其服务商提供包括产品质量评价、产品生命周期分析在内的各类营销信息,这对企业的生产经营都是非常有价值的。

目前,我国汽车企业的汽车逆向物流信息系统严重缺乏,其原因,一方面是由于逆向物流活动本身对信息系统的柔性化要求高,因而难以在传统物流信息系统的基础上进行扩展;另一方面是由于企业经营理念未能跟上时代发展的步伐,多数企业还不愿意在开发逆向物流信息系统上投入资金。

(3)缺少汽车逆向物流网络。虽然绝大部分汽车企业都有自己的物流设施,但汽车逆向物流服务仍处于分散、割裂、封闭和无序竞争状态。尽管逆向物流可以利用汽车正向物流所布置的网络,但逆向物流的特性使其在利用这些网点时不能充分发挥网点的作用。因此,企业间必须加强合作,完善汽车逆向物流渠道,对仓储设施和运输设备进行整合,建立信息资源共享平台,充分利用网路资源优势,降低逆向物流成本。例如,丰田公司在欧洲就使用通用公司的汽车逆向物流系统,不但使丰田降低了成本,而且通用也能充分利用它,形成共赢。在建立汽车逆向物流网络中,不仅要加大对基础设施、信息系统和网络布点的投入,更重要是要有一套合理高效的衔接机制,在企业理念、服务标准和渠道上达到互通,从而降低合作成本。

在汽车产品本身给予消费者的价值逐渐达到极限时,必须有效运用物流服务来提高顾客的满意度。物流是汽车产业的第三利润源泉,汽车逆向物流是其重要的组成部分。所以,汽车产业必须提高对汽车逆向物流的重视程度,加大对逆向物流的投入,完善逆向物流的程序,建立逆向物流系统,处理好逆向物流的供需关系。同时要与合作伙伴建立紧密的网络合作关系,提高汽车逆向物流的技术水平,充分利用资源,降低企业制造成本。

二、汽车回收物流及其特点

1.汽车回收物流

(1)定义及其分类。汽车回收物流是逆向物流的一种形式。汽车回收物流是指将废旧汽车进行回收,并将其送到专门的回收利用地点的物流过程。汽车回收物流种类如图3-4所示。

图3-4 汽车回收物流的种类

(2)广义与狭义的回收物流。回收物流有广义和狭义之分。狭义的回收物流是指那些由于环境问题或产品已过时的原因而对产品、零部件或物料回收的过程。它是将废弃物中有再利用价值的部分加以分拣、加工、分解,使其成为有用的资源重新进入生产和消费领域。广义的回收物流除了包含狭义的回收物流的含义之外,还包括废弃物物流。其最终目标是减少资源使用,并通过减少使用资源达到废弃物减少的目标,同时使正向物流以及回收的物流更有效率。

国家质量技术监督局发布的 GB/T 18354—2001《物流术语》中所述的"回收物流"是狭义的回收物流,它不包括废弃物物流。其具体定义为:

①回收物流(returned logistics)。回收物流是指不合格物品的返修、退货以及周转使用的包装容器从需方返回到供方所形成的物品实体流动。

例如,回收用于运输的托盘和集装箱、接受客户的退货、收集容器、原材料边角料、零部件加工中的缺陷在制品等的销售方面物品实体的反向流动过程。

②废弃物物流(waste material logistics)。废弃物物流是指将经济活动中失去原有使用价值的物品,根据实际需要进行收集、分类、加工、包装、搬运、储存等,并分送到专门处理场所时形成的物品实体流动。

由此可见,回收物流的表现是多样化的,从使用过的包装、原材料,到各类废旧机电设备等。也就是说,回收物流包含来自于用户废弃的包装品、零部件、产品及物料等物资的流动。简而言之,回收物流是从用户或消费者手中回收用过的、过时的或者损坏的产品及包装物开始,直至最终处理环节的过程。一般的情况下,"回收物流"除特别说明外均是从广义角度而言的。

2. 汽车回收物流的特点

回收物流与正向物流相比具有其特殊性,汽车回收物流的一般特点是:

(1)分散性。汽车废旧产品或材料可能产生于生产领域、流通领域或消费领域,涉及任何领域、任何部门、任何个人,汽车回收物流产生的地点、时间、质量和数量等方面都不是集中的。这与具有按量、按时和按地等基本特点的正向物流,有着明显的区别。

(2)延迟性。首先,同一或同类产品开始回收时,回收物流数量少,在不断汇集的情况下才能形成较大的物流规模。其次,废旧汽车产品或材料的产生往往一般都需经过较长的时间,同时其达到一定的可再利用数量的规模也需较长的时间,这都决定了废旧汽车的回收具有延迟性。

(3)多样性。废旧汽车回收过程中,不同种类和状况的废旧汽车都是混杂在一起的,回收的废旧汽车具有多样性。但是,当对回收产品经过检查与分类后,回收物流的多样性将产生逐渐衰退。

(4)多变性。由于废旧汽车回收物流的分散性和延迟性,回收的时间与空间难以控制,这就导致了多变性。主要表现在以下四个方面:

①回收物流过程具有随机性。废旧汽车回收过程具有产品种类复杂、地点分散及产生时间无序等特点,使回收物流具有不确定性。

②回收物流方式具有复杂性。废旧汽车的回收处理系统与方式复杂多样,不同处理手段对恢复资源价值的贡献差异显著。

③回收物流技术具有特殊性。尽管废旧汽车的回收物流仍然是由运输、储存、装卸搬运、包装、流通加工和物流信息管理等环节组成,但是回收物流技术也具有自身的特点:多采用小型化、专用化的装运设备;除危险品等特殊物品外一般只要求简易、低成本的储存、包装;常需要多样化的流通加工,包括分拣、分解、分类,压块和捆扎,切断和破碎三大类。

第四节　汽车再生资源利用系统动态分析

一、汽车再生资源利用系统各变量关系

汽车再生资源利用受汽车生产、销售、使用、报废、回收、再利用等多种因素的影响,而且这些因素既相互独立又彼此作用,形成了一个动态变化的复杂系统。20世纪50年代末,由美国麻省理工学院斯隆管理学院 Jay. W. Forrester 教授提出了系统动态学的概念和原理。其理论和方法应用于社会、经济、管理、科技和生态等多个领域。系统动态学是在信息反馈

控制理论、决策理论、仿真技术和计算机应用的基础上发展形成的一门边缘学科。在系统动态学中提出的"系统动态行为"主要是强调随时间变化的状态。汽车再生资源利用系统具有系统动态学研究对象的基本特征,即复杂性、动态性、非线性和时滞性,系统动态学方法是研究这类问题的有力工具。应用系统动态学理论和方法可建立汽车再生资源利用系统模型,并可对汽车报废量进行了预测及其仿真分析。

在汽车再生资源利用系统模型,其主要涉及汽车生产量、汽车销售量、汽车保有量、汽车报废量、汽车回收量、汽车需求量、可利用资源量等主要变量。这里忽略了一对此系统变化影响较弱的因素,如交通事故造成的汽车报废、意外灾害造成的汽车流失等。各变量之间的定性关系是:

(1)汽车需求量增加,促进汽车生产量的增加。同时,汽车销售量也随之增大,汽车保有量随着销售量的增大而增加。

(2)汽车销售量越大,对应于若干年后的汽车报废量也越多(在这个过程中存在延迟,不可忽略),报废量因保有量的增加而有增加的趋势。报废政策是影响汽车汽车报废的一个重要因素,同时,汽车报废量还与汽车使用寿命、维修水平、消费水平等因素有关。

(3)汽车报废量增加,对需求量产生影响,因而促进汽车生产量的增加。

(4)汽车回收量与汽车报废量之间存在着直接关系。理论上,汽车报废量增加,汽车回收量也增加;但汽车回收量又受到回收渠道、回收方式等影响。

(5)汽车回收量增加,则可再生利用资源量会相应增多。可再生利用资源量受回收利用技术水平、回收成本、环境法规、回收利用政策等因素的影响。而回收利用技术水平是影响再生资源利用的重要因素,技术水平越高,可获得再生资源越多,具有线性关系。

(6)可再生利用资源量增加,则可节省汽车生产所用自然资源量,达到节约资源的目的。

由此可以看出,汽车再生资源利用是一个复杂的系统工程问题,多种因素综合作用的结果将使再生资源量出现多种不同变化趋势。而这些趋势又将影响回收利用技术的发展及相关政策的变化。

二、汽车再生资源利用因果关系

根据前而确定的主要变量及其相互作用关系分析可作出基本因果关系图,如图 3-5 所示。其中,带箭头的线段为因果链,表明了两个因素的因果关系;加正、负符号的因果链可以表明相邻变量相互影响的性质,正号表明箭头指向的变量与箭头源变量的变化趋势相同,而负号则表明变量间为负相关关系。图中还给出了一些与主要变量相关的其他变量,如供求比、填埋量等。

在图 3-5 中有几个基本反馈回路,如图 3-6 所示。这些反馈回路在系统中,有着不同的作用,以不同的程度影响着系统的动态行为。由图 3-6 可以看出,图 3-6a)、c)为负反馈回路,图 3-6b)为正反馈回路。

三、汽车再生资源利用系统流图

系统流图是系统动态学研究中的一种重要图示模型。在描述系统的因果关系图的基础上,可以进一步画出系统流图;同时,还可以在流图的基础上进一步建立系统的数学模型。流图是表不反馈回路中的各水平变量、速率变量和辅助变量等各类变量之间的相互联系形式及反馈系统中各回路之间互连关系的图示。因此,要得到汽车再生资源系统模型的流图,首先需要确定系统中变量的类型,主要有水平变量、速率变量、辅助变量和常量。

图 3-5　汽车再生资源利用系统因果关系　　　　图 3-6　因果关系的基本反馈回路

在汽车再生资源利用系统中,水平变量为汽车生产量、汽车保有量、汽车报废量、汽车回收量、可再生利用资源量等。这些变量分别受速率变量影响,各变量之间的关系可直接从流图反映。以汽车保有量为例,其随两个速率变量而变化,即汽车销售速度和汽车报废速度。这里假设相互影响作用是瞬时的,即各自的变化之间不存在时间延迟。汽车再生资源利用系统流图如图 3-7 所示。

图 3-7　汽车再生资源利用系统流图

1. 简述废旧汽车回收有何特点并分析其原因。

2. 简述废旧汽车回收付费机制的类型并分析其特点。

3. 简述我国汽车报废与回收管理的特点,分析与国外的差别及其原因。

4. 试举例说明国外汽车回收运作方式的特点,其对汽车回收利用有何影响。

5. 产品回收网络有何类型? 其特性有哪些?

6. 什么是逆向物流? 逆向物流有何类型?

7. 试分析逆向物流的价值及其作用。

8. 汽车逆向物流有何类型? 各具什么特点?

9. 如何建立汽车逆向物流系统?

第四章　废旧汽车拆解

本章提要：阐述了废旧汽车拆解工艺流程、作业方式和劳动组织形式，废旧汽车拆解信息系统，废旧汽车有害及危险物回收处理程序，废旧汽车零部件拆解方法；介绍了废旧汽车拆解与材料压碎设备，废旧汽车拆解生产线及其特点等内容。

第一节　废旧汽车拆解工艺

一、拆解业务内容

1. 废旧汽车接收

废旧汽车拆解企业所接收的应是具有《机动车报废证明》的报废旧汽车，对报废车辆进行检查确认后才能接受。

从接收报废旧汽车时起，就必须建立报废旧汽车拆解文档。拆解文档的内容应包括：车辆识别信息、车辆状态信息、报废证明、拆解日志以及废旧汽车再生利用情况等。

2. 废旧汽车存放

废旧汽车拆解企业必须有足够的区域存放废旧车辆。企业整个区域的面积及其划分应与拆解废旧汽车的数量和拆解车型相协调，一般被分成以下区域：运输区、待拆解区、预处理区、拆解区、零部件存储区、压实区以及辅助区。

废旧汽车存放时，不允许直接的堆放、侧立和倒放。如果采用堆放方法存放车辆，必须确保堆放的稳定性。如果没有保护装置，堆放的数量不超过 4 辆。车辆放置时，应避免损坏盛装液体的器件（油底壳、油箱、制动管路）和可拆解部件，如玻璃窗框等。

拆解企业的运输区、待拆解区、预处理区和拆解区的地面应按照标准进行矿物油污染防护，设置沉井，以符合地下水保护要求。如果这些区域有篷盖，可以不设置沉井。废旧汽车存放场地必须隔离，未经授权者不能进入。此外，场地必须要有足够的灭火器。汽车拆解企业规范存放实例如图 4-1 所示。

3. 废旧汽车拆解

废旧汽车拆解是拆解企业主要的业务内容，包括以下工作过程：①预处理；②拆解；③分类。

拆解人员必须经过拆解技术培训，获得相应的职业资格。遵守相关的法律法规，掌握拆解作业安全知识，了解环保要求；拆解设备的操作者必须具有劳动部门颁发的操作许可。拆解设备的设计、使用和维护必须满足回收、再生和废弃物填埋的要求，以保证公共利益的要求。拆解人员必须按照操作规范手册进行拆解并写拆解日志。操作手册包括预处理说明、放置要求以及操作方法。

预处理作业主要是解决对环境有污染或危害的物质、材料和零部件进行的无害化和安全化处理。例如，各种废液的集中抽取、安全气囊的处理及氟利昂的回收等。

图 4-1　汽车拆解企业规范存放实例
a）拆解后存放；b）拆解前存放；c）拆解后存放

此外，根据零部件和液体的回收再生特性，一般分为：可再用件、可再循环材料和废弃物。但是，根据零部件拆解后具体的状态也可以分为：不含任何液体的可再用部件；含有液体的可再用部件；可再生零部件或液体；废弃的固体或液体等。

4. 拆解物品存储

拆解物品存储区一般分为：可再用件存储区、循环材料存储区、液体存储区、含液体部件存储区、固体废弃物存储区及液体废弃物存储区等。应该有具体的措施保证可回收的部件处于自然状态，并对环境没有任何损坏。这种状态可通过封闭、覆盖、压实等方法进行处理，以保证对土壤和水没有污染的状态。蓄电池电解液应存放在耐酸的容器中。

5. 拆解车体压实

报废汽车拆解下来的零部件和材料被分类存储后，将剩余的车体压实，以便于运输到破碎处理厂或剩余物处理场。

二、拆解方式及其选择

1. 拆解方式分类

根据对废旧汽车回收利用的目标，即零件再使用还是材料再利用，拆解方式分为非破坏性拆解（Non-destructive disassembly）、准破坏性拆解（Partly destructive disassembly）和破坏性拆解（Destructive disassembly）。破坏性拆解是对被拆解零部件进行没有限制性条件的任意分解，而准破坏性拆解主要是对连接件进行破坏拆解。

破坏性拆解可以使用各种工具将螺栓切断、在零件上穿孔或对零件锯切，以及利用液压工具将基础件、运动件和连接件分离。例如，采用破坏性拆解方式，使用液压剪可以快速地分离部件；而使用液压钳，则可以进行准破坏性拆解。

对报废汽车零部件的拆解可分成两个层次，或称为拆解深度。第一层次拆解，是指从车上直接拆卸的部件；第二层次拆解，是对拆卸下来的部件进行的更细的拆解。

根据欧盟指令的要求，第一层次拆解的部件应包括催化转化器、轮胎、较大的塑料件、玻璃、含有铜、铝和镁等材料的零件。此外，对含有汞的部件应尽可能的进行无害化处理。拆解下来的部件可以再使用或再利用，取决于元器件的市场价格、拆解时间和拆解成本等因素。第一层次的拆解次序是从外到内，它要求较好的可达性和可操作性。对零部件进行第

二层次拆解,增加了拆解深度。例如,将接线盒的盒盖和印制电路板拆下来,分别回收处理。第二层次拆解目的是:

(1)减少零部件及其材料再利用过程中的危险物质和环境污染。

(2)分离有价值的零部件和材料。

(3)提高回收利用的经济效益及其再利用材料的纯度。

2.拆解方式选择

废旧汽车拆解方式的选择过程是,根据废旧汽车的状态或零部件损坏程度,首先选择拆解方式,然后再确定拆解深度。

对于报废汽车零部件的拆解不能完全按装配的逆顺序来考虑,其主要原因是废旧汽车的拆解具有以下特性:

(1)有效性。选择非破坏性拆解,但没有效率和效益可言。

(2)有限性。根据经济效益最大和环境影响最小的原则,确定拆解深度。

(3)有用性。拆解下来的零部件已经由于变形或腐蚀等原因损坏,没有可使用价值。

例如,对于事故造成损伤的汽车,应根据损伤程度确定可拆解的零部件。但当汽车顶棚被压扁时,其内部零部件的拆解受到了限制,一般也作材料回收。

对可再使用的零部件,在满足经济效益的前提下,应选择非破坏和准破坏方式进行拆解。对于以材料回收利用为目的的拆解方式选择,还应满足以下要求:

(1)可有效分离各种不同类型材料。

(2)可提高剩余碎屑的纯度。

(3)可分离危险有害物质。

三、拆解工艺组织

汽车拆解工艺组织是对汽车拆解过程的各种作业,按一定的作业方式、操作顺序进行组合协调的过程。工艺组织的目的使汽车拆解作业按照一定的顺序进行,充分利用人力、物力和财力,节省各种消耗,发挥最高效能,以取得最佳效果。

汽车拆解工艺组织,应考虑企业的生产纲领、拆解汽车的类型、数量、拆解技术、设施与装备、作业内容以及环保要求等。工艺组织包括拆解作业方式和劳动组织形式的选择与确定。

1.汽车拆解作业方式

汽车拆解作业方式有两种,即定位作业和流水作业。

(1)定位作业。是指废旧汽车被放置在一个工段上进行全部拆解作业的方式。在工段上,进行拆解作业的工人按不同的劳动组织形式,在定额规定的时间内,分部位和按顺序地完成作业任务。这种方式便于组织生产,适应于车型复杂的拆解企业。

(2)流水作业。是指废旧汽车被放置在拆解生产线上,按照拆解工艺顺序和节拍依次经过各个工位进行拆解作业的方式。流水作业方式的拆解工作效率高,拆解车辆的再生利用率高,平均每辆车的车间使用面积利用率高。但是,要求拆解的车型较单一,设备数量较多。

2.汽车拆解劳动组织形式

汽车拆解作业的劳动组织形式有综合作业和专业分工两种。

(1)综合作业。是指将可以进行全面拆解作业的人员安排在一起的劳动组织形式。这种劳动组织形式需要的人员比较少,拆解进度较慢,效率较低。一般适用于拆解数量少,车型复杂的企业。综合作业劳动组织形式一般与定位作业方式相配合。

(2)专业分工。是指将每项作业安排固定的人员进行拆解作业的劳动组织形式。它既适应定位作业方式,也适应于流水作业。

例如,废旧汽车拆解过程中,安全气囊和制冷剂的拆解处理具有专业分工性质的作业。

四、拆解工艺流程

1.定位作业拆解工艺流程

由于每次拆解的报废车型可能不同,因此拆解操作及其程序不仅具有个性,而且也有共性。同流水作业拆解工艺流程类似,定位作业拆解的一般工艺流程是:登记验收、外部情况检视、预处理(放净油料、先拆易燃易爆零部件)、总体拆卸、拆解各总成的组合件和零部件及检验分类。由于轿车和载货汽车结构的差别,因此,拆解程序可能有差别。报废汽车的解体应按照由表及里,由附件到主机,并遵循先由整车拆成总成,由总成拆成部件,再由部件拆成零件的原则进行。

1)载货汽车总体拆解

报废汽车的总体拆解就是将汽车拆卸成总成和组合件的过程。载货汽车总体拆解的一般作业程序如下:

(1)准备工作。

①鉴定。对报废车辆的完好程度进行细致地分析,确定拆解深度和解体程序。

②预处理工作。检查报废车辆是否有易燃物和危险品;放净油箱内残余油料;放净润滑油并收集在专用容器内。

(2)解体程序。

①吊拆车箱。拆解车箱与车架连接的U形螺栓,把车箱吊下。

②拆卸全车电器及线路。包括蓄电池、起动机、发电机、点火、仪表、照明设备和信号装置等。

③拆卸发动机罩和散热器。拆下发动机罩;拆卸散热器与车架连接处的螺母、橡胶软垫、弹簧以及橡胶水管、百叶窗拉杆、拉手和百叶窗等;最后拆下散热器。

④拆卸挡泥板及脚踏板。

⑤拆卸汽油箱。拆卸与汽油箱连接的油管、带衬垫的夹箍、再把汽油箱拆下。

⑥拆卸转向盘和驾驶室。拆卸转向盘、驾驶室与车架连接处的橡胶软塑及螺栓、螺母。吊下驾驶室。

⑦拆卸转向器。先将转向摇臂与直拉杆分开,拆下转向管柱和转向器。

⑧拆卸消声器。先拆消声器与排气歧管夹箍的固定螺栓,拆下消声器。

⑨拆卸传动轴。先拆万向节凸缘与变速器及主减速器凸缘的连接螺栓。拆卸中间支撑。

⑩拆卸变速器。先拆变速器与发动机连接的螺栓,拆下变速器。

⑪拆卸发动机附离合器。拆卸发动机与车架的支撑连接,吊下发动机附离合器。

⑫拆卸后桥。将车架后部吊起,拆卸后桥与车架连接的钢板弹簧和吊耳,或先将后桥与钢板弹簧的U形螺栓拆下,将后桥推出车架。

⑬拆卸前桥。将车架前部吊起,拆卸前桥与车架连接的钢板弹簧及吊耳,或先将前桥与

钢板弹簧的 U 形螺栓拆下,将前桥推出车架。

2)乘用汽车总体拆解

按照"先易后难,先少后多"的原则,并正确选择拆解部位。对于首次遇到的新车型,要先拆容易作业的部位,后拆作业空间小、结构复杂的部位。切忌遇到什么拆什么的做法,要先观察,再作决策。对于发动机前置后驱动结构的车型,其基本拆解程序如下:车门、发动机罩、蓄电池、安全气囊、各种油液抽排,再拆发动机、变速器、离合器、传动轴、驱动桥、悬架、制动系统、转向系统及车身。

3)常见连接的拆解

汽车有上万个零件,部件相互间的连接形式有多种,主要有螺纹连接、过盈配合连接、链连接、铆接、焊接、黏结和卡扣连接等。这些连接拆解量大,技术要求高,其拆解方法介绍如下。

(1)螺纹连接的拆解。螺纹连接在全车拆解工作量中占 50% ~60%。在拆解过程中,通常遇到最麻烦和困难的是拆下锈蚀的螺钉和螺母。在这种情况下,一般可采用下列方法:

①非破坏性拆解:在螺钉及螺母上注上些汽油、机油或松动剂,待浸泡一段时间后,用小锤沿四周轻轻敲击,使之松动,然后拧出;用乙炔氧火焰将螺母加热,然后快速将螺母拧出。先将螺钉或螺母用力旋进 1/4 转左右,再旋出。

②破坏性拆解:用手锯将螺钉连螺母锯断;用錾子铲松或铲掉螺母及螺栓;用钻头在螺栓头部中心钻孔,钻头的直径等于螺杆的直径,这样可使螺钉头脱落,而螺栓连螺母则用冲子冲去;用乙炔氧火焰割去螺钉的头部,并把螺栓连螺母从孔内冲出。

(2)螺钉组连接件的拆解。在同一平面或同一总成的某一部位上有若干个螺钉和螺栓连接时,在拆解中应注意:先将各螺钉按规定顺序拧松一遍(一般为 1~2 转)。如无顺序要求,应按先四周、后中间或按对角线的顺序拧松一些,然后按顺序分次匀称地进行拆解,以免造成零件变形、损坏或力量集中在最后一个螺钉上面而发生拆解困难。

首先,拆下处于难拆部位的螺钉;对外表不易观察的螺钉,要仔细检查,不能疏漏。在拆去悬臂部件的螺钉时,最上部的螺钉应最后取出,以防造成事故。

(3)折断螺杆的拆解。如折断螺杆高出连接零件表面时,可将高出部分锉成方形焊上一螺母将其拧出;如折断螺杆在连接零件体内,可在螺杆头部钻一小孔,在孔内攻反扣螺纹,用丝锥或反扣螺栓拧出,或将淬火多棱锥钢棒打入钻孔内拧出。

(4)销、铆钉和点焊的拆解。销钉在拆解时,只要用冲子冲击即可。对于用冲子无法冲击的销钉,只要直接在销孔附近将被连接的铰链处加热就可以取出。当上述方法失效时,只能在销钉上钻孔,所用钻头的尺寸比销钉直径小 0.5~1mm 即可。

对于拆解铆钉连接的零件,可用扁尖錾子将铆钉头錾除,尤其对拆解用空心柱铆钉连接的零件十分有效。当錾去铆钉头比较困难时,也可用钻头先钻孔,再錾除。

用点焊连接的零件,在拆解时,可用手电钻将原焊点钻穿,或用扁錾将焊点錾开。

(5)过盈配合连接的拆解。汽车上有很多过盈配合连接,如气门导管与缸盖承孔间的连接,汽缸套与缸体承孔间的连接,轴承件的连接等。

拆解时,一般采用压(拉)出法,如果包容件材料的热胀性好于被包容件,也可用温差法。根据用途不同,拆解设备可分为压力机和拉器两类,在拆解过盈量不大等易拆零件时,也可用手锤和螺丝刀等简单工具进行操作。

(6)卡扣连接的拆解。卡扣连接是应用于汽车上的新型连接方式,一般用塑料制成。

在拆解时,要注意保护所连接的装饰件不受损坏,对一些进口车上的卡扣更要小心,因为无法购到备件,要使之完好,以便二次利用。拆解的工具比较简便,主要是一字螺丝刀及改制的专用撬板等。

2. 流水作业拆解工艺流程

将待拆解废旧汽车运送到汽车拆解线,并固定在拆解工作台上。然后,按工位进行拆解操作。流水作业拆解工艺流程如图4-2所示。

图4-2 流水作业拆解工艺流程示意图

（1）预处理。对报废汽车进行拆解前,首先要进行预处理工作。各工位主要作业内容如下:

①拆卸蓄电池和车轮。

②拆卸危险部件。由认定资格机构培训后的人员按制造商的说明书要求,拆解或处置易燃易爆部件,并进行无害化处理。

③抽排液体。在其他任何进一步的处理前,必须抽排下列液体:燃料(包括液化气)、冷却液、制动液、风窗玻璃清洗液、制冷剂、发动机机油、变速器齿轮油、差速器双曲面齿轮油、液力传动液、减振器液压油等。液体必须被抽吸干净,所有的操作都不应当出现泄漏,存储条件符合要求。根据制造商提供的说明书,处置拆卸液体箱、燃气罐和机油滤芯等。

燃油的清除必须符合安全技术要求,冷却液的排出必须是在封闭系统内进行;处理可燃性液体时,必须遵守安全防火条例,以防止爆炸。在作进一步拆解前,由于某些部件的危险或有害等特性,还应拆解以下物质、材料和零件:根据制造商的要求,拆卸PCM模块;含液压油减振器(如果减振器不被作为再使用件,那么在作为金属材料回收前,一定要抽尽减振器液压油);含石棉的零件;含汞的零件;编码的材料和零件;非附属机动车辆的物质等。废旧汽车拆解作业的预处理工艺流程如图4-3所示。

（2）拆解。拆解厂必须组织有技术能力的人员,将可再使用部件无损坏的拆卸下来。拆解过程是从外到里,分成外部拆卸、内部拆卸和总成拆卸3个工位。

（3）分类。从报废的汽车上拆下的零件或材料应首先考虑用作再使用和再利用。因此,拆解过程应保证不损坏零部件。在技术与经济可行的条件下,制动液、液力传动液、制冷剂和冷却液可以考虑再利用,废油也可被再加工,否则按规定废弃。再利用的与废弃的油液容器应标明清楚,以便分辨。在将拆解车辆送往破碎厂或作进一步处理时,应分拣全部可再用和可再循的零部及材料,主要包括:三元催化转换器、车轮平衡块(含铅)和铝轮辋;前、后侧窗玻璃和天窗玻璃;轮胎;大的塑料件,如保险杠、轮毂罩、散热器格栅;含铜、铝和镁的零部件等。

（4）压实。预处理后或拆解后的汽车可以压实后进行运输。

（5）废弃处理。废弃物必须保证处置过程符合公共利益。

图 4-3　汽车拆解预处理工艺流程

对废旧汽车的拆解过程必须按照要求填写操作日志,主要记录内容有:证明文件编号、拆解过程、再使用、再利用、能源利用和能量回收材料及零部件的比率等。操作日志应包含拆解处理的最基本数据,保证对报废处理过程的透明性和追溯属性。所有进出的报废车辆的证明、货运单、运输许可、收据及其各种细目,都应作为必备内容填写在日志中。图 4-4 所示为废旧汽车拆解过程场景实例。

图 4-4　汽车拆解过程场景实例
a)液体排放与抽吸;b)减振器液压油排出;c)三元催化转换器拆卸;d)保险杠拆卸

第二节　废旧汽车拆解信息系统

一、拆解信息系统简介

随着汽车保有量的不断增加,如何减少报废汽车(ELV:End-of-Life Vehicle)造成的固体废物污染和提高报废汽车再生资源的循环利用率已经成为汽车工业可持续发展的研究内容之一。目前,汽车制造商不仅要面对越来越严格的环境保护法规(包括报废汽车处理责任),而且还要面对消费者越来越成熟的环境保护意识,即消费者可能根据制造商是否参加环保活动和产品是否对环境产生影响而选择购置相应产品。所以,国外著名的25家汽车制造商已经行动起来,积极研究解决报废汽车固体废物体处理和再生资源循环利用的技术问题。

由于报废汽车的拆解问题不仅涉及环境保护问题,而且更直接的影响到汽车再生资源利用的效果。因此,汽车制造商向汽车回收业者、拆解业者和再生资源利用业者提供有关汽车拆解方法和零部件材料成分的信息与数据就成为推动报废汽车无害化和资源化处理的重要手段。在20世纪90年代的中期,国外有关汽车制造厂商就已经联合起来,对国际车辆拆解信息系统(IDIS:International Dismantling Information System)进行了开发和应用。

二、IDIS 软件概述

国际车辆拆解信息系统 IDIS 软件是由欧洲、日本和美国的主要汽车制造商组成的 IDIS2 联盟支持而开发,其主要目的是为汽车拆解业者提供有益于报废汽车环保化处理和再生资源利用最大化的信息。IDIS2 联盟成员已发展到25个,他们是宝马、大宇、大发、戴姆勒—克莱斯勒、菲亚特、福特、富士重工、通用、本田、现代、马自达、三菱、日产、PSA 标志—雪铁龙、雷诺、罗孚、铃木、丰田、大众、沃尔沃、依维柯、五十铃、MG 罗孚、普顿(Proton)和双龙(Ssangyong)。

IDIS2 联盟开发出了专业的、界面友好的车辆拆解信息数据库,甚至可以查询20世纪80年代的某些车型信息,并列出了有回收价值的零部件和详细的液体、气囊的处理与拆解程序。

(1)IDIS 软件媒体形式及版本。IDIS 软件采用两种应用媒体方式式,即光盘和网站。这些信息面向拆解业者、资源再生利用者和对此领域感兴趣的群体。IDIS 可以选择23种不同语言的版本。IDIS 3.15 版数据库包括25个制造商、51个品牌、448个年型、914个型号、46501个部件的拆解信息,这占欧洲市场销售产品的95%以上。最新数据可以由最新版本的 DVD 或网站上获取,国际车辆拆解信息系统 IDIS 的网址是:http://www.idis2.com。

(2)IDIS 开发及运行环境。IDIS 是采用 Microsoft® Visual Basic® 6.0, Pure Basic, Microsoft® Access 2000、PHP、VBScript、JavaScript 开发,可以在 Microsoft® Windows 98、Windows NT™ 4.0、Windows ME、Windows 2000、Windows XP 上运行。

为了安装 IDIS 软件,所需的应用软件是 Adobe® Acrobat® Reader 4.05c;Microsoft® Internet Explorer 4.01 SP 2。普通安装仅包含软件运行所需的最基本程序,只能浏览车辆数据,需要大约50M的硬盘空间。完全安装并将 DVD 内容全部安装在计算机上,大约需要

850M 的硬盘空间。IDIS 还可使用 Macromedia® FlashTM 插件,动态连接并建立 HTML 页,并可以打印 FlashTM 图形。使用 Microsoft® Internet Explorer(Web-browser)浏览器,Adobe® Acrobat® Reader 阅读 PDF 格式文件。

在 IDIS 应用中的其他软件还有:使用不同语言建立的安装程序 InstallShield®、Web 申请 Microsoft® IIS、当地应用 PI3 webserver、数据库存储 Microsoft® SQL Server 等。

三、IDIS 软件功能

(一)功能模块

IDIS 有 11 个功能模块,见表 4-1。

IDIS 软件模块组成 表 4-1

序号	1	2	3	4	5	6	7	8	9	10	11
模块	厂商确认	车型查询	数据浏览	拆解数据	拆解工具	拆解报告	文件选择	参数选择	合同编辑	数据编辑	义务编辑

(二)主要界面及信息格式

1. 主页

IDIS 主页即 IDIS Official Homepage 主界面,由顶部的动态滚动条和左侧以国旗作图标的语言选择工具条组成。主窗口上部是简单的关于 IDIS 文字介绍,下部是 25 个厂商的标志,如图 4-5 所示。单击相应语言的国旗图标,进入 IDIS 搜索界面(DISCOVER IDIS)。IDIS 搜索界面由主窗口,顶部动态滚动信息条和左侧 IDIS 使用常识工具条构成。

主窗口以文本的方式介绍了 IDIS 的功能和使用要求。左侧使用常识工具条依次包括 9 个条目:主页(Home)、IDIS 搜索(Discovery)、问题解答(F、A、Q)、订购样单(Order)、联系方式(Contacts)、联盟成员(Consortium)、意见反馈(Feedback)、版权声明(Copyright)和语言选择(Language)。点击"语言选择(Language)"条目,返回到 IDIS 主页界面。

在 IDIS 搜索窗口中,有 IDIS 在线演示程序连接:IDIS Software Online Demo。单击提示后即进入 IDIS 车型目录界面,如图 4-6 所示。

图 4-5 IDIS 主页界面

图 4-6 IDIS 车型目录界面

2. 目录(Content)

IDIS 车型目录界面由左侧功能工具条和厂商标志及查询车型复选框构成的窗口组成。左侧功能工具条包括车型目录(Content)、浏览(Viewer)、数据库(Database)、工具(Tools)、报告(Reports)、帮助(Help)和退出(Exit)条目。

在这个界面上,可以选择厂商标志、复选品牌、年型和型号等参数,确定查询车型,单击相应的功能菜单项条目,进入相关界面。

3. 浏览(Viewer)

单击"浏览"条目,首先进入的是"预处理部件组"界面,如图4-7所示。在这个界面内有以下内容:

(1)在界面左侧有功能菜单。

(2)在界面底部左端有8个部件组选项件,中部是窗口内容标题和页码。右端是部件拆解参数查询条。

(3)在界面窗口内有要查询的车辆外形,顶部是车辆基本信息,右下角是窗口内容标题下子项内容的部件拆解信息查询图标。

(4)窗口显示的可激活区域车辆部件的图形是用 Shockwave Flash 以矢量图制作。

图 4-7　浏览(预处理部件组)界面

单击部件参数查询条中的带下画线的文字或单击部件拆解信息查询图标,将以文本方式显示以下内容:

(1)系列号。用来确认部件所在系统,它出现在 IDIS 浏览窗口部件上。系列号由两部分组成,第一部分是小数点前的数字,表示部件的分组;第二部分是数字识别号,在某些情况下还有 1 个或多个字母。

(2)部件名称:部件全名。

(3)基本信息。

(4)固定方式:固定方式名称和数量。

(5)工具:拆除部件的工具名称;如果图标被显示,单击按钮显示相应的工具图形。

(6)方法:以文本方式介绍拆卸方法。

(7)注释:由制造商提供的关于部件拆除的说明。

(8)设置:显示删除文件名、协议名和义务要求等内容。

如果部件以色彩显示,则可以单击激活,单击后可以显示部件相关信息,即自动的显示系列号和部件名,同时其他的信息也相应的被调出。也可双击框格线文字,以显示与部件相关内容。

单击部件组选择图标可以阅览其他页部件的矢量图。关于部件的基本信息包括如下内容:

（1）部件通用性：这是一个特殊部件的识别标志，只对5门轿车或柴油车的特殊部件有效。对通用性的默认值是"全部"。

（2）材料分类：分为9类材料，即丙烯腈—丁二烯—苯乙烯（ABS）、聚丙烯（PP）、聚氯乙烯（PVC）、聚氨脂（PUR）、聚酰胺（PA）、聚甲基丙烯酸脂/有机玻璃（PMMA）、聚乙烯（PE）和其他（Other）。

（3）材料成分：表示零部件制造所用的材料。例如，P/E、Pb、Acid。

（4）义务要求：指出部件拆除是否是应尽义务。

（5）数量：所选区域相同部件的数量。

（6）质量或拆除时间：单个部件的质量或体积（单位为克或毫升）；大约拆除时间（单位为秒）。

拆解信息数据格式见表4-2。单击部件组选项条可以选者相应的部件组，如图4-8所示。IDIS将部件组分为8类，见表4-3。

图4-8　部件组选项界面实例（仪表板）

拆解信息数据基本格式　　　　　　　　　　　　　　　　　　表4-2

0.1a（序号）	Battery（零部件名称）
General Information（基本信息）	
Derivative（通用性）	All（全部车型）
Family（材料分类）	Pre-treatment（预处理组）
Materials（材料成分）	PP（聚丙烯）、Pb（铅）
Quantity（数量）	1
Weight（质量）	12500g
Marked（标记）	not marked（无标记）
Position（位置）	front（前部）
Tools（工具）	
Impact Screwdriver（扳手）	
Fixings（固定方式）	
2（固定数量）	Nut（螺母）
Method（拆卸方法）	
Screw off（拧下）	
Comment（说明）	

部件组	应拆卸的部件
预处理部件	蓄电池,蓄电池电缆,蓄电池连接件,安全气囊,安全带张紧器,空调系统,灯光仪表件,导航系统,通信系统,轮胎平衡块,燃油,机油,齿轮油,减振器油,转向助力器油,机油滤芯,制动液,冷却液,车窗洗涤液,轮胎,催化器
门窗玻璃	风窗玻璃,后窗玻璃,门玻璃,车门饰件
外饰件	保险杠;前面罩;进气管;洗涤箱;车轮
仪表台	仪表台,中央饰件,储物箱
座椅	坐垫,靠背垫
内饰件	C 柱饰件,B 柱饰件,A 柱饰件
发动机舱饰件	进气管,空气滤清器,空气滤清器盖
行李舱	行李舱内饰件,手扣饰件

4. 数据(Database)

数据库界面其左侧仍然是功能工具条;窗口顶部显示车辆基本信息和部件组选项条;主窗口显示出与部件组选项条图表相对应的数据信息。其表头格式见表4-4。

仪表板拆解数据列表格式 表4-4

AREA:Dash Board （分组:仪表台）				
Sno(序号)	Partname(零件名称)	Material(材料)	Qty(数量)	Weight(质量)
3.1	Dashboard(仪表台)	PP(聚丙烯)	1	5346g
3.2	Centre Console(控制面板)	PP(聚丙烯)	1	2606g
3.3	Glove Box(工具箱)	PP(聚丙烯)	1	976g

单击部件组选项图标可以列出对应部件组的拆解信息。在部件组信息列表中,单击部件名称,则可以显示具体的零件拆解信息。

5. 工具(Tools)

界面结构与"数据库"界面结构一样。窗口显示被选择当前激活区域拆除时所需工具列表。如果被选择工具的图形被存储在数据库中,其将在屏幕的右侧显示。否则,将出现"数据库中没有工具图形"提示。

6. 报告(Reports)

IDI 系统提供不同类型和格式的拆解信息文件和拆解工作报告。报告类型有应拆解部件报告和已拆解部件报告。

(1)应拆解部件报告。利用复选按钮,可以选择希望打印报告的格式,即文本格式或图形格式。对于文本格式有全部打印和选择打印方式之分。应拆解部件文本输出格式见表4-5。图形格式必须使用 IE4.01 以上版本。

(2)已拆解部件报告。同样可以选择两种格式进行打印,即已拆除部件列表和材料回收校对单。已拆解部件文本输出格式见表4-6。

(三)IDIS 文件编辑

1. 选择文件

1)文件选择

(1)数据文件。目录包括当前国家或所有国家的数据文件名称,可以选择其一。

Sno（序号）	Part name（零件名称）	Qty（数量）	Weight（质量）	Materials（材料）	Fixings（固定）	Tools（工具）	Method（方法）
3.1	Dashboard（仪表板）	1	5346g	PP（聚丙烯）	…	…	Screw off（拧下）
3.2	Centre Console（控制面板）	1	2606g	PP（聚丙烯）	6 Screw（6，螺丝）	Impact Screwdriver（冲击型螺丝刀）	Screw off（拧下）
3.3	Glove Box（工具箱）	1	976g	PP（聚丙烯）	…	…	Wrench off（扳手拆）

已拆解部件文本输出格式 表4-6

Brandname（部件名称）	IDIS car（汽车拆解信息系统）	5 Doors（5门）
Dash Board（仪表板）		
Sno（序号）	Part name（零件名称）	Weight（质量）
3.1	Dashboard（仪表板）	5346g
3.2	Centre Console（控制面板）	2606g
3.3	Glove Box（工具箱）	976g

（2）合同文件。目录包含所选择车辆建立的合同名称。当选择时,将输出数据文件或合同。如确定为非选择功能,则不显示数据文件或合同目录。

（3）义务文件。目录包含由所选国家或全部国家的义务文件名称。可以选择其中之一,也可以选择"没有义务",则不列出义务文件名。

2）参数选择

利用这个窗口可以初始化当前语言,相关信息将以选择的语言提供。在任何时候都可以改变这些参数,在文件菜单中设有"参数选择"项。

2. 编辑文件

1）合同文件

允许输入、输出、建立、修改和删除合同。

合同文件是指定国家和所选车辆上应拆除部件列表。包括以下内容:

（1）合同名称:从下拉菜单中选择"合同名称"或从"NEW"选项中建立一个新的合同名称。必须按照下拉菜单所列特性选择车型,这包括制造商、品牌、年型和参数。如果希望条款是国际化的,应该从"国家"下拉菜单中,选择"全部国家"。

（2）添加部件:显示车辆中所有被使用的部件,选择并添加到文件目录中。

（3）要求部件:显示在合同中所要求拆解回收的部件列表,选择添加到原列表中。

（4）数据操作:当从数据库改变或删除一个合同时,确认信息的出现。

（5）确认合同:确认修改信息;确认删除。

（6）输入/输出:输入功能是确保利用文本文件插入的新的合同进入数据库。

2）义务文件

允许输入、输出、建立、修改和删除义务文件。义务文件关系到某国家和对部件有要求的国家。例如,如果义务栏中被设置为"在英国","气囊","是",这意味着在英国气囊应该被拆解。

（1）文件名称：从义务文件目录中选者现有的义务文件。在下拉菜单中选择"NEW"选项，并建立新名称。

（2）激活区域：在激活区域下拉菜单中选择一个区域，相关部件被展现在部件表中。

（3）国家：必须指定国家，并从国家下拉菜单中选择义务文件。

（4）输入/输出：输入功能允许在数据库中使用文本文件插入新的义务文件。输出功能允许建立一个包含义务文件的文本文件。

四、IDIS 主要特点

为了提高车辆的可回收性，需要加强汽车制造业、拆解业和循环利用业之间的紧密协作。汽车制造商不仅应在汽车设计制造过程中对产品进行可回收设计和可拆解设计，而且拆解业者也应为循环利用者提供优质的再生资源。因此，拆解业作为车辆循环利用系统的重要环节，必须掌握报废汽车的拆解和可回收性。

1. IDIS 的示范性

在国际汽车拆解标准化软件支持市场上，IDIS 是目前唯一以提供汽车拆解与再生信息为目的的应用软件，其数据库结构和使用功能具有示范性。

2. IDIS 的权威性

IDIS 以 25 家著名汽车制造商组成的 IDIS2 联盟为支撑，所提供的对报废汽车进行有益于环境保护和再生利用的拆解数据信息有权威性。

3. IDIS 的完备性

IDIS 提供的车辆零部件的通用性、材料分类、材料成分、数量、质量、标记、固定方式、固定数量、拆卸方法和拆解工具等内容，对车辆的再生利用提供了完备的数据与信息。此外，尽管有些汽车制造商出版了相应的汽车拆解手册或在网站上公布拆解信息，但是只针对本公司的产品。IDIS 以其多元性为基础，为容纳更多品牌车辆的拆解信息，提供了良好的可扩展平台。

4. IDIS 适用性

由于拆解业必须而对大量不同品牌和型号的报废车辆，因此，需要有与之相对应的容量大、数据全的信息平台支持。IDIS 囊括了 95% 以上在欧洲市场销售的汽车品种，适用面广；其次，IDIS 提供信息的方式多元化，应用方便；再者，IDIS 版本不断地升级，应用持续有效。

第三节 废旧汽车拆解与压实设备

废旧汽车拆解与高度机械化、自动化的汽车装配操作过程相比，不可同日而语。为什么时至今日还没有开发出自动化的废旧汽车拆解系统？实际上是由于被拆解的废旧汽车的形态并非固定不变，而且零件破损等不可预料原因，使机械化或自动化拆解装备的应用有很大的难度，特别是对于无损拆解而言更是如此。因此，汽车拆解的重点在短期内还是以材料的回收为重点，所需的机械设备主要有拆解、切碎和切开、分离与筛选。

一、拆解设备

1. 大型拆解机

汽车拆解机主要用于拆解金属零部件和车内外树脂饰件。日本小松株式会社生产的汽车拆解机是由工程机械挖掘机改装而成,即通过将挖掘铲换成拆解剪,并在底盘上加装辅助夹臂,实现对废旧汽车破坏性拆解。日本小松(Komatsu)生产的 PC200 型汽车拆解机的外形如图 4-9b)所示。主要参数见表 4-7。小松 PC200 汽车拆解机,可完成从拆解、分选和堆高等多项作业,可大幅度提高拆解汽车的速度。在进行其他原有作业的同时,25min 可以回收 1000kg 的金属零部件材料。

a)   b)   c)

图 4-9   PC200 型汽车拆解机

a)旧式拆解剪;b)拆解机外形;c)新型拆解剪

日本小松(Komatsu)PC200 型汽车拆解机主要参数   表 4-7

重量(kg)			22670
额定输出功率[kW(PS)/r/min]			99.3(135)/2000
作业范围		最大作业半径(mm)	10340
		最大作业高度(mm)	9875
		最大可作业半径(mm)	8580
		最大可作业高度(mm)	6010
		最小可作业半径(mm)	4390
		夹臂最大作业高度(mm)	1630
		夹臂作业范围(mm)	4530
车辆尺寸		全长×全高×全宽(mm)	11330×3200×2800
液压剪		液压剪重量 kg	1750
		液压剪切断力(kN)	350~1200

注:最大作业半径是指拆解机的拆解臂伸出时可能达到的最大回转运动空间,最大作业半径范围外为其他作业的安全区;最大可作业半径是指拆解作业过程中拆解臂伸出的最大允许回转作业空间,最大可作业半径内可保证拆解机发挥规定工作性能的作业区域。

2. 辅助拆解机

为了缩短拆解作业时间,减轻作业人员的劳动强度,以叉车为平台改装了辅助拆解机。主要用于保险杠、座椅、仪表板、车门饰件和加热器铁芯等拆解。使用辅助拆解机可比手工拆解时间缩短 60%,通过改进拆解爪前端形状,减少了辅助拆解机的移动空间,可提高工作效率。

辅助拆解机的拆解爪具有张合、转动和上下滑动的功能。辅助拆解机的外形如图 4-10 所示。在此基础上,加上叉车功能,动作更加灵活。在拆解保险杠时,夹住保险杠的右角,将固定部剥离。辅助拆解机拆解保险杠实例如图 4-11 所示。拆解仪表板时,拆解爪应尽量靠一端叼住仪表板,并且旋转,如图4-12所示。拆解右车门饰件时,使拆解爪叼住车门的扶手部分,并且向上提,如图4-13所示。

图4-10 辅助拆解机的外形

图4-11 拆解保险杠实例

图4-12 拆解仪表板示例

图4-13 拆解右车门饰件示例

二、翻转设备

翻转机主要用于采用定位作业手工拆解车底零部件时车辆的翻转,它可以提高车底零部件的拆解效率及报废汽车横放时的稳固性。

1. 叉车型翻转机

在叉车上安装可以实现翻转的夹具,在驾驶室内进行操纵,就可以使车辆翻转,如图4-14所示。

图4-14 叉车型翻转机

2. 链式收卷翻转机

链式收卷翻转机由电动机、控制箱、减速器、滚筒、拉链、拉钩和支撑架组成,如图4-15所示。电动机通过链传动驱动减速器带动滚筒,由滚筒拉动拉链,翻转速度为180mm/s。

拉构 控制箱
拉链 支撑架
拉构 复位
翻转 Up
电动机

图 4-15　链式收卷翻转机组成及工作过程示意图

主要特点是:比叉车式翻转机工作能力增加,叉车式翻转机仅能用于特定的设计车型;使用更加安全;结构简单,故障少;可操作工作区域较大。车辆翻转大约需要 20s,适用于微型车、轿车和工具车等车型。链式收卷翻转机工作场景实例如图 4-16 所示。

图 4-16　链式收卷翻转机实例

三、压实设备

由于拆解后的乘用车辆都是体积较大的空壳,一方面不便于运输;另一方面,钢铁冶炼企业对回收的废旧钢材的形状、尺寸以及物理特性都有要求。为使废旧汽车的钢铁材料能更好地被再生利用,必须将混杂其中的有色金属、非金属及表面油漆、镀层等清除干净,同时符合国家标准GB/T 4223—1996中关于废旧钢材几何尺寸和堆积密度的要求。所以,不经必要加工处理的废旧钢材,一般是达不到回收标准要求。

压实机按加压方式分为滚压和挤压两大类。滚压一般又称压扁,分为单级、双级和多级滚压,常于破碎机组成废旧汽车金属材料处理生产线。挤压机一般又称压方机,主要用于将废旧金属挤压成长方形包块。

第四节　废旧汽车有害及危险物质回收处理

报废汽车中的有害及危险物质主要有:残留在燃油供给系统中的燃料(汽油、柴油和LPG 等)、各器件中的润滑油(脂)、空调系统中的制冷剂、发动机冷却系统中的防冻剂、蓄电池的电解液,以及汽车材料中的铅、汞、六价铬和镉等有毒金属。此外,还有安全气囊中有毒的引爆充气剂等。

一、液体回收

1. 液体种类及比例

汽车所用各种液体的平均量与比例见表4-8。

2. 液体回收方法

采用真空泵对各种液体进行抽取,平均回收时间大约为 10min/辆,回收率约为 72%。

回收液体的常用方法见表4-9。

汽车各种液体平均量与比例 表4-8

序号	1	2	3	4	5	6	7	8	9	10	11
名称	冷却液	车窗清洗液	制动液压油	离合器液压油	动力转向液压油	发动机机油	自动变速器传动液	手动变速器齿轮油	减振器液压油	差速器双曲面齿轮油	合计
容积(mL)	6100	1850	330	160	740	4210	6520	2540	1010	1140	24600
计算比例(%)	24.79	7.52	1.34	0.65	3.00	17.11	26.50	10.32	4.10	4.63	100
近似比例(%)	25	8	1	0.5	3	17	26.5	10	4.0	5	100

回收液体的常用方法 表4-9

液 体 名 称	回 收 方 法
冷却液	从下冷却水管引出,或散热器排出
车窗清洗液	从车窗清洗液罐引出
制动液	从制动液罐引出,切断橡胶管或拧开排气阀
离合器液压油	从储液罐引出,拧开排气阀
动力转向液压油	从回油软管中引出,将转向盘转动2～3次
发动机机油	从排油阀排出,通过油尺导管加压
自动变速器传动液	从排油阀排出,通过油尺导管加压
手动变速器润滑油	从排油阀排出
差速器齿轮润滑油	从排油阀排出

3. 燃油抽吸附件

燃油抽吸装置附件原结构存在的问题有:抽取时间长;用于树脂型油箱时,吸油孔容易堵塞;操作者手臂和腰部的负担较重。

燃油抽吸装置附件结构的改进设计主要有:加大吸油孔的直径;设计出排屑结构;脚踏操作系统。改进后的效果主要体现在:抽吸时间减少50%以上;在钻孔时,切削刃具的末端没有树脂屑;改变了操作姿势,减轻劳动强度。

现在采用的可以直接在燃油油箱上钻孔吸油的附件,其结构设计与以往的明显不同。燃油抽吸附件能防止污垢、泥土和灰尘进入燃油之中,附件的外形和基本尺寸如图4-17所示。

图4-17 燃油抽取装置附件及改进结构
a)附件原结构;b)附件新结构

燃油抽吸装置附件的主要特点是:抽吸工作效率高,抽吸量可达到10L/min;可以用于树脂型油箱,节省操作空间。

4. 液体抽排装置

液体抽排装置的动力来源于空气压缩机产生的压缩空气,并采用射吸原理产生吸油负压。液体抽排装着的组成如图 4-18 所示。

抽排的液体分成以下两类：

（1）水性液体。冷却液，车窗清洗液等。

（2）油性液体。发动机机油，自动变速器传动液，动力转向液压油，制动液压油。

废水性液体：
冷却液
车窗洗涤液

真空装置

废油性液体：
发动机机油
自动变速器传动液
制动液压油
动力转向液压油

图 4-18　液体抽排装置的组成

液体抽排装置是通过负压抽吸废油和废液，并且收集到各自的油桶。可以保证废液不洒在地面上，提高了回收率。例如，冷却液的回收，可以把吸头安装在冷却液的流动管路上；玻璃清洗液、制动液压油和动力转向液压油可以通过在供给管上吸收，或通过切断它们直接抽吸。

液体抽排装置可以提高工作效率，吸排时间比自然排放时间减少 2/3。例如，采用抽排装置吸排的时间为 7min，自然排放的时间为 20min。同时还可提高回收率，例如，采用装置吸排回收率为 80%；自然排放回收率为 50%。

二、安全气囊回收处理

1. 安全气囊处理的必要性

20 世纪 80 年代后期，汽车开始装备安全气囊；到 20 世纪 90 年代中期，几乎所有汽车上都装备了安全气囊。安全气囊在发生事故时，发挥了很好的安全防护作用。但是，如果安全气囊没有爆破，那么在粉碎处理过程中有可能产生有害物质或在金属再生过程中爆炸。过去安全气囊充气剂较多地使用了有毒的氮化钠，但自 20 世纪 90 年代后期，充气剂逐步被换为无毒物质。基于上述情况，要求对所有安全气囊在进入破碎工序前进行处理，例如，引爆或者拆除后进行回收处置。汽车上可能安装安全气囊的位置如图 4-19 所示。

侧窗安全气囊

驾驶人座安全气囊

前排乘客座安全气囊

侧安全气囊

安全带预警器

图 4-19　汽车上安装气囊的位置示意图

2. 安全气囊回收与处理系统

1）安全气囊回收与处理分工

迄今为止，汽车行业在安全气囊的引爆处理方面进行了很多研究。但是，车上引爆会带来"引爆噪声"和"臭味"等问题，对作业空间和周围环境造成了不良影响。例如，日本汽车工业协会和日本汽车零部件工业协会共同合作，建立了回收安全气囊并进行集中处理的系统，以使在车上引爆困难的情况下，仍然能够对安全气囊进行妥善地处理。1997年5月，通商产业省公布的"报废汽车正确处理与回收再利用指导方针"中规定了相关方的分工，见表4-10。

安全气囊回收与处理责任分工   表4-10

机　　构	主　要　任　务
制造商	从安全气囊的结构上，保证其在报废处理时易于引爆
销售商、维修商	进行报废汽车安全气囊的车上引爆或拆除，或委托对安全气囊进行正确处理的运营商处理
拆解商	受理安全气囊处理委托，进行车上引爆或拆除，或委托其他能对安全气囊进行正确处理的运营商进行处理
粉碎商	对于不拆除安全气囊、蓄电池等零部件的拆解处理商，要求其进行拆除
最终用户	（1）委托正规的处理商进行报废处理； （2）承担处理费

2）回收网络及委托处理流程

要对报废汽车安全气囊进行安全正确处理，必须建立回收网络，并选择与确定相应的安全处理设施。例如在日本，由日本汽车工业协会和日本汽车零部件工业协会选择并确定处理设施，其回收网络的建立符合以下要求：

（1）设立回收站，应覆盖全国。

（2）进行系统注册后，通知具体由哪家回收站负责。

（3）回收物品将与报废汽车再生物品（催化剂等）一起装车，提高运输效率。

安全气囊回收与处理流程如图4-20所示。

3. 安全气囊回收管理

1）回收对象

从驾驶人座和副驾驶人座拆卸下来的安全气囊总成（组件）中，只有充气机是回收对象。破损的充气机或者已经爆开的充气机，不在回收对象之列。在部分车型上，副驾驶人座与驾驶人座安装相同类型的充气机时，视为驾驶人座类型。操作应按照规定的操作程序进行，如日本汽车工业协会与日本汽车零部件工业协会出版的《废旧汽车安全气囊充气机拆除手册》。

图4-20　日本报废汽车安全气囊回收与处理流程

拆卸下来的安全气囊充气机应按要求分别装入专用的回收保管箱中。在日本，承装驾驶人座安全气囊充气机的回收保管箱（蓝色），每箱可以装12支；承装副驾驶人座安全气囊充气机的回收保管箱（黄色），每箱可以装6支，如

图 4-21 所示。

2）处理费用

安全气囊回收处理总费用 = 拆卸作业工时费 + 运输费 + 处理费

N₂氮气
过滤料
叠氮化钠
点火装置

图 4-21　废旧汽车安全气囊充气机装箱要求
a）驾驶人座（12 支装）；b）驾驶人座充气机结构；c）副驾驶人座（6 支装）

3）管理流程

日本报废汽车安全气囊充气机回收管理流程见表 4-11。

日本报废汽车安全气囊充气机回收管理流程　　　　　　　　表 4-11

序号	作业项目	作 业 内 容	注 意 事 项
1	拆卸保管	从报废汽车上拆卸的充气机，放入专用保管箱，安全、妥善地进行保管	（1）拆卸方法请参考"充气机拆卸手册" （2）勿放入专用箱以外的其他容器中 （3）注意不要浸水、接近明火或猛烈撞击 （4）注册后，将免费发放充气机拆卸手册（小册子、录像）和专用保管
2	委托回收	当回收的充气机数量达到专用保管箱规定时，通过传真委托进行回收	（1）以保管箱为单位进行回收 （2）驾驶人座专用保管箱规定数量是 12 个，副驾驶人座专用保管箱规定数量是 6 个
3	确定回收日并进行回收	回收（交付）日的调整及联系	（1）原则上，委托后 1 个月之内进行回收 （2）确定具体日期后，上门回收
4	交付回收	（1）在管理单上填写必要事项后，与装有充气机的保管箱一起交给回收人员 （2）请回收人员在管理 A 单上签字 （3）领取代用保管箱	（1）管理单 A 单用来和日后寄到的 B2 单与 D 单进行对照 （2）在 B2 单与 D 单寄到前务必妥善保存 A 单
5	运输处理确认	（1）将回收站寄来的 B2 单和 A 单进行对照。确认完毕，保存 B2 单 （2）将处理设施寄来的 D 单和 A 单进行对照。确认完毕，保管 D 单	（1）如没有收到 B2 单或 D 单，要与回收站联系 （2）回收与处理日期希望控制在 90 天以内，但目前可能会超过该天数 （3）请将 B2 单与 D 单保存 5 年

4. 安全气囊高效回收处理途径

1）主要工具

（1）模拟引爆工具。模拟引爆工具可以与车载安全气囊控制计算机的接头相连，以模拟气囊的引爆过程。这个工具可以用于 1997 年以后的所有丰田系列车型。

（2）通用引爆工具。通用引爆工具由开关、12V 电源和接头等组成。主要用于模拟引爆工具与安全气囊控制计算机接头不能连接的情况。使用时,将气囊的电源线通过接头与专用引爆工具连接,然后连接触发信号线。这种方式适用于所有电引爆式气囊。

（3）拆解工具。在前排副驾驶人座气囊拆解过程中,主要使用气动切割锯切割仪表板以拆解气囊。

2）可回收性设计

（1）改变气体发生剂。虽然叠氮化钠被广泛的用于气囊的气体发生剂,但是丰田汽车公司与其紧密合作的零部件制造商已经研究出了新的化合物作气体发生剂,以替代叠氮化钠。

（2）采用标准接头。采用标准接头,有利于模拟引爆工具的使用。

（3）设计可拆解结构。改进气囊安装结构,以便于气囊的拆解。

三、空调制冷剂回收处理

1. 汽车空调制冷剂

20 世纪 90 年代以前,轿车空调制冷系统都采用 CFC-12（R12）作为制冷剂。但是在 20 世纪 70 年代,发现了含氯的氟利昂会破坏大气臭氧层。氯氟烃类化学性质极其稳定,在低空对流层内难以分解,可长达几十年甚至上百年。但是在最终升到高空平流层时,强烈的紫外线将促使其分解,释放出氯原子。氯原子对臭氧具有亲和作用,能夺取其中的一个氧原子而生成氧化氯,并放出氧分子,从而破坏了臭氧。氧化氯又能和大气中游离的氧原子起作用,重新还原出氯原子又去消耗臭氧,如此循环不断。事实上,氯原子只参与了破坏臭氧的反应,本身并不消耗,类似于催化剂的作用。虽然臭氧密度相当小,上述反应发生的概率不多,但由于长时间的累积作用,使南极上空已经出现了一个相当于欧洲面积大小的臭氧空洞,北极地区的臭氧层也变得很稀薄,使更多的太阳光紫外线辐射到地球,危害人体健康。因此,1987 年 9 月,国际社会在加拿大签署了《蒙特利尔协议书》,明确规定禁用 CFC-12（R12）的期限为 2000 年。但由于臭氧层的破坏不断加剧,国际社会把 CFC-12（R12）的完全禁用期提前到 1995 年,发展中国家则可推迟 10 年。我国于 1992 年规定:各汽车生产厂从 1996 年起在汽车空调中逐步用新制冷剂 HFC-134a（R134a）替代 CFC-12（R12）,在 2000 年生产的新车上不准再用 CFC-12（R12）。

氟利昂类制冷剂就是卤代烃类化合物的商品名称,它由卤族元素,主要是氟（F）原子和氯（Cl）原子取代甲烷（CH_4）或乙烷（C_2H_5）中的氢（H）原子所生成的化合物。卤代烃可分为三类:第一类是 H 原子被完全取代了的含氯氟烃,它的编号冠以 CFC,第一个 C 代表氯元素,F 为氟元素,后面的 C 是碳元素。第二类是 H 原子没有被完全取代的氢氯氟烃,它的编号冠以 HCFC。第三类是 H 原子没有被完全取代,但不含氯的氢氟烃,它在编号前冠以HFC。由于各类氟利昂对臭氧层的消耗程度有很大的不同,所以必须区别对待。

含氯卤代烃化合物对臭氧层有破坏作用,那么前两类含氯便都在禁用范围之列。只有HFC 不含氯,允许继续使用。制冷剂 HFC-134a（R134a）是美国杜邦（DuPont）公司率先开发出,其主要特点是:①不含氯原子,对大气臭氧层不起破坏作用;②具有良好的安全性能（不易燃、不爆炸、无毒、无刺激性和无腐蚀性）;③物理性能与 CFC-12（R12）比较接近,制冷系统的改型比较容易;④传热性能比 CFC-12（R12）好,因此制冷剂的用量可大大减少。

2. 制冷剂回收方法

制冷剂的回收应使用氟利昂回收机,并用专用储气罐进行收集存储。一种氟利昂回收存储设备如图4-22所示。

图4-22 制冷剂回收机

制冷剂回收的基本原理是利用回收机,将制冷系统的制冷剂抽吸到回收气罐中。它通常是由一台全封闭的压缩机、空气冷凝器和过滤器组成。制冷系统中的制冷剂通过过滤器被压缩后排入回收气罐中。回收机的吸气连接管接在制冷系统中压缩机的低压侧接头上。连接好后,开动回收机。回收机利用压缩机的吸气能力将制冷系统的制冷剂通过一个较大的干燥过滤器抽吸压缩机中,并经过压缩机的压缩排到冷凝器中,经过冷凝器的放热冷凝后,排到回收气罐中。

回收气罐只用于盛装回收的制冷剂,并不能将不同的制冷剂在回收机或回收气罐中混合,因为这样的混合物无法再循环、再利用。

由于回收的报废汽车中,可能存在着使用两种不同制冷剂的系统。两种系统在制冷剂的加注接口的结构和尺寸不一样,如图4-23所示和见表4-12。

a)   b)

图4-23 两种制冷剂加注接口的结构形状

a) CFC-12(R12)接头;b) HFC-134a(R134a)接头

两种制冷剂检修接口的结构类型与形状尺寸   表4-12

制冷剂类型	接头位置	接头类型	形状尺寸	图例
CFC-12(R12)	低压侧	螺纹连接	大	—
	高压侧	螺纹连接	小	图4-23a)
HFC-134a(R134a)	低压侧	快速接头	大	—
	高压侧	快速接头	小	图4-23b)

注:有些车型的高压侧和低压侧的加注接头尺寸相同。

加速制冷剂的蒸发是缩短回收时间的必要条件,制冷系统的环境温度增加有助于提高回收效率。因为液化状态的制冷剂存在于压缩机、冷凝器和储液罐之中。在低温条件下,进行冷却剂的回收十分不利。因此,尽可能提高环境温度。

回收的制冷剂应被运往指定的地点,利用专用设施进行集中再生处理。

3. 回收工作安全要求

在制冷剂回收过程中,应特别注意以下几点:

（1）在向回收气罐充入制冷剂的同时，应注意回收气罐中回收气的质量。制冷剂回收气罐的充存量不能超过容积的80%，并应采取有效的措施保证不过量充入。

（2）为了防止回收气罐内压力过大，在压缩机的排出口必须装有高压开关，设定值必须根据管路和回收气罐所承受的压力，一般不超过1.7MPa，或在回收气罐上安装压力表来控制压力。对于回收R12或R134a的回收装置，一般设定截止压力为1.5MPa；而低压压力设定值为-0.03MPa。

（3）回收机只能用于回收制冷剂气体，不要连接到液体管路或存有液体的器件上。如果液体制冷剂进入了该回收机，则压缩机可能出现故障。

（4）应注意到接触液态制冷剂可能会造成人身伤害。特别是拆解连接管时，操作人员应穿好防护服，戴好安全眼镜。

（5）操作者必须经过培训，并应熟知设备性能和操作规程，以及制冷系统、制冷剂和有压部件的危险。

（6）工作场地要通风，要避免操作人员吸入制冷剂或润滑剂的蒸气。

（7）设备使用场所必须远离易燃、易爆物品，严防火灾。

（8）电源插座应按标志正确连接，相线接"L"端，零线接"N"端，地线必须接地。

（9）所选用的制冷剂回收罐必须是可重复回充的制冷剂气罐，最低使用压力不低于2.5MPa。

（10）回收气罐有明确标识，表明回收制冷剂的种类。

4. 回收方式及付费程序

在日本，汽车空调制冷剂的回收方式有两种：第一种方式，小罐收集，再集中到大罐，然后送到集中处理中心；第二种方式，大罐收集，直接送到回收处理中心，如图4-24所示。

图4-24　日本汽车空调氟利昂回收方式

日本汽车空调氟利昂付费程序如图4-25所示。

5. 回收利用的效益

对于制冷剂重要的标准就是性能稳定，不易分解，不易与其他物质发生化学反应。R134a的性能满足上述条件，所以汽车空调中的残余制冷剂其性质与性能并没有发生变化。只是它有可能混入了杂质，而影响了制冷效果。只要把这些杂质充分过滤掉，那么再生的制冷剂与未被使用过的制冷剂性能是一样的。对于回收来的制冷剂，其常见的杂质有冷冻油、空气和水分等，那么只需针对这些不同杂质分别进行净化，就可以达到再生净化制冷剂的目的。

制冷剂R134a的平均价格为60~65元/kg。以桑塔纳轿车为例，其空调系统制冷剂的标准充注量为700g，每辆车平均的残余制冷剂大约为300g，那么一辆车的残余制冷剂价值就有 20~25 元。如果将这样高价值的制冷剂大量地排放掉而不作回收和再利用,既污染了环境,同时了造成了经济利益的损失。

图 4-25　日本汽车空调氟利昂付费程序

注册系统　　许可系统

四、蓄电池回收

汽车使用的蓄电池主要是铅酸型蓄电池。铅酸蓄电池回收的基本要求是:保证使铅材料全部有效的回收;避免电解液滴漏对土壤和水质的污染。因此,在回收阶段应注重以下两方面的问题:第一,采用简单方便的拆除蓄电池以及减轻搬运作业劳动强度的工具,并避免对人体的伤害;第二,废旧铅酸蓄电池的正确存储方式。

1. 拆卸程序

蓄电池的拆卸应按如下顺序进行:

(1)依次拆卸蓄电池负极接线、正极接线。

(2)拆卸蓄电池压紧夹持板螺栓,然后拆卸蓄电池夹持板。

(3)拆卸蓄电池,取出过程中蓄电池的倾斜角度不能超过40°。

2. 搬运工具

(1)搬运器结构。使用搬运器的目的是减轻搬运时的负担。蓄电池搬运器的结构形状与使用状态如图 4-26a)所示。这种结构的搬运器具有以下特点:结构简单,使用轻巧;夹持力大,使用可靠;可在狭窄地方使用。

(2)搬运器使用方法:

①手指拉住弹簧,使其张开。

②手指松开时,蓄电池两侧便被夹紧,爪上有橡胶垫。

③可以根据蓄电池的尺寸,通过尺寸范围切换,可以搬运不同宽度蓄电池。

3. 安全要求

(1)拆卸蓄电池时必须戴好手套和防护眼镜,避免身体与电解液直接接触。

(2)蓄电池内还可能存有电能,为避免发生短路现象及产生火花,应首先拆下搭铁接线,即蓄电池负极连接线。拆卸处理不当,可能会引起火灾,亦需防止发生爆炸现象。

(3)蓄电池拆卸处理不当时,可能会造成蓄电池外壳开裂、损坏以及电解液发生泄漏现象。应及时采取有效措施,避免给周围区域带来环境损害。

(4)在搬运蓄电池时,不得让电解液从蓄电池内飞溅或泄漏出来。

(5)如不慎皮肤局部或双手溅上电解液,必须立即用大量清水冲洗。如不慎电解液溅到眼睛上,必须立即用大量清水冲洗。如衣服溅上电解液,必须立即将衣服脱掉,并用清水冲洗,再用适当的碱性肥皂进行中和。

a)   b)

图 4-26　蓄电池搬运器的结构与使用

a) 结构形状；b) 结构形状

第五节　废旧汽车零部件拆解方法

一、线束

整车线束及其分解物的比例如图 4-27 所示。

a)   b)

图 4-27　整车线束分布和分离物比例

a) 线束分布；b) 分解物构成

现在，汽车的电器系统以用多路传输方式代替单路传输方式。为避免线束量的增长，采用标准的线束布置结构，如图 4-28 所示。其主要特点是有 3 个节点连接配电盒（EJB、PJB 和 RJB），分别对不同区域的器件进行连接。每个区域分布的具体线束见表 4-13。

图 4-28　汽车线束区域分布及连接节点位置

1-前线束；2-发动机控制线束；3-主线束；4-前乘员车门线束；5-油箱线束；6-右后车门线束；7-行李舱线束；8-行李舱门或后门线束；9-左后车门线束；10-室顶线束；11-驾驶人车门线束；12-左后线束；13-发动机舱线束

整车每个区域分布的线束及数量 表4-13

区 域	线 束 名 称	数 量
发动机舱	前线束、发动机线束、发动机舱线束	3
驾乘室	仪表板主线束、室顶线束、油箱线束、左后线束	4
车门	驾驶人车门线束、前排乘员车门线束、后左车门线束、后右车门线束	4
行李舱	行李舱线束、行李舱门或后门线束	2

对线束拆解方法的要求主要是高效和高回收率的拆解。其目标是拆解时间不超过30min，回收率为83%～100%。

对于较粗的线束可以使用 J 型吊钩和拉链进行拆卸，如图 4-29 所示。与使用 J 型吊钩进行线束拆解相比，使用拉链进行拆解平均可以减少操作次数 60%，减少拆解时间 40%。

a) b)

图 4-29　较粗线束的拆卸方法
a) 使用 J 型吊钩；b) 使用拉链

拆解不同线束的所用的工具形状和使用情况如图 4-30 所示。J 型吊钩主要用于发动机和仪表板线束的拆解，如图 4-30a)、c) 所示。收卷工具是电动型的，主要用于车内、行李舱内和车门内线束的拆解，如图 4-30b)、d) 所示。

a) b)

c) d)

图 4-30　线束拆解工具和使用情况
a) J 型吊钩；b) 收卷工具；c) J 型吊钩使用；d) 收卷工具使用

二、保险杠

1. 保险杠拆解

对保险杠拆解方法的研究主要是提高拆解效率。对前后保险杠的拆解时间要求是 2 ~ 3min，回收的材料质量为 3 ~ 6kg。对侧护板的拆卸时间要求是 4 ~ 6min，回收材料质量同样为 3 ~ 6kg。

以材料回收为目的的保险杠拆解，基本上是使用拆解机械，如图 4-31a) 所示。拆解时，将保险杠用夹具固定，然后牵引拉伸。前后保险杠拆解机的设计要求为：夹紧力 5000N；牵引力为 2000N；行程为 1000mm。这种前后保险杠拆解方法的特点是：可以在短时间内，以直立姿势轻松完成拆解；但需要宽敞的作业空间，最多可达到车长加 4.5m，且其夹具成本比侧护板的要高。

a)   b)

图 4-31　保险杠拆解机及使用情况
a) 保险杠拆解机；b) 保险杠拆解过程

针对保险杠水平拉伸拆解作业需要空间大的特点，对水平拆解保险杠的方法进行了改进。其所用夹具和拆解过程如图 4-32 所示。

2. 侧护板拆解

对于侧护板拆解使用的夹具及固定位置如图 4-33 所示。将夹具固定在保险杠侧面，利用叉车等动力进行剥离。这种侧护板的拆解方法的特点是：成本低，并可在短时间内完成拆解；以下蹲姿势固定夹具，容易疲劳；需要宽敞的作业空间，最少为车辆总长加 4m；所需的牵引力为 5000N；拆解行程为 3500mm。

a)　　　　　b)　　　　　　　　a)　　　　　b)

图 4-32　后保险杠垂直拉伸拆解　　　图 4-33　侧护板拆解的夹具及固定位置
a) 拆解；b) 夹具　　　　　　　　　　　a) 夹具；b) 固定方式

三、仪表板

1. 拆解要求

采用的仪表板拆解方法主要以提高拆解效率为目标。要求拆解时间短，可整体回收仪表板的夹具与装置相对简单等。

2. 拆解方式

仪表板的拆解方式有两种：第一，后拉式拆解，如图 4-34 所示；第二，吊拉式拆解，如图 4-35 所示。

图 4-34　仪表板后拉式拆解　　　　　　　　图 4-35　仪表板吊拉式拆解

3. 拆解特点

（1）后拉式拆解。这种方式的拆解过程是：用夹具夹住仪表板左、右两处，用力向后拉将其剥离。其主要特点是：简单的夹具；前风窗玻璃的有无不影响作业；需将车辆固定，但是在车内拆解，则不需要固定车辆；拆解时间大约为 2min。

（2）吊拉式拆解。这种方式的拆解过程是：在吊拉前安装 J 型吊钩，将仪表板下端吊起回收。其主要特点是：在可使用吊车的情况下应用；需事先拆除前风窗玻璃；需将车辆固定住；拆解时间约为 4min。

4. 拆解方法改进

采用 J 型钓钩拆解仪表板时，经常出现钓钩脱落和版面被撕开的情况。将吊具结构改进为 X 型抓钩，当吊拆仪表板时，X 型抓钩越抓越紧，保证不发生脱落的现象。吊具结构改进前后的使用情况如图 4-36 所示。采用新式的 X 型抓钩吊拆仪表板，拆解吊具的安装次数平均减少了 60%，拆解时间减少了 30%。

a)　　　　　　　　　　　　　　　　　　　　b)

图 4-36　吊具结构改进前后的使用情况

a) 改进前吊具结构；b) 改进后的吊具结构

四、玻璃

对于玻璃类材料的回收，应根据种类、固定方法的不同，使用不同的回收方式。拆解时间应在 10min 之内，回收率达到 75%。

1. 风窗玻璃拆解

对风窗玻璃的拆解可以采用金刚石切割机或凿子两种工具进行拆解。

（1）使用金刚石切割机拆解。在切割工具的前后喷洒一些水，以减少玻璃粉尘的扬起与附着,同时冷却旋转刀片。采用这种方法的拆解时间为 2min/辆。所用的金刚石切割机和拆解风窗玻璃过程如图 4-37 所示。

图 4-37　用金刚石切割机拆解风窗玻璃
a)金刚石切割机;b)风窗玻璃的拆解

(2)使用凿子拆解。在切割处前方喷洒一些水,减少玻璃粉尘扬起。凿子是特制品,其刀刃用殊特钢制作。但冬季不易切割,基本上能保持 2min/辆的拆解速度。所用的凿子和拆解风窗玻璃的过程如图 4-38 所示。

图 4-38　用金刚石切割机拆解风窗玻璃
a)金刚石切割机;b)风窗玻璃的拆解

(3)拆解方法改进。上述两种拆解方式存在的问题是:拆解时间较长;拆解工具的使用安全性不高;体力消耗较大;噪声较大;振动较大。

通过改进切割工具,如使用气动割锯和气动凿子,使切割时间减少 40% ~ 45%,并减少了切割过程中的玻璃粉尘和振动。使用改进工具进行风窗玻璃进行拆解的过程如图 4-39 所示。

图 4-39　改进的风窗玻璃切割工具
a)气动凿子;b)气动割锯

此外,还有一种方法就是使用钢丝切割法。可以采用两种方式:第一,单边切割;第二,双边切割。如图4-40所示。使用钢丝切割法使拆解时间减少了50%,且操作简单和安全。

图4-40 使用钢丝切割法拆解风窗玻璃
a)单边切割;b)双边切割

2. 车窗玻璃拆解

破碎玻璃收集袋是车门窗玻璃拆解时必备的清洁与安全生产的基本工具。有两种基本结构,第一种是便携式收集布袋,如图4-41a)所示;第二种是移动式收集车,如图4-41b)所示。

将2根铝管的一端,用铰链连接,并在铝管上套装两面开口的布袋,用以包裹住车门,如图4-41a)所示。

图4-41 车窗玻璃破碎玻璃收集方式
a)便携式收集布袋;b)移动式收集车

在袋子的侧面打开一个孔,工具可以伸进布袋,打碎玻璃,如图4-42所示。同样,用回收箱,如图4-42中画○的部分,也可完成车窗玻璃拆解作业。

3. 后车窗玻璃拆解

用直径为10mm金属杆做框,制成椭圆形布袋筐。将其放入车内后车窗部位,用以收集打碎的玻璃碎片,如图4-43a)所示。用椭圆形布袋筐包裹接住后车窗玻璃碎片的拆解过程,如图4-43b)所示。

图4-42 车窗玻璃拆解作业

例如,对普通轿车可用1300mm×950mm的椭圆形布袋。如果用于前风窗玻璃,可减少室内扬起的玻璃粉尘。

图4-43　后车窗玻璃拆解与破碎玻璃收集
a)后车窗玻璃收集袋;b)破碎玻璃收集效果

五、座椅

座椅的材料是:蒙皮为纤维(大约为2.6kg),添充物为聚氨酯(大约为8.7kg)。座椅的拆解作业内容见表4-14。

座椅的拆解作业内容及所需工具　　　　　　　　　　表4-14

作 业 内 容	拆 解 工 具	作 业 场 景
拆解座椅 (使用气动扳手及一般工具)		
剪切蒙皮 (使用气动剪)		
切割坐垫 (使用气动钳)		
切割包布 (使用割刀或气动剪)		

六、其他

（1）地毯。对地毯拆解主要使用气动剪,拆解速度大约为2min/辆。地毯拆解所用工具和作业过程如图4-44所示。

a)   b)

图4-44　地毯拆解所用工具和作业过程
a)气动剪;b)拆解作业

（2）排气管。利用油压切割机进行排气管的拆解相当有效,效率也比以往的方法高。这种方法的特点是:所用工具较重,油压切割机质量达10kg;另外,从刀具的耐用性方面考虑,传动轴、转向盘等硬钢材不属于此方法的拆解范围。不同拆解方法所用时间见表4-15。排气管拆解工具和作业过程如图4-45所示。

不同拆解方法所用时间(单位:s)   表4-15

零件 \ 工具	油压切割机	氧气—乙炔切割	手工拆解
排气管	25	30	—
燃料箱	60	—	120

a)   b)

图4-45　排气管拆解工具和作业过程
a)油压切割机;b)拆解作业

（3）电动机。对于刮水器电动机、车门窗电动机用以杠杆原理为特点的工具拆解,如图4-46所示。

（4）车门内饰板。按装配相反顺序拆解时,拆解所需时间较长。采用图4-47b)所示的专用工具进行拆解,拆解时间可以平均减少45%。车门内饰板的拆解实例如图4-47所示。

（5）发动机罩。发动机罩的最大质量可能达到30kg,需要两个人搬运,如图4-48a)所示。而且发动机罩张开角度小,不利于拆解操作。利用摇臂气动吊车提升发动机罩,可以扩大张开的角度,如图 4-48b)所示。拆解操作方便,并减少作业时间 40%。同时,一个人就可以进行搬运。发动机罩拆解实例如图 4-48 所示。

a)

b)

图 4-46　小型电动机拆解实例

a)

b)

图 4-47　车门内饰板的拆解实例
a)按装配相反顺序拆解;b)使用专用工具拆解

a)

b)

图 4-48　发动机罩拆解实例
a)原拆解方法;b)现拆解方法

　　(6)镍金属蓄电池。虽然纯电动汽车和混合动力汽车还没有普及,这种类型的汽车保有量还很少。但是,国外大的汽车公司已经开始进行了其回收利用的研究。例如,1998 年开始,日本丰田汽车公司和松下电动车能源公司合作建立了全国性的回收网络,对普锐斯混合动力轿车(Prius hybrid vehicles)的镍金属蓄电池进行回收。丰田汽车公司出版了镍金属蓄电池的拆解手册,并已经分发给了 1300 多个回收和拆解商。普锐斯混合动力轿车的镍金属蓄电池进行回收流程如图 4-49 所示。

图 4-49 镍金属蓄电池进行回收流程

第六节 废旧汽车拆解生产线简介

一、拆解生产线布置形式

1. 拆解工序

废旧汽车拆解生产线（简称拆解线）按流水作业方式组织生产,其主要工序有:①检查;②气囊拆解;③准备抽排液体;④抽排液体;⑤外部拆解(保险杠);⑥内部拆解(仪表台和座椅等);⑦发动机和变速器拆解等;⑧车体压扁。

2. 拆解线形式

根据上述操作内容,几种拆解线的布置形式如图 4-50 所示。

(1)两工位举升式拆解线。两工位举生式拆解线(2PTDS:2 Post Jack Type Disassembly System),由 1 条轨道和 4 个动力托盘组成,如图 4-50a)所示。其托盘移动过程如下:

①托盘 1 由工位 1 移动到工位 4,在工位 4 车辆被吊起。托盘 1 返回到工位 1。

②当工序 4 完成后,车辆由托盘 2 移动到工位 5。在工位 5 车辆被吊起,托盘 2 返回到工位 4。

③当工序 5 完成后,车辆由托盘 3 移动到工位 6。

④当工序 6 完成后,车辆由托盘 4 移动到工位 7。托盘 3 返回到工位 6。

⑤当工序 7 完成后,车辆被吊起,移动到工位 8,送入压缩机。

这个系统不需要任何人力移动托盘,因为托盘在各工位间可自动移动。但是,由于使用了动力托盘,所以这个系统的成本较高。

(2)自动叉车式拆解线。自动叉车式拆解线(UFTDS:Unmanned Forklift Type Disassembly System)使用自动叉车将托盘由工位 8 返回到工位 1,如图 4-50b)所示。在工位 7 吊车将车辆吊起,送入工位 8 的压缩机进行压扁处理。这种方案解决了托盘返回的问题,但由于需要叉车通道,占地面积较大,控制技术也要求较高,投资也较高。

(3)挂架移动式拆解线。挂架移动式拆解线(HTDS:Hanger Type Disassembly System)使用托盘将废旧汽车从工位 1 移动到工位 4,向其他工位的移动由挂架完成,如图 4-50c)所示。挂架解决了汽车往托盘上的装卸问题,节省了时间。同时,也替代了吊车。

（4）单元集成式拆解线。单元集成式拆解线(UCTDS：Unite Cell Type Disassembly System)在德国已经进行了成功的运行试验,每个工序都设成一个工位,如图4-50d)所示。废旧汽车由托盘从工位1移动到工位2。车辆要移动到其他工位时,完全由叉车来实现。如果在每个工位都设有缓冲区,则可以进行批量处理。由于设有缓冲区,则需要更大的空间,而且用叉车搬运,也可能造成拥堵。

（5）下沉式拆解线。下沉式拆解线(PTDS：Pit Type Disassembly System)采用无动力托盘运送废旧车辆在各个工位之间的转移,并使用推拉机构将废旧车身送入压缩机中,如图4-50e)所示。

图4-50　几种拆解生产线布置形式
a)2PTDS；b)UFTDS；c)HTDS；d)UCTDS；e)PTDS
①、②、③、…、⑧-拆解工序号

二、拆解线实例

1. 现代汽车公司研发的废旧汽车拆解线

由于汽车是按照不同的用途与类型进行设计制造,因此,采用的结构和使用的材料各不相同。为了提高汽车拆解效率和回收利用效益,现代汽车公司开发出了废旧汽车拆解线。废旧汽车被放置在托盘式传送装置上,可以进行连续拆解作业。现代汽车公司开发的拆解线全景如图4-51所示。

在整个拆解线设备配置中,废液抽排设备是主要设备之一。现代汽车公司开发的废液抽排设备如图4-52所示。仪表台拆解设备如图4-53所示。现代汽车公司拆解线主要工位如图4-54所示。

图4-51　现代汽车公司开发的拆解线全景

图4-52　现代汽车公司的废液抽排设备

图4-53　现代汽车公司的仪表台拆解设备

a)

b)

c)

d)

图4-54　现代汽车公司拆解线主要工位

a)抽排废液;b)外部拆解;c)内部拆解;d)发动机及排气管拆解

2.宝马汽车公司再循环和拆解中心

宝马汽车公司在慕尼黑建有一家再循环和拆解中心,负责研究旧车的拆解技术和工具。

该中心的场地上存放有数百辆报废车辆,包括宝马公司生产的各种型号的汽车,也包括 MINI 和劳斯莱斯。宝马公司再循环和拆解中心外景如图 4-55 所示。

宝马汽车公司再循环和拆解中心废旧汽车拆解主要工序操作内容如下:

(1)引爆气囊。气囊实际上是使用了易爆充气物质,但没有弹片的微型炸弹。为了保证拆解安全,首先要将其引爆。安全气囊引爆后的情况如图 4-56 示。气囊用电流引爆,图 4-56 中前面的仪器是可以移动的电引爆器。为了减少对环境的影响,引爆气囊应在一个封闭的环境中进行。该中心采用类似帐篷的罩子,引爆后将排出的气体进行过滤。

图 4-55　宝马公司再循环和拆解中心外景

图 4-56　安全气囊引爆情形

(2)废液回收。将废旧汽车置于一个专用台架上,如图 4-57 所示,用于回收各种油料和废液,如油箱中的剩余燃油、发动机油底壳中的机油、变速器油、冷却液和制动液等。这些废液通过不同的管道分别回收,由专门的工厂进行再处理。这个架子有摇摆装置,可以晃动车身,使废液彻底流出。

(3)电器电子件回收。废旧汽车电器电子件回收,如图 4-58 所示。

图 4-57　废旧汽车废液回收专用台架

(4)外部拆解。例如风窗玻璃、保险杠等的拆解。废旧汽车玻璃拆解,如图 4-59 所示。采用一个专门的工具切割拆解风窗玻璃,2min 内可以将风窗完整切割下来。

a)

b)

图 4-58　废旧汽车电器电子件回收
a)电控单元;b)仪表

(5)内部拆解。例如仪表板、座椅等的拆解。

(6)材料分类回收。废旧汽车材料分类回收,如图 4-60 所示。

(7)压实。将拆解完内部主要零部件的车体,在压缩或打包机中压扁,如图 4-61 所示。压扁以后,用旁边的机械手将铁块取出,放到容器内运走。

（8）粉碎。压扁的车体经粉碎后，再采用重力和磁力分选，如图4-62所示。分离出钢铁、塑料、纺织或纸张等，再分别处理，无法处理的碎屑进行填埋。拆解厂一般不进行废碎分离。

图4-59　废旧汽车玻璃拆解

图4-60　废旧汽车材料分类回收

图4-61　车体压缩

图4-62　碎屑处理

3. 上海宝钢钢铁资源有限公司拆解生产线

发达国家对报废汽车的处理已形成了完善的体系，对资源的再生利用和环境保护有明确的规定和要求。在这些国家，报废汽车的处理和资源循环利用已形成了具有相当规模的产业链。我国报废汽车的拆解企业还处于起步阶段，选择环保及生产率高的拆解工艺可避免或尽可能减少由此带来的污染，创造良好的工作环境，提升资源回收利用率。

2002年，宝钢集团组建了上海宝钢钢铁资源有限公司开展报废汽车的拆解生产经营业务。经过两年的努力，已经建立了一条环保、安全、高效的报废汽车拆解生产线，为国内报废汽车的拆解处理探索出了一条新路。

（1）拆解线生产工艺流程。上海宝钢钢铁资源有限公司按照业务许可规定，负责上海市小客车、摩托车的回收拆解以及市内其他拆车企业的"五大总成"回收销毁。公司自行设计了报废汽车拆解线，并与国内相关厂商联合开发了汽车发动机压碎机。

通过一年来的实践，证明该拆解线与压碎机环保、高效，能够安全等处理。

（2）拆解线的主要特点与效果。

①室内拆解，占地面积省，生产线采用流水作业。在厂房内拆解拆解区域面积约为500m²，每天拆解20辆（一班制、20人）。

公司自行研发了立体停车架，节省占地面积近2/3。由于在室内拆解并采用了多种环保省力的设施与设备，对工作人员的劳动状况有极大的改善。

②清洁环保作业,整条生产线不用水,也不产生废水;各类废油、废液经集中抽取分别回收,分罐存储;氟利昂抽取后用专门钢瓶储存;蓄电池集中回收;橡胶、塑料、玻璃等资源分类回收,废钢、有色金属回收利用,整个拆解生产线对各类回收物资与资源进行了严格分类与存放,然后送交各类有资质的回收企业回收,确保生产环境的清洁。不能利用的垃圾则交环保部门指定的单位填埋处理。

③拆解过程无明火。我国现有的汽车拆解企业几乎全用火焰切割处理拆解报废汽车,对空气造成污染。由于油箱为密封件,而汽油、柴油也极易燃烧、爆炸。此外,拆解时产生的废气对工人也有较大的伤害。而这条拆解线最大的特点是不动火,采用气动拆解系统与液压剪拆解,整个过程清洁、高效。

④拆解过程实行微机管理。从报废汽车进厂到拆解过程以及所有可利用物资的回收入库,都由系统进行数据管理,随时可掌控每台车及发动机的拆解等情况。

2002 年 12 月拆解生产线投产以来,按销售额比较,回收可利用汽配件比传统拆解方式提高近 30%。上海宝钢钢铁资源有限公司自行开发的报废汽车拆解生产线取得了良好的社会与经济效益,它将为国内报废汽车回收拆解行业提供有益的经验。

复习思考题

1. 名词解释

(1)工艺组织;(2)定位作业;(3)流水作业;(4)综合作业;(5)专业分工。

2. 拆解作业有哪几项内容? 各有什么要求?

3. 定位作业和流水作业各有什么特点? 针对汽车拆解作业应如何选择?

4. 画图并简述废旧汽车拆解作业的预处理工艺流程。

5. 汽车拆解设备分为几类? 各有什么特点?

6. 废旧汽车有害及危险物有哪些? 对环境有何影响? 如何回收处理?

7. 任选某车型,在分析其具体结构的基础上,设计保险杠、仪表板、风窗玻璃和座椅的拆解方案。

8. 国际车辆拆解信息系统有何功能? 请网上搜索并查询某一车型的拆解数据。

第五章　废旧汽车回收利用

本章提要:阐述了废旧汽车资源化内涵、资源化途径、资源利用链和资源化目标,废旧汽车可再使用零部件及特点,以及典型的再使用汽车零部件;分别介绍了废旧汽车轮胎、塑料材料与玻璃、各种金属、润滑油和电器电子元器件的再生利用方法和工艺,废旧汽车材料再利用加工方法与设备;分析了废旧汽车再利用过程的污染问题及其相关的防治措施。

第一节　汽车零部件再使用

一、废旧汽车资源化

1. 废旧汽车资源化内涵

废旧汽车资源化是以废旧汽车为再生资源开发对象,在符合法律规章要求及获得合适经济效益的前提下,通过采用新技术与新工艺,最大限度地回收利用可使用零部件、可利用材料及能源物质等具有使用价值财富的工程活动。其目的是节约资源、减少能耗和保护环境,从而支持社会的可持续发展。

汽车制造不仅消耗大量的资源,而且汽车报废还造成了环境污染和资源的浪费。当资源枯竭和环境污染成为制约社会发展的主要问题时,必然对国民经济的增长和人类生活质量的提高产生影响。当以科学发展观开始从新思考资源有效利用问题时,废旧产品的资源化就成为必然的选择。

20 世纪 50 年代,全国建立了 16 万个遍及全国每个角落的回收点,实行了"牙膏皮换牙膏"政策,建成了当时世界上最完善的废旧物资回收系统。后来,发达国家吸取我国的经验,将其发展成一个集回收利用为一体的独立产业——再生资源产业,也称作"第四产业"。巨额资金的投入、优惠政策的导向、前沿科技的支持,使其成为全球发展最快的朝阳产业。

日本和德国都是资源匮乏的国家,最早掀起了"垃圾革命",发展再生资源产业。例如,1986 年,德国将原有的《废弃物处理法》修改为《废弃物限制处理法》,强调要采用节约资源的工艺技术和可循环的包装系统,对已经产生的废物进行循环使用和最终的资源化。实际上,世上有多少新,就有多少旧。废旧物资是全球唯一在增长、迟早要取代地下矿藏,而成为俯拾皆是的"富矿"。

2. 汽车再生资源利用途径

(1)资源化方式。若把资源效益定位为资源的增量,而不考虑资源利用的净现值最大化及边际成本等因素,即只从增加资源量上考虑,有两种不同的资源化方式:

①再用资源化。将废弃物资源化后,形成的产品与原来相同。例如,汽车发动机的零部

件的再使用和再制造都是再用资源化方式。

②再生资源化。废弃物被变成不同类型的新产品或材料。例如,从报废汽车上拆解下来的铜重新冶炼后作为原材料使用等。

再用资源化形成的产品,可以减少90%以上的原生材料使用量;而再生资源化也可以减少25%以上的原生物质使用量。

(2)回收利用程序。废旧汽车资源化及其利用方式分为:再使用、再制造、再利用及能量回收四种主要形式。

欧盟指令对报废汽车的回收利用过程做出了详细规定,如图5-1所示。可以看出,废旧汽车回收利用链的主要责任者是汽车生产商,即汽车制造厂商或欧盟成员国的汽车进口商。汽车生产商将回收利用链的上游(零部件供应商)和下游(回收者,拆解者和粉碎者)连接起来,是废旧回收利用的关键节点。另外,回收者、拆解者和粉碎者的协作是实现指令目标所必须具备的条件。

图5-1 欧盟指令规定的报废汽车回收利用程序

3.废旧汽车资源化目标

废旧汽车产品资源化的目标是通过采用先进技术和严格管理,使再使用和再制造部分得到充分的使用,以获得最佳的经济效益;使再利用部分的循环利用率最高,以获得最优的资源效益;使能量回收件的比例最小,产生的环境影响最低;使废弃处置部分趋于零,最大限度地提取废旧汽车产品中所蕴含的财富。

传统工业经济的生产观念是最大限度地开发利用自然资源,最大限度地创造社会财富,最大限度地获取利润。而循环经济的生产观念是要充分考虑自然生态系统的承载能力,尽可能地节约自然资源,不断提高自然资源的利用效率,循环使用资源,创造良性的社会财富。在生产过程中,循环经济观要求遵循"3R"原则:资源利用的减量化原则,即在生产的投入端尽可能少地输入自然资源;产品的再使用原则,即尽可能延长产品的使用周期,并多周期使用;废弃物的再循环原则,即最大限度地减少废弃物排放,力争做到排放的无害化,实现资源再循环。同时,在生产中还要求尽可能地利用可循环再生的资源替代不可再生资源,使生产合理地依托在自然生态循环之上;尽可能地利用高科技,尽可能地以知识投入来替代物质投入,以达到经济、社会与生态的和谐统一。

4.汽车再生资源利用方式比较

再使用和再制造是废旧汽车产品资源化的最佳形式,虽然,受汽车产品设计、制造等多种因素的影响,整车的再使用和再制造的比例还较低。但是,某些总成的可再使用和再制造零部件比例还是较高。再利用即零部件材料的回收是目前整车回收利用的主要方式,是获得资源效益的首选途径。而能量回收是在当前循环利用技术水平低或回收利用经济效益差的条件下,不得已采取的回收利用方式,应尽量限制。根据文献资料的统计,3000 台斯太尔WD615 型废旧发动机可采用的不同资源化方式的统计结果见表 5-1。

对废旧发动机可采用的不同资源化方式的比例(单位:%)　　　　表 5-1

资源化方式　　统计标准	再使用	再制造	再利用
零件价值	12.3	77.8	9.9
零件质量	14.4	80.1	5.5
零件数量	23.7	62.0	14.3

二、汽车零部件再使用

1.可再使用零部件

根据 GB/T 19515—2004/ ISO 22628:2002《道路车辆可再利用性和可回收利用性计算方法》术语的定义,再使用是对报废车辆零部件进行的任何针对其设计目的的使用。简单地说,可再使用零部件就是从废旧汽车上拆解下来的,可直接用于同型或同类产品的维修或制造的零部件。

在欧盟报废汽车指令 2000/53/EC 的第七章"再使用和回收"中,特别强调欧盟成员国应采取必要措施,鼓励零部件的再使用。我国《汽车产品回收利用技术政策》也规定鼓励在汽车装饰、维修使用可再使用零部件。

2.可再使用零部件特点

可再使用零部件主要有以下特点:

(1)回收拆解后,经检测其技术性能指标仍保持原设计要求,如起动机、刮水器电动机、动力转向总成和后视镜等总成部件。

(2)回收拆解后,经检测其技术性能主要指标符合原设计要求,并不影响其继续使用。如车门、发动机罩等钣金件。

(3)回收拆解后,其表面虽然有轻微损伤,但结构要素仍保持完整。如前后保险杠、前照灯、组合式尾灯和挡泥板等装饰件。

(4)回收拆解后,经检测其技术性能指标(公称尺寸、形位精度和热处理指标等)符合原设计要求,并且剩余使用寿命满足使用条件,如传动轴、连接件等零部件。

3.典型再使用汽车零部件

日产公司将可再利用部件称作"尼桑绿色部件"(Nissan Green Parts),这种部件即可以直接再使用,也可以再制造。再使用部件是只经清洗并检测合格后就可以使用的零件,而再制造部件是经拆解、清洗、检测、更换或修复处理后可以使用的部件。可再使用的部件有 31

种,包括前照灯、组合式尾灯、车门、挡泥板、发动机罩、仪表、起动机、刮水器电动机、传动轴、动力转向总成、连接件和后视镜等。可再制造部件有 11 种,包括发动机、自动变速器、液力偶合器、电子控制模块、制动蹄、动力转向泵、无级变速器、发电机和起动机等。

大众汽车公司标有"Genuine Parts"标志的可再使用车门如图 5-2a)所示;丰田汽车公司标有"Ecolo Parts"标志的可再使用保险杠如图 5-2b)所示;宝马 X5 系列可再利用塑料的分解图如图 5-1c)所示。

a)   b)

c)

图 5-2　典型可利用汽车零部件

a)大众汽车公司可再使用车门;b)丰田汽车公司可再使用保险杠;c)宝马 X5 系列可再利用塑料的分解图

第二节　汽车废旧轮胎再利用

一、废旧轮胎回收利用概况

随着汽车保有量的增加,废旧轮胎的生成量也越来越多。据世界环境卫生组织统计,世界废旧轮胎积存量已达 30 亿条,并以每年约 10 亿条令人惊诧的数字增长。废旧轮胎作为可资源化的高分子材料,其再生利用问题已引起世界各国的关注。在发达国家,对废旧轮胎以无偿利用、减免税赋、政府补贴及扩大资源利用立法等方式予以支持。

所谓废旧轮胎,是指被替换或淘汰下来已失去作为轮胎使用价值的轮胎,以及工厂产生的报废轮胎。废旧轮胎很难降解,几乎不会自然消失;长期露天堆放,不仅占用大量土地,而且极易滋生蚊虫,传播疾病;此外,还有容易引发火灾等安全隐患,被称为"黑色污染"。

1. 国外废旧轮胎回收利用

早在第二次世界大战期间,由于橡胶短缺,再生橡胶被视为战略资源。在 20 世纪 40 年代日本再生橡胶产量高达44万t,20世纪50年代美国再生橡胶年产量达到37.4万t。后来由于合成橡胶工业的发展,加上当时没有解决再生橡胶产生的二次污染,在国外,再生橡胶工业由发展转为萎缩。

20世纪80年代以来,美国、德国、瑞典、日本、澳大利亚和加拿大等国相继建立了一批废橡胶胶粉公司,其生产能力大大超过再生橡胶。从20世纪90年代初开始,发达国家投入大量资金研究开发废旧轮胎的利用,取得了较大进展。各国政府相继以立法,成立专门机构,并对废旧轮胎回收利用实行鼓励政策。例如,1998年美国总统行政命令各州提供400万美元,以建立州粉碎橡胶轮胎基金,由州废旧物资管理部用于管理、清除和处理废旧轮胎之用。自1989年以来,在美国加利福尼亚州,每处理一条废旧轮胎将补贴0.05美元,有些州补贴2.5~4美元,美国政府还以立法的方式发展胶粉工业,在《陆上综合运输经济法》的1038条款规定,政府投资或资助的公路建设必须采用废旧轮胎制造的胶粉改性沥青,且胶粉掺和比例从1994年的5%到1997年必须达到20%以上,依法推动废轮胎资源综合利用。

1992年,加拿大政府就成立了废旧轮胎利用管理委员会。通过立法规定车主在更新轮胎时必须以旧换新,按轮胎类型和数量缴纳废轮胎处理费,分别为2.5~7加元。所收处理费一部分给废旧轮胎收集商,另一部分补贴废胎利用部门。废胎切割成块每吨补贴50加元,加工成胶粉,每吨补贴125加元,使用胶粉每吨补贴50加元。

1996年,芬兰颁布了关于废旧轮胎回收利用法规,还辅以技术开发和市场培育的指导。目前全国已有140多个回收点,废旧轮胎的回收利用率已达100%。不仅年创造12亿美元的财富,而且还使5000多人就业。

据有关资料显示,1998年,在美国67.6%废旧轮胎作燃料,9.44%废旧轮胎被掩埋。2001年,美国产生废轮胎1.81亿条,作燃料的达1.15亿条。2002年,在欧盟的15个国家中,废旧轮胎作燃料的占21%,掩埋的占37%。掩埋是一种最为不合理的方式,这不仅是一种资源浪费,而且埋在地下几十年都不会腐烂,对土地资源仍是一种污染。目前,欧盟各国都限期禁止掩埋废旧轮胎。2001年,美国有38个州禁止对废旧轮胎掩埋,仍有8个州允许掩埋。用废旧轮胎作燃料实际上也是一种资源浪费,是由固体废弃物污染变成气体污染,也不符合循环经济的要求。

2. 国内废旧轮胎回收利用

我国是橡胶消耗大国,但又是一个橡胶资源十分匮乏的国家,年消耗量的一半左右需要进口。2001年,全国消耗的橡胶230万t,居世界第二位。同时,我国也是轮胎生产大国。2001年,我国轮胎产量达到13356万余,居世界第三位。目前,我国每年产生废旧轮胎5000多万条,而且随着轿车进入家庭和汽车拥有量的增加,废旧轮胎的数量还将大量增加。我国废旧橡胶的回收利用率为50%,比国外先进水平低。目前,还有近50%的废旧橡胶没有回收利用,其中废旧轮胎约占20%。

我国废旧轮胎利用主要是生产再生橡胶、轮胎翻新、生产硫化橡胶粉,这些企业80%以上为中小型企业,形不成规模,市场竞争能力低。大多数翻胎企业装备水平不高,技术力量薄弱,必要的测试设备不完备,影响了翻新轮胎质量的进一步提高。胶粉工业刚起步,市场尚未打开,没有形成新的产业。

我国的废旧轮胎回收利用行业与国外发达国家的主要差距表现在以下几个方面。

(1)在管理上。发达国家都相继成立了废旧轮胎回收利用管理机构,如美国的"废胎管理委员会",加拿大的"废胎回用管理协会""废胎管理局"欧盟的工作组及我国台湾省的"废轮胎处理基金会"等。在我国尚无废旧轮胎回收利用管理部门,尚未建立正规的回收利用系统。

（2）在立法上。发达国家对于废旧轮胎回收再利用已经建立了一整套完整的法律政策体系,有力地支持了废旧轮胎的资源综合利用产业的发展。例如,美国的《资源与回收法》和《轮胎回收利用法》；法国的《废弃物及资源回收法》；德国的《循环经济与废弃物管理法》；韩国的《资源节约与再生使用促进法》；日本的《促进循环型社会基本法》以及我国台湾省的《资源回收再利用法》《废轮胎回收清除处理费》等。我国至今没有关于废旧轮胎回收利用的具体立法,"谁污染,谁治理"在废旧轮胎回收利用方面没有具体的措施。

随着我国汽车工业的发展,废旧轮胎产生量将会大幅度上升。借鉴国外有关治理废旧轮胎污染的成功经验,从立法上、管理上、政策上和跨行业协调等方面应采取积极措施,以促进我国废旧轮胎回收利用行业的发展。

二、废旧轮胎回收利用途径

1. 回收来源

废旧轮胎回收的主要来源有:报废汽车拆下来的废旧轮胎,其回收的数量为拆车量的 5 倍以上;车辆维修企业及公交、专业运输单位车辆维修所产生的废旧轮胎;轮胎生产工厂每年产生的报废轮胎等。

随着道路条件的改善,车辆行驶速度不断提高。对汽车轮胎的性能、质量也提出了更高的要求,斜交胎的性能已适应不了车辆高速行驶的要求,取而代之的是钢丝子午线轮胎的应用。由于制造轮胎胶种的变化,原有的斜交胎是以天然橡胶为主要原料,而钢丝子午线轮胎特别是轿车轮胎是以合成胶为主要原料,硫化体系也有所不同。故子午线轮胎不能像斜交胎一样用再生利用方法加工成再生胶。另外,子午线轮胎由钢丝层与橡胶、帘布相交构成,橡胶分离难度很大。

2. 利用途径

对废旧轮胎一般采用分类、分离等方式进行前期处理。分类是将可翻新胎的胎基分捡出来,供翻胎厂使用。分离是将斜交胎与子午线轮胎的轮辋进行剥离,然后分别破碎成用户认可的胶块或胶粒,以便于采用专用无污染、安全、高效的车辆运输到胶粉生产和再生胶以及其他具有规模的胶粉应用企业。

目前,我国废旧轮胎综合利用的途径大致有 5 种:

（1）直接利用。用作港口码头及船舶的护舷、防坡护堤坝、公路墙屏和海水养殖渔礁等,但是使用量很少,不到废轮胎量的 1%。

（2）旧胎翻新。翻胎工业是橡胶工业的一个重要组成部分,又是资源再生利用与环保产业的组成部分。旧轮胎翻新不仅可延长轮胎使用寿命、节约能源、节约原材料和降低运输成本,而且还可以减少环境污染。目前,我国轮胎翻新企业约有 500 多家,30% 以上属于中小企业,年翻新轮胎约 400 万条,大大低于世界水平。世界平均水平,即新胎与翻新胎的比例为 10:1,而我国仅为 26:1,尤其是轿车轮胎的翻新很少。

（3）再生橡胶。100 多年来,再生橡胶被世界各国认为是废旧橡胶再生循环利用的合理途径。我国再生橡胶生产企业约 600 余家,基本上淘汰了油法和水油法,生产能力扩大到 100 多万 t,最高年产量达到以 51.2 万 t,成为世界上第一再生橡胶生产大国。

（4）硫化胶粉。硫化橡胶粉是集环保与资源再生利用为一体的很有发展前途的回收方式。胶粉工业在我国刚起步，生产企业才几十家，年产量不到 5 万 t，还没有形成产业。

（5）热分解。废轮胎在高温下分离提取燃气、油、炭黑和钢铁等，据报道，采用此方法可从 1t 废轮胎中回收燃料油 550kg，炭黑 350kg。然而由于投资大，回收费用高，且回收物质量不稳定。因此，这种回收利用方式有待进一步改进。

三、废旧轮胎翻新工艺

1. 翻新方法

翻新是废旧轮胎利用的主要方式。将已经磨损的废旧轮胎的外层削去，粘贴上胶料，再进行硫化，即可重新使用。在正常使用条件下，一条轮胎可以翻新多次，如尼龙帘线轮胎可翻新 2 ~ 3 次，钢丝子午线轮胎可翻新 3 ~ 6 次。每翻新 1 次，可重新获得相当于新轮胎 60% ~ 90% 的使用寿命，平均使用里程为 5 ~ 7 万 km。通过多次翻新，至少可使轮胎的总寿命延长 1 ~ 2 倍。而翻新一条废旧轮胎所消耗的原材料只相当于制造一条同规格新轮胎的 15% ~ 30%，价格仅为新轮胎的 20% ~ 50%。

传统的翻新工艺是热硫化法，目前仍是我国轮胎翻新业的主导工艺。但是，在美国、法国和日本等发达国家已逐渐被淘汰。最先进的翻新工艺是环状胎面预硫化法，它由意大利马朗贡尼集团研发成功，并于 1973 年将其产品投放市场。与马朗贡尼齐名的还有美国奔达可公司，该公司自 20 世纪 80 年代开始轮胎翻新业务，每年营业额均达 30 亿美元以上。近年来崛起的后起之秀是米其林轮胎翻新技术公司，该公司拥有两项专利技术：预硫化翻新技术和热硫化翻新技术。

目前，美国 60% 以上的废旧轮胎得到翻新。欧洲共同体规定，2000 年以后废旧轮胎必须有 25% 得到翻新。而我国与这些国家相比还有较大的差距，目前得到翻新的废旧轮胎还不到 10%。

轮胎翻新按工艺方法可分为模型法（即通常称传统法）、预硫化胎面法、柔性模法及刻花或贴花纹块（无模罐硫化）法等；按翻新部位可分为顶翻新、肩翻新或全翻新。预硫化胎面法又可分为以美国奔达可（Bandag）公司为代表的条形预硫化胎面翻新体系和以意大利马朗贡尼（Marangoni RTS）公司为代表的环状预硫化胎面翻新体系。

在国外，轿车胎的翻新一般采用模型法进行全翻新；载重胎的翻新采用模型法（顶翻或肩翻）、预硫化胎面法（顶翻）或柔性模法（顶翻或肩翻）的均有；中、小规格工程机械胎的翻新用模型法、柔性模法实施顶翻或肩翻，用预硫化胎面法实施顶翻；巨型工程机械胎的翻新用模型法和刻花无模罐硫化进行肩翻；航空轮胎用模型法翻新；农业机械轮胎用模型法或柔性模法翻新。

2. 热硫化翻新工艺

1）工艺流程

轮胎翻新需经入厂分选、磨胎、胎面成形、硫化和成品检验等几个主要工序。其中入厂分检、磨胎和成品检验等工序所用设备是几种翻胎方法通用的。工艺流程介绍如下：

（1）分选。按标准检验轮胎的磨损和损伤程度，确定是否有翻新价值。

（2）磨胎。轮胎经长期使用，外表面胶层由于氧化变得粗糙、硬脆，失去了原有的物理性能。所以，应在刷胶前用打磨机磨去表层 1.5 ~ 2.0mm，使翻新部分露出新的、具有较高黏着力的粗糙面来。这样在粘胶时，才能使新旧胶更好地结合在一起。

（3）切割。切割是对胎体上爆破、穿洞、脱空等部位进行处理。切割处理的好坏关系到轮胎的使用性能和寿命，是整个轮胎翻新过程中的关键环节。

（4）小磨。小磨的设备按其用途，可分为外磨机和剃毛机两种。外磨机是用于修整轮胎打磨面上个别不合格部位和打磨切割面的工具；剃毛机的磨轮是一个钢丝轮，两侧成坡形，中间成刃状，主要用来打磨露出的帘线。

（5）烘干。轮胎经打磨、修补、小磨和剃毛处理后，经检验合格后即可以进入烘干室。因为破损轮胎内带有水分，如果不烘干，硫化后的轮胎、胶体和胶层容易窜气脱空，使翻新失效。

（6）刷胶。先在胎体上打磨部位刷上一层胶浆，然后贴入配好的衬里，粘贴失去的胶层。

（7）硫化。硫化是橡胶通过加热，生胶与硫磺发生化学反应，生胶变成硫化胶，使塑性胶重新获得弹性、耐撕裂和耐老化等物理性能。

（8）检验。翻新的轮胎经检验，应符合 GB 7037—1992《翻新和修补轮胎（斜交）》和 GB 14646—1993《翻新和修补轮胎（子午线）》才可以使用。

2）工艺要求

（1）环境条件。生产过程所用材料和物料应防止被污染和混入杂质。即生胶不落地、混炼胶不落地、半成品不落地和垫布不落地。生产所用垫布、布卷和板布定期清洗，保持清洁。工作室温不低于 18℃。制成的胎面、胶片存放时间不超过 48h，防止焦烧、凝霜和日照而影响质量。翻新过程的半成品若暂时停工，必须用遮布盖上，防止粉尘、潮湿和紫外线照射等。工作场地不起灰、不生砂，保持清洁。

（2）生产安全。生产厂房内安装排静电网络，将每台设备、工作台与网络连接，把静电导入地下，防止电火花引起火灾。使用有机溶剂的设备，均采用防爆电动机。厂房内设有消火栓、救火工具、灭火材料（粉剂、麻袋、泡沫桶）。使用溶剂油的容器应是防挥发型汽油盒，使用毛毡刷子，减少空气污染。抽尘装置内的胶粉，应定期清理，保持通道畅通。检查轮胎内部的照明灯，应用防护型低压电源。硫化外胎时，若热水排放不出来，应停模；当轮胎冷却后，再进行处理。制浆房建筑远离主厂房，厂房与储油罐设在半地下，禁止明火和穿着产生静电的衣鞋。

3）工艺要点

（1）分选。通过外观检查挑选出可翻新加工的胎体，进行清洗。使用的设备包括双翼式扩胎机、敲锤、白（黄）色蜡、胎卡、记录本以及滚动式洗胎机等。

用敲锤、锥具对轮胎进行敲、听、看的探式，分辨出缺陷的部位和大小，并用蜡笔划出标志。检查的是重点子午线钢丝轮胎易损部位，即胎肩、胎圈部位。

待翻新的胎体用洗胎机清洗，清理胎腔内水分。晾干后，送到干燥室烘干。

（2）打磨。除去轮胎表面橡胶氧化层，并使翻新轮胎具有规定的断面形状和尺寸。磨出新鲜洁净的表面可以提高磨面与未硫化胶的粘合能力，是硫化后获得良好的接合强度和抗剪切变形能力的基础。打磨使用的设备包括油压磨胎机、锉磨刀具等。

打磨操作时，应控制打磨温度，不得焦烧。对于表面不规则且非正圆的轮胎，要轻磨慢转。对老化龟裂或划伤裂口多的轮胎，磨掉裂口，但不得损伤线层。超过胶层的裂口，用小磨机打磨。

打磨胎冠胶应尽量保留原胎基部胶，磨到带束层（帘线层）表面保持胶层 0.2mm 以上。

磨二次翻新胎,在不影响选板尺寸的情况下,把原翻新胶磨掉。返工重翻胎,必须把海绵胶磨掉(洞疤、坑除外)。胎肩磨后宽度,以花纹装饰线为界,靠近花纹装饰线的花纹光沟,允许有 5~7mm 的磨痕。

打磨操作要注意安全。必须在打磨机停车后,才能翻胎。轮胎旋转后,再进给车磨。磨胎不得过猛,避免啃伤胎体。打磨轮胎时,发现有钉、石和脱空老皮等应停车排除。

打磨轮胎直径的计算公式为:

$$D = D_1 - 2(t + \delta) - \lambda$$

式中:D——打磨后,轮胎外直径,mm;

D_1——翻新硫化模型内直径,mm;

t——花纹深度,mm;

δ——花纹沟基部厚度,mm;

λ——硫化时轮胎可膨胀的尺寸,mm。

(3)切割。把胎体洞口的胎面胶、钢丝帘线的旧接合面切掉,并成一定角度,增加粘合面积。小磨时,打出粗糙面。使用的设备包括切割胎面洞口刀具和切割钢丝工具。

切割操作时,应采用多次割切的方法。切割后的洞口形状,不得成锯齿形。洞口两端呈圆角,并不得扩大割切范围。

(4)小磨(局部打磨)。对胎体的疤、坑和洞的表面进行打磨,去掉氧化层。打磨面积达到要求,打磨深度为 1~1.5mm。使硫化后,接合胶层获得良好的粘合强度。修补洞疤用的衬垫,是补强胎体用的材料,其目的是弥补受损伤胎体的强度,使轮胎恢复正常负荷能力。

使用的设备的设备包括:软轴小磨机、卧式磨里机。剪切工具:风洞砂轮(磨头片状、锥形)、铁剪刀、剪板机(或铡刀)和锉刀等。

打磨胶层时,使用软轴式钢丝轮磨头机,打磨厚度为 1~1.5mm,磨面均一。打磨后,不得留有残胶及割刀痕迹。洞疤打磨后,应基本保持原切割坡度。打磨胶层时不得按力过猛,防止磨面焦烧。

磨钢丝使用钢丝轮磨头机,打磨除锈至全部呈现出金属光泽,严禁将钢丝打磨松散或折断。磨胎里补强部位,使用磨里机打磨,磨面均一,留有胶层厚度 0.2mm 以上。胎里补强部位打磨尺寸,是按衬垫帘线最大长度加大 30mm。

(5)除尘。翻新轮胎锉磨后,要对轮胎表面除尘,以保持磨面清洁,保证与新胎粘合质量。使用的设备是旋风分离器,抽取并沉降粉尘;压缩空气的压力为 0.4MPa。

除尘操作时,用压缩空气吹净粉尘。在用压缩空气之前,排除压缩空气里的油水,以保证用洁净的压缩空气吹净粉尘。除尘操作顺序是,先胎腔,后外表,吹净为止。对半成品的轮胎检查完毕后,应再吹一遍,送干燥室烘干。

(6)半成品检查。按各工序质量要求,逐项进行检查。消除加工过程产生的缺陷,阻止不合格的半成品流入下工序。

(7)干燥。除掉轮胎表面的水分和挥发物,确保与新胶(胶浆)粘合。烘干工艺参数:烘干室内温度为 40~50℃;湿度为 55% 以下。烘干室内有挂架,地面铺置地板,设有抽风机。

轮胎干燥时,应按批量顺序摆放。干燥时间见表5-2。

轮胎喷浆后,在常温下风干不多于48h(干燥6h),超过者应重涂一遍胶浆。干燥室内湿度、汽油浓度大时,应抽风排除。

序 号	轮胎状态	干燥时间(h)	摆放要求
1	清洗轮胎	4~8	放在地板上
2	打磨后轮胎	6	放在地板上
3	喷浆后轮胎	2~6	放在挂架上

（8）涂胶。在翻新轮胎的打磨表面涂刷或喷涂一层胶浆以利施工贴合,并增强新胶与胎体间粘合强度。使用的工具包括:制浆搅拌机、喷涂机、鬃毛刷子、剪刀和运胎吊车。涂胶工艺过程是制浆、涂胶和喷涂。

（9）贴胶。用洞口胶(缓冲层或胎面胶)填平洞、疤及帘布损伤处,硫化成形后牢固地粘合成一体。本工序包括:贴合衬垫、补坑和贴胶。

（10）贴合胎面。经过胎面胶贴合、压合和修整,达到贴合要求。选择模板尺寸,轮胎贴合后外直径、断面宽和胎面宽。本工艺包括:胎面胶贴合、压合和修整。

（11）半成品检查。挑出不合格半成品,防止不合格半成品进入硫化工序,确保成品外观和内在质量达到国家标准。

（12）硫化。硫化是决定翻新质量的重要工序。要求翻新轮胎受到均匀加压,使胶料在规定的温度和时间内,得到最佳的物理性能和力学性能。在硫化过程中,使未硫化胶呈粘流状态,而充分渗入锉缝间,使新胶与旧胎体紧密接触并牢固接合。

硫化所使用的设备有:整圆翻胎硫化机和局部硫化机等设备与工具。

（13）成品检查。按照国家翻新轮胎成品标准进行外观检查,做出质量裁定,并对成品整修、割边和刻花,合格加盖印章,入库保管。

使用的工具有①敲锤、蜡笔、工具刀;②激光验胎机和充气检查机;③印章、印章铝粉。

检查操作方法有:

①人工检视。是用敲锤检验方法可发现范围较大的缺陷。

②用检测设备检查。可发现2mm以下缺陷,如漏补钉眼、胎空、骨架材料损伤、骨架帘线拉链式损伤和胎圈断裂等。

③合格的成品在胎侧(固定位置)加盖印章,入库后立放,防止日晒雨淋。

第三节　废旧汽车塑料与玻璃再利用

一、废旧汽车塑料再利用

1. 塑料在汽车上的应用

20世纪30年代生产的汽车几乎都是钢铁材料制造,而20世纪90年代生产的汽车确有10%的材料是塑料。汽车塑料的用量已成为衡量其技术水平的主要标志之一,无论是内外装饰件,还是功能与结构件,都可以用塑料制品。对外装饰件的应用的特点是以塑代钢,减轻汽车自身质量,主要部件有保险杠、挡泥板、车轮罩和导流板等;对于内装饰件主要部件有仪表板、车门内板、杂物箱盖、座椅和后护板等;功能与结构件主要有油箱、散热器冷却液室、空气过滤器罩和风扇叶片等。

目前,工业发达国家汽车塑料的用量占塑料总消费量的5%~8%。美国在20世纪80年代初,每辆汽车使用的塑料占车质量的6.1%,到20世纪90年代初几乎增加了1倍;日本每辆车平均使用塑料 100kg,占车质量的 12%;意大利汽车用塑料占车质量的 10% 左右。

1999 年,北美轿车的塑料平均单车用量就达到了 116.5kg,2000 年又增加到了 142kg。汽车用塑料量最大的品种是聚丙烯(PP),并以每年 2.2% ~2.8% 的速度快速增长。

我国汽车塑料的应用随引进产品、引进技术国产化的不断发展,其用量也逐年增加。1995 年,我国汽车产量 110 万辆,汽车的塑料用量为 6.4 万 t;到 2000 年汽车产量 200 多万辆,车用塑料已达到 138 万 t,单车用量比 1995 年增加了 20% 左右。目前,我国经济型轿车的每车塑料用量为 50~60kg;中、高级轿车为 60~80kg,有的甚至达到 100kg;轻、中型载货汽车的塑料用量为 40~50kg;重型载货汽车可达 80kg 左右。平均每辆汽车塑料用量占汽车自身质量的 5% ~10%,相当于国外 20 世纪 80 年代初、中期水平。采用塑料制造汽车部件,可减轻汽车质量,改善部件性能。但是,若回收利用不好,则会带来环境污染问题。

国外汽车废旧塑料回收、再生与利用技术的研究已成为热点,并逐步形成新兴产业。但是,我国汽车废旧塑料回收利用没能得到足够重视,回收利用率还不高。目前,我国车用塑料消费量正逐年增大,包括聚氯乙烯(PVC)、聚丙烯(PP)、聚乙烯(PE)、聚氨酯(PUR)、丙烯脂—丁二烯—苯乙烯(ABS)聚酰胺(PA)和聚甲醛(POM)等的年消费量已达 40 万 t。随着汽车产量的逐年增加,预计到 2010 年我国汽车用塑料总消费量将达 80 万 t 左右。

2. 废旧塑料的回收利用

随着汽车保有量的增加,每年从汽车上拆解下来的废旧塑料数量也不断增加。采用塑料制造汽车部件可以减轻汽车质量,提高汽车某些部件的性能。但是,塑料是一种难以自燃、分解的物质,若是通过焚烧的方式来处理,会造成严重的大气污染。

目前,日本及欧洲各国已分别提出了对汽车废旧塑料的利用要求,并规定了具体的年限。汽车工业发达国家政府的高度重视,促进了包括塑料和橡胶在内的废旧材料的回收利用。到 2000 年,汽车废旧塑料制品的实际利用率有的已达到 85% 左右。

实际上,提高材料的综合应用技术,科学地进行汽车部件的选材尤其是新产品的选材,是汽车废旧塑料回收和再生利用的基础。选择的汽车塑料品种趋于统一,便于将来报废后的分类回收和整体利用。在国外已开始倡导材料综合应用的观念,充分提高材料的再利用率,并将其应用于汽车塑料材料及制品的设计与生产实践。例如,德国的宝马汽车公司为尽量避免使废塑料进入粉碎屑中,采取了在车体压碎前将塑料部件从车体上拆下来,并单独回收利用。为此,从设计和生产开始就采取了以下有效措施:

(1)尽量减少汽车用塑料的品种,并多用易再生的热塑性塑料,以有利于分类回收和再生利用。

(2)对保险杠等较大的塑料部件,为便于报废后再利用时确保质量,尽量选用优质塑料。在回收后,采用有效的方法除去表面涂膜,以防止杂质混入而影响质量。按此原则生产的再生品,已经开始在维修时使用。经检验证明质量可靠后,已部分用于新车。

(3)对 2kg 以上的较大部件在上部打上材料品种标志,以利分类回收。

宝马系列车型可回收利用塑料件分解图如图 5-3 所示。

意大利的菲亚特汽车公司亦开发成功独特的还原再生法,对废旧塑料的回收利用效果明显。由于其汽车产品的塑料质量比约占 10%,因此,对废塑料的再生利用十分重视。针对塑料使用 10 年左右后易老化并引起各项性能下降的特点,采取了将回收的废旧塑料用于制造强度和安全性能低的部件。例如,使用 10 年后报废的保险杠和仪表板类废塑料,可回收再生制造进气管;再过 10 年后,回收再生制造地板或者用到其他工业品上;最后,不便再生利用时,再改作燃料利用。因此,不仅提高了废塑料和报废汽车的再生利用率,同时,亦有利于降低汽车制造成本。

a)   b)

图5-3 宝马系列车型可回收利用塑料件分解图
a)3系列;b)7系列

比利时的菲利普公司成功地开发从粉碎屑中回收80%有用物资的再生装置,它通过特殊分选装置可从粉碎屑中分选出有色金属、氨基甲酸乙酯和PP等6种有用物质。它的核心技术是利用各种物质的软化黏附温度不同,在不同的温度区域分别黏附软化的材料并进行分离,例如,PP在170℃时可以进行黏附分离。

日本汽车制造商为提高报废汽车的再生利用率亦采取了从设计与生产上的改进,以利废塑料的再生利用,2005年已达到了再生利用率85%的目标。从2015年要达到再生利用率95%的目标出发,丰田汽车公司利用新开发的气化熔渣炉对粉碎屑气化后用来发电,同时对残渣熔化成的渣块作为路基材利用,从而彻底解决了填埋场地不足的问题。

3.废旧塑料零部件的再生利用技术

1)塑料再生利用的途径

材料再生利用不仅可以减少废弃物的产生,而且还可以节约自然资源。世界合成树脂的产量已达2亿t,塑料大量使用后的处理问题已成为当今地球环境保护的热点。目前,废旧塑料的处理有下述几种途径:填埋、焚烧、回收再生和采用降解塑料。塑料回收后再生方法有:熔融再生、热裂解、能量回收、回收化工原料及其他等方法。

(1)熔融再生。熔融再生是将废旧塑料重新加热塑化再加以利用的方法。从废旧塑料的来源划分,可分为两类:一是从树脂厂、加工厂的边角料回收的废塑料;二是经过使用后混杂在一起的各种塑料制品。前者称单纯再生,可制出性能较好的塑料制品;后者称复合再生,一般只能制出性能要求相对较差的塑料制品,且回收再生过程较为复杂。

(2)回收原料。这是一种利用化学分解废旧塑料变成化工原料的利用方法。一些品种的塑料,加了聚氨酯可通过水解获得合成时的原料单体。

(3)能量回收。能量回收是利用废旧塑料燃烧时所产生热量的利用方法。

(4)热裂解。热裂解是将废旧塑料分选后,经热裂解制得燃料油或燃料气的利用方法。

(5)其他。除了上述废旧塑料的回收方法外,还有各种废旧塑料的利用方法。例如,将废旧聚苯乙烯泡沫塑料粉碎后,混入土壤中以改善土壤的保水性、通气性和排水性,或作为填料同水泥混合制成轻质混凝土,及加入黏结剂压制成垫子材料等。

2)汽车塑料件再生利用

对汽车的某些部件采取相应的技术进行回收再生,特别是量大或破损率高的部件,不仅具有较高的附加值,而且还可以减少环境污染。目前,从废旧汽车中回收的塑料用于原部件制造原料的很少,主要是由于混入杂质带来的品质低和成本高。日产汽车公司对汽车废塑料再生技术的开发要点见表5-3。

日产汽车对汽车废塑料再生技术开发要点　　　　　　　　　　表5-3

塑料制品名称	占车质量的比例(%)	再生技术的要求
保险杠	0.8	有效除去表面涂膜技术
坐垫	1.2	再利用技术
仪表板	0.5	各种材料分选和分别利用技术
地毯	0.3	除去表面污物、切断和分选技术
导线束	1.3	将 PVC Cu 粉碎、分选技术
散热器框	0.1	将镀层除去技术
空气净化器	0.2	将嵌入塑料的金属等分离的技术
照明灯	0.2	将透镜和外罩分离的技术
空调器	0.2	解体分类和去杂技术
车轮罩	0.2	将内附污物除去的技术
计程器壳	0.05	各种组分的利用技术
仪表导管	0.1	除去海绵、金属等杂物的技术

(1)保险杠再生利用。几乎所有的保险杠表面均被涂装。按一般方法制造原料颗粒时,由于涂膜杂质的存在,使再利用作保险杠时抗冲击性能和表面品质降低。现在主要使用的除膜方法是碱洗法,但也需要开发其他各种涂膜除去技术。例如,日产汽车公司正在开发机械除膜装置。由于不用化学药品,所以除膜的费用减少了1/5,再生利用时的环境负荷亦减小。

现代汽车公司采用高压喷水除漆技术,可以100%的除去保险杠表面的漆膜。采用高压喷水除漆的现场和效果,如图5-4所示。这种方法有以下特点

①可以避免回收的材料中存在漆膜,保证再生质量。

②可以避免在除漆膜的过程中损坏保险杠。当再利用保险杠时,再喷漆的质量也可以得到保证。

③可以避免对环境的污染,减少环境负荷小。

a)　　　　　　　　　　　　　　　　b)

图5-4　采用高压喷水除漆的现场和效果

a)除漆效果;b)除漆现场

因此,高压盆水除漆膜技术也被称作环境友好技术。

丰田汽车公司对保险杠回收和材料加工过程如图5-5所示。

（2）仪表台再生利用。仪表台是由多种材料组成（表面为PVC，衬垫为PUR，芯部为PP复合材料）。再生时，先进行粉碎、造粒，再利用密度差进行风选。对芯部材料造粒后，可继续供仪表台制造使用；PUR作为燃料再利用；PVC供其他部件再利用，如散热器格栅。

图5-5 丰田汽车公司对保险杠回收和材料加工过程
a）保险杠回收程序；b）保险杠加工过程

（3）地毯再生利用。地毯由表层（PET纤维和荼纶纤维）、衬垫层（PE）及吸声层（杂棉毡）3种不同的材料经热压粘合在一起，故分离困难。针对其特点，可采取切断和粉碎后进行风选。密度小的纤维类作燃料；密度大的塑料类经混练提纯后再造粒，作衬垫用料，这部分可占20%~30%。

（4）车轮罩再生利用。车轮罩盖常用PP或PA制造。由于PA的吸水性影响和残存涂膜的混入，致使再生品的性能降低。由于车轮罩盖所用的涂料属硬质涂料，造粒时用螺旋挤出机使其充分粉碎后，经检验对性能的影响亦不大，从而获得供制造原件的材料使用。至于其他污物和异物只要再生时注意清除即可。

（5）汽车座椅再生利用。车辆座椅是由表面材料、泡沫塑料（Urethane Foam）和钢骨架组成。钢骨架可以分离，但是表面材料和泡沫塑料一般是填埋或焚烧。现代公司开发出了片状泡沫塑料（CMF，Chip Mold Foam），它可以反复循环利用，表面材料用于地板制造材料。

（6）组合尾灯再生利用。组合尾灯的凸透镜（材料：PMMA（聚甲基丙烯脂））和灯罩（材料：ABS）是不同材料融合装配而成，分离比较困难。但是，现代汽车公司已经采用先进技术将其分离。

总之，汽车用塑料由于性能稳定和各具特性，按以上方法取得的再生材料可部分掺入原料再使用。为了简化再生过程中的分离工序，在保证部件性能下减少塑料的种类是基本手段，如PP已由30种减为6种，今后还拟减为2种，以为扩大再生利用创造条件。

二、废旧汽车玻璃再利用

1. 废旧玻璃回收利用意义

废玻璃根据其来源可分成日用废玻璃(器皿玻璃、灯泡玻璃)和工业废玻璃(平板玻璃、玻璃纤维)。回收的废玻璃经分类、清洗后,一部分废玻璃可直接重新应用,如制镜和做玻璃饰面材料等。据测算,用废玻璃粒生产玻璃瓶罐,每吨可节约石英砂 682kg、纯碱 216kg、石灰石 214kg、长石粉 53kg、标准煤 1000kg 和 400 多千瓦电。而对于平板玻璃生产企业而言,如果使用大量碎玻璃,熔炉的寿命将延长 15% ~ 20%。对于废玻璃的循环再利用不但可节约处置成本,节省土地,还能够减少对环境的污染。当所用碎玻璃含量占配合料总量的 60% 时,可减少 6% ~ 22% 的空气污染。毫无疑问,废玻璃也是一种资源。

国内外的研究机构和企业已经对废玻璃的回收利用做了大量的研究。其中废玻璃经粉碎、预成形、加热焙烧后,可做成各种建筑材料,如玻璃马赛克、玻璃饰面砖、玻璃质人造石材、泡沫玻璃、微晶玻璃、玻璃器皿、人造彩砂、玻璃微珠、彩色玻璃球、玻璃陶瓷制品和高温黏结剂等。欧洲发达国家实施的玻璃回收计划则显得卓有成效,目前西欧各国年瓶罐玻璃回收量已超过 900 万 t。而各国回收的玻璃使该地区熔制玻璃制品所需原料节省了将近 50%。我国的废玻璃回收率只有 13%,大量的废玻璃还没有得到有效回收利用。

2. 废旧玻璃回收利用要求

目前,玻璃容器工业在制造过程中约使用 20% 的碎玻璃,以促进融熔以及与砂子、石灰石和碱等原料的混合。碎玻璃中 75% 来自玻璃容器的生产过程中,25% 来自消费后的容量。将废弃玻璃或碎玻璃料用作玻璃制品的原料回用,应注意以下问题。

(1)去除杂质。在玻璃回收料中,必须去除金属和陶瓷等杂物。这是因为玻璃制造商需要使用高纯度的原料。例如,在碎玻璃中有金属盖等可能形成干扰熔炉作业的氧化物;陶瓷和其他外来物质则在产品中形成缺陷。

(2)颜色挑选。因为有色玻璃在制造无色火石玻璃时是不能使用的,而生产琥珀色玻璃时只允许加入 10% 的绿色或火石玻璃。因此,消费后的碎玻璃必须用人工或机器进行颜色挑选。碎玻璃如果不进行颜色挑造直接使用,则只能用来生产浅绿色玻璃制品。

3. 废旧玻璃回收利用方式

(1)原形利用。也称原型使用,即回收后直接用于原设计目的。

(2)异形利用。也称转型利用。是将回收的玻璃直接加工,转为原料的利用方法。这种利用方式分为两类:一种是加热方式,另一种是非加热方式。

加热方式利用是将废玻璃粉碎后,用高温熔化炉将其熔化,再用快速拉丝的方法制得玻璃纤维。这种玻璃纤维可广泛用于制取石棉瓦、玻璃缸及各种建材与日常用品。

非加热方式利用是根据使用情况直接粉碎或先将回收的破旧玻璃经过清洗、分类、干燥等预前处理,然后采用机械的方法将它们粉碎成小颗料,或研磨加工成小玻璃球待用。其利用途径有如下几种:

①将玻璃碎片用作路面的组合体、建筑用砖、玻璃棉绝缘材料和蜂窝状结构材料。

②将粉碎的玻璃直接与建筑材料成分共同搅拌混合,制成整体建筑预制板。

③粉碎了的玻璃还可以用来制造反光板材料和服装用装饰品。

④用于装饰建筑物表面使其具有美丽的光学效果。

⑤可以直接研磨成各种造型,然后粘合成工艺美术品或小的装饰品,如纽扣等。

⑥玻璃和塑料废料的混合料可以模铸成合成石板产品。

⑦可以用于生产污水管道。

4.废旧汽车玻璃回收利用工艺

1)汽车玻璃简介

汽车玻璃以前风窗玻璃为主。早在20世纪30年代,玻璃已装在美国福特厂出产的T型车上。当时是用平板玻璃装在车厢的前端,使驾驶人免除风吹雨打之苦。从这以后的几十年间,玻璃业逐步涉足汽车工业,创造了多种安全玻璃——夹层玻璃、钢化玻璃和区域钢化玻璃等品种,改善了汽车玻璃的性能。

夹层玻璃是指用一种透明可粘合性塑料膜贴在二层或三层玻璃之间,将塑料的强韧性和玻璃的坚硬性结合在一起,增加了玻璃的抗破碎能力。钢化玻璃是指将普通玻璃淬火使内部组织形成一定的内应力,从而使玻璃的强度得到加强。在受到冲击破碎时,玻璃会分裂成带钝边的小碎块,对乘员不易造成伤害。而区域钢化玻璃是钢化玻璃的一种新品种,它经过特殊处理,能够在受到冲击破裂时,其玻璃的裂纹仍可以保持一定的清晰度,保证驾驶人的视野区域不受影响。目前汽车前风窗玻璃以夹层钢化玻璃和夹层区域钢化玻璃为主,能承受较强的冲击力。

轿车风窗玻璃采用曲面玻璃,首先从空气动力学的角度出发。因为现代轿车的正常时速大都超过100km/h,迎面气流流过曲面玻璃能减少涡流和紊流,从而减少空气阻力。加上窗框边缘与车身表面平滑过渡,玻璃与车身浑然成一体,从视觉上既感到整体的协调和美观,又可以降低整车的风阻系数。另外,曲面玻璃具有较高的强度,可以采用较薄的玻璃,对轿车轻量化有一定的意义。现代轿车的曲面风窗玻璃要做到弯曲拐角处的平整度要高,不能出现光学上的畸变,从驾驶座上的任何角度观看外面的物体均不变形不炫目。

随着汽车玻璃技术的发展,新风窗玻璃技术也陆续出现。例如能减少阳光对轿车车厢内的影响,提高舒适性的水平。目前广泛使用的"绿色玻璃"就是采用反射涂层工艺或改善玻璃的成分,只让阳光中的可见光进入车厢内,挡住紫外线和红外线。目前有一种反红外线辐射银膜玻璃,在多片夹层玻璃中加入镀银薄膜,其红外线反射率为48%。当阳光通过这种看似普通的玻璃时,光和热会减少23%。这种玻璃实际上还起到隔热节能作用,可相对减少空调能量损失。另外,在北方寒冷地区的汽车风窗玻璃容易雾化结冰,一种可加温的汽车玻璃可解决这一问题。这种玻璃将极细小的几乎看不见的电热丝作成波状放在夹层玻璃中的塑料黏膜上,通过电阻器与电路连接。车窗加热丝具有一定的加热范围,热功率可达到$3 \sim 5W/cm^2$,起到防霜、防雾化、防结冰的作用。

一般的汽车玻璃采用硅玻璃,其中主要成分氧化硅含量超过70%,其余由氧化钠、氧化钙、镁等组成,通过浮法工艺制成。在制作过程中,材料加热到1500℃温度时熔化,溶液通过1300℃左右的精练区时浇注到悬浮槽(液态锡)上,冷却到600℃左右,在此阶段形成质量特别好的平行的两面平面体(上面是溶液平面,下面是液态锡上平面),再通过冷却区域后形成玻璃并被切割成规定的尺寸。然后玻璃进一步加工成钢化玻璃(TSG)或夹层玻璃(LSG)。

为了保证汽车玻璃质量,行业将汽车玻璃按照工艺加工分成A类与B类夹层玻璃、区域钢化玻璃和钢化玻璃四类,其中A类夹层玻璃安全性能最高。国家标准规定,前风窗玻璃必须要使用A类夹层玻璃、B类夹层玻璃或区域钢化玻璃,在认证标志中的代号分别是LA、LB和Z。认证标志采用丝网印刷、喷砂等工艺永久标识在玻璃的下边角位置,钢化玻璃的代号是T,只能用于除前风窗玻璃以外的位置,而有LA、LB、Z标志玻璃可以应用在汽车所有玻璃位置上。

  2）废旧汽车玻璃回收利用工艺流程

  前风窗玻璃的回收工艺流程如图5-6所示。对玻璃中间加层进行分离时，玻璃回收率与破碎粒径的关系如图5-7所示。

取下前风窗玻璃　　　　　　　　辊子　　　　　　　加温（在80℃的温水中浸泡3h）
（用凿子）

矿石筛（剥离）　　　　　　　　振动（剥离）

图5-6　前风窗玻璃的回收工艺流程

图5-7　玻璃回收率与破碎粒径的关系

第四节　废旧汽车金属再利用

一、废旧汽车金属回收利用现状

  汽车的主要材料有金属、塑料、橡胶、玻璃和油漆等。就质量而言，金属材料（包括生铁、钢材和有色金属）约占85%，其他材料约占15%。

  汽车用金属材料包括钢材、生铁和有色金属三种。在各类汽车中，钢材用量最多，占汽车质量的77%左右，有色金属占汽车质量的3%~5%，生铁也占汽车质量的3%~4%。汽车用钢材有特殊钢和钢板两大类，其中钢板占有很大比例。载货汽车的钢板用量占钢材耗量的50%左右，轿车则占70%左右；特殊钢主要用来制造汽车发动机和传动系统的许多零部件。典型汽车制造材料构成质量比变化见表5-4。

典型汽车制造材料构成质量比（单位：%）　　　　　　　　　表 5-4

材料 车型	钢铁	有色金属	塑料	玻璃	其他
小汽车（1965 型欧洲）	76.0	6.0	2.0	—	16.0
小汽车（1985 型欧洲）	68.0	7.5	10.0	—	14.5
小汽车（1998 型欧洲）	68.3	7.8	9.1	2.9	11.9
小汽车（1997 型欧洲）	69.0	9.6	8.6	2.8	10.0

国外对报废汽车的金属回收十分重视，一个重要的渠道是由各大汽车公司回收自己生产的旧车，对回收后可重用的零部件直接用于在用车上，不可重用的零部件则以材料形式回收综合利用。如日本，由于汽车更新快，使用周期短，车用发动机零部件旧件基本可以重用；对实在不可重用的零部件由专人将铁和铝及其他有色金属分离，铁被熔化后用于土建材料；铝则可再生后用于生产汽车零件或其他产品。车身一般只作为材料回收，经再生后综合利用。目前，国外发达国家车用材料可回收利用的已经达到 75% 左右，最先进的德国奔驰汽车公司的金属材料回收率已经达到 95%。

我国目前废旧汽车的回收现状是，形式比较单一，缺乏规范，综合利用比例较低和技术比较落后。按国家规定：车辆六大件（即发动机、变速器、前桥、后桥、转向器和车架）必须严格按照材料形式回收，不准再销售利用。

欧美等发达国家的废钢铁回收利用模式，多数是在中心城市建立回收量万吨以上的现代化废钢铁回收中心。废钢的来源主要是回收的报废汽车，其破碎采用了包括液氮冷却低温粉碎技术等在内的各种方法，以磁选、浮选等方式剔除杂质，碎钢打包压块，回炉冶炼，整个加工流程基本实现了自动化。相比之下，我国以氧乙炔火燃切割解体报废汽车的方式相当落后。

二、废旧汽车金属再生利用方法简介

1. 钢铁材料

从废旧汽车中回收废钢铁的成分十分复杂，并带有对钢铁性能有害的元素。近年来，由于镀锌、镀锡钢板的使用以及各种电子产品的增加，都使废钢的质量进一步劣化。其中，产生有害影响的元素见表 5-5。

用回收废钢炼钢时，一般使用生铁来稀释钢中夹杂元素，以满足对钢材质量的要求。如采用直接还原铁（DRI）或热压直接还原铁（HBI）方法。在现有的脱除废钢中有害元素的方法中，最有效的手段还是在回收加工过程中的物理分离法，即在废弃物的回收过程中，按材料的种类回收。这种方法在理论上对所有的产品都是可能的，但在零件多以及分类需要大量能耗的情况下，经济上不合算。汽车废钢回收利用面临着同样的问题。

废旧汽车回收的废钢杂质含量高，如铜含量可达 0.4% ~ 2.5%；锡含量大于 0.3%；锌含量甚至超过 2.74%；其他元素含量也大大高于普通废钢的平均含量。为对金属复合物进行有效的分选，国外采用将废料冷却至零下 100℃ 以下的低温破碎技术，利用材料的低温临界脆化温度的差别对物质进行选择性破碎和分选，分选效率可以达 90% ~ 96%。低温破碎技术的原理是：随着温度的升高或降低，物质的某些力学性能发生变化。在常温下，金属材料中原子的结合较疏松，因此弹性较好，这意味着金属能吸收较多的受外力冲击所产生的能量；在低温下，原子结合得较紧密，由于弹性差，只能吸收极少的外来能量，因此，低温下的材料容易脆断。在物理上,把使材料发生脆化的温度称为"临界脆化温度"。不同的材料,临界脆化温度也不相同。例如,电炉炼钢时,废钢占原料总质量的60%～80%。废钢在投入冶炼前,先要进行破碎,以加快熔化速度。采用低温粉碎技术,将废钢浸泡在液氮(－196℃)中,或用气氮冷却(－100℃)后,废钢就变得像玻璃那样易碎。当然,使用低温粉碎时,一定要使粉碎温度低于待粉碎材料的临界脆化温度。

废钢中夹具杂元素对钢材性能的影响及其在冶炼中的危害　　　　　表5-5

成分	对钢材性能的影响	在冶炼中的危害
Cu	增加钢材热脆倾向、恶化锻轧、热轧性能,对深冲、电镀性能也有不良影响	氧化精炼过程中全部进入钢水,常规方法无法去除
Sn	使钢产生热脆性,降低合金的高温力学性能,在晶界上的偏析引起回火脆性	氧化精炼过程中全部进入钢水,常规方法无法去除
Pb	使钢的冲击韧性大大降低,在热压力加工时容易产生表面裂纹而使零件报废,尤其高温合金对Pb有严格要求	可以去除
Zn	显著降低钢的延展性能,缩短炉衬寿命	可以去除
Sn	显著降低钢的强度和韧性,增加钢的高温脆性	氧化精炼过程中全部进入钢水,常规方法无法去除
Bi	降低钢的塑性和高温强度,但可改善钢的切削加工脆性	氧化精炼过程中全部进入钢水,常规方法无法去除
As	降低钢的冲击韧性,增加脆性,形成严重的偏析并会造成严重的角部和表面裂纹	氧化精炼过程中全部进入钢水,常规方法无法去除

废钢铁是电炉炼钢的主要原料,而且转炉炼钢也在逐步增加废钢铁的用量。废钢铁的质量将直接影响钢的使用性能、能源消耗和生产效率等。用于冶炼的优质废钢铁应具有以下特点:①成分符合规定;②洁净无杂质;③块度合适;④无危险物。因此,基于上述要求的废旧汽车金属回收利用过程是:回收、解体、分选、压块、破碎和冶炼。

解体、分选、压块和破碎可采用机械处理的方法,根据小型、中型和大型企业分别推荐以下设备选择方案:

(1)适合于小型企业。对汽车壳体,可采用Y81－250B,Y81－315,Y81－400等打包机;对汽车大梁,可采用Q43－63B型鳄鱼式废钢剪断机;对变速器和发动机缸体等,可以选用PSZ－160型铸铁破碎机。

(2)适合于中型企业。对汽车壳体和大梁,可用Q91Y－630、Q91Y－800、Q91Y－1000、Q91Y－1200等门式废钢剪断机预压剪断;对变速器和发动机壳体等,可用PSZ 160型铸铁件破碎机。

(3)适合于大型企业。采用废旧汽车处理专用生产线处理。其工艺流程是:送料→压扁→剪断→粉碎机粉碎→风选→磁选→出料,或送料→粉碎机粉碎→风选或水选→出料。

以废钢铁为原料的钢生产短流程和以铁矿石为原料的铁矿石→生铁→钢生产流程相比,每回收1t废钢铁可节约铁矿石约4t,减少能耗0.89t标煤,节省运力6t和工业用水7.5t(按水循环使用率80%计),减少二氧化碳排放量62%、炉渣排放量600～800kg、烟尘排放量约150kg和二氧化碳排放量10kg。因此,无论从经济、技术或生态环境来看,都要求尽可能完全地利用废钢铁。

2.有色金属

有色金属是构成现代物质文明的重要基础材料。在整个有色金属产品中,有25% ~ 30%来自于废料的再生利用。汽车工业是我国再生铝使用比例发展速度最快的一个领域,发动机、变速器等铝压铸件都使用再生铝,并且再生铝在汽车零部件的制造过程,因其流动性好,容易脱模等因素,也有着原铝不能比拟的优越性能。

金属再生利用产业化的形成,对环境保护、生态平衡起到了积极的促进作用。从环境保护的角度去看,废金属与铜精矿、氧化铝等矿资源相比,对环境污染程度较小。与以矿石为起点的传统有色金属生产相比,废有色金属经过分选、预处理、粗炼、精炼制成有色金属,省去了繁杂的开采过程,不仅有效地节约了自然资源,节省了大量的基建投资,大幅度降低能耗与生产成本,而且大大减少了二氧化碳的排放量,即使是在发达国家,再生有色金属的生产也得到格外重视。

1)再生铜

铜具有优良的再生特性,是一种可以反复利用的资源。可用于再生的废铜一般分为两大类:第一类称为新铜废料,主要是指工业生产过程中产生的边角料和机加工碎屑;第二类称为旧铜废料,是各类工业产品、仪器设备、零部件中的铜制品。这种资源来源十分复杂,各类工业品使用周期千差万别,其中再生用铜只有在拆解工业产品之后才能得到,而且往往是多种铜合金混合在一起。例如,汽车用散热器中,散热器管为H90黄铜,散热片为T2波浪带材,其又是用铅锡焊料焊接在一起,散热器室为H68合金等;此外,还有汽车上的电子元器件、电动机、起动机和导线等都用到铜材料。

由于再生铜资源种类繁多,再生方法也不相同。再生铜再生处理的基本程序是:原料检查验收→取样分析成分→再生料前处理→入炉熔炼(反射炉、坩埚炉、感应电炉)→铸造(铸件、压力加工坯料、铜线杆、粗铜块、重熔合金锭等)或电解成标准阴极铜。

对于合金成分清楚,经过脱脂、烘干处理的铜、铜合金废料可以直接作为铜及铜合金熔炼过程的填加料,直接入炉熔炼。生产铸件产品和供压力加工坯料或铸锭用,这在铜再生方法中是最值得提倡的,也是最经济的方法。对于成分比较复杂的紫杂铜和黄杂铜,可以直接熔炼低牌号黄铜,如铅黄铜等易切割黄铜;紫杂铜可以用来生产铜线和铜杆;混合的铜及合金碎屑,甚至含有铜氧化皮等物质的废料,可以先采用火法炼铜技术制备粗铜,然后电解提纯;铜离子浓度很高的各种液体,可以使用置换方法获得铜沉淀物。

典型的汽车铜材料及零部件再生工艺,说明如下:

(1)汽车散热器。拆解壳体→烘烤部分去掉铅锡焊料→坩埚炉熔化除渣→铁模铸造→黄铜铸锭→分析化学成分→供生产铸造黄铜件、轴瓦和阀件等。

(2)空调器蒸发器和冷凝器。预处理(切除弯管、端板、除油、破碎至长度为(30 ~ 50mm)→风力吹除铝散热片→磁选除铁→打包→入炉熔炼铝青铜、铝黄铜,也可以生产紫铜铸块。

(3)导线。直接作为紫铜熔炼配料使用。为防止铜末浮在铜液表面,可用铜皮包装后压入铜液之中。

(4)紫杂铜(裸铜线)。预处理(挑选、烘干、打捆、打包和制团等)→反射炉氧化、还原熔炼→中间保温炉→连铸连轧铜光亮杆。

2)再生铝

铝是仅次于钢铁的第二大量使用金属。铝广泛用于建筑结构、容器包装、运输以及电气等各个行业,国外各行业铝用量的比例见表5-6。表5-6说明,铝材料在建筑结构、容器包装及运输行业消耗量大,比例也高。原铝生产是高耗能产业,生产1t原铝平均耗电15000kW·h以上。而废铝重熔回收只需原铝生产电能的5%左右。

国外各行业铝用量的比

表5-6

产业类型	建筑结构	容器包装	运输	电气	其他
所占比例(%)	18	17	30	9	26

废铝再生首先是回收,然后根据不同的情况进行分类处理。废铝中含有多种其他的化学成分,如硅、铁、镁和钛等。目前在技术上还没有经济的办法分离,只能在熔化前预先分类。根据不同的成分,分别用作不同的铸造合金,或用加入纯铝稀释的办法去调整合金的成分。

废铝在重熔中,会发生氧化,这非但会造成铝的损失,还会造成铝液的污染使重熔产品产生夹杂。虽然,在熔化的过程中可以用熔剂加以保护,不但增加了成本,而且排出物对环境也有污染。

为了减轻车辆的质量,为了节约汽油,减少有害尾气的排放,汽车制造商纷纷采用铝合金的部件。1970年末,美国的汽车和轻型运货车平均的用铝量每台为45.4kg。而1999年增加到113.4kg。1999年,北美汽车共耗铝170万t,其中63%为再生铝。铸件占80%,薄板、厚板和铝箔占11%,挤压件占7%。到20世纪末,汽车含铝量达147.4kg/辆,其中传动装置、电动机、变速器、轮毂和热交换器占84%左右。

随着汽车工业的发展,报废汽车的数量也在逐年增加。回收报废汽车中的铝合金部件,已成为废铝再生的一大课题。铝积存总量的计算开始于20世纪40年代初,把那时以来的年净增量累加起来,得出目前估算的这座"矿山"的铝储量约为5亿t。而世界保有汽车积存的铝数量约为4000万t,相当于全世界原铝冶炼厂两年的产量。要完全回收铝废料是很困难的,因为不同用途的铝合金成分不一样。例如,锻造合金的含镁量高,而铸造合金的含硅最高。由于对合金的可成形性和其他性质的要求日益严格,因此限制了合金化元素和杂质的浓度。混合合金废料的熔融组分只能用于需求量最少的少数再生铸造合金。

3)再生铅

当前铅的消费已成为铁、铝、铜、锌之后,居第五位的金属材料。目前,全球铅的消费大体上保持在600万t的水平上,70%以金属铅或铅合金的形式应用,另30%则以铅化物如氧化物、有机铅、铬酸铅、硫酸铅、硅酸铅和碳酸铅的形式应用。

几千年来人类对铅不断增长的需求,已使铅的矿产资源濒临枯竭的边缘。目前,铅的全球工业储量已下降到6400万t。按照世界年开采300万t的速度(含铅计)计算,也只够开采21年。为解决一次资源的严重短缺,同时也是从降低原料和选冶成本以及满足需求增长的考虑,不得不越来越依靠铅的二次资源——再生铅。

自20世纪60年代以来,由于机动车的年增长率迅速增加,从而使车用铅酸电池对铅的需求同步出现急剧增长。而同一时期内,由于铝和塑料大量代替铅制造电缆护套,更由于环保意识的增强,全球普遍对铅对人体的危害性有了更加深刻的认识,从而使长期用作汽油抗爆剂的四乙基铅、含铅颜料失去或正在失去市场。电池的板栅、电极糊(铅膏)、氧化皮、巴氏轴承合金和电缆护套是再生铅的主要来源。其中,废旧铅酸电池已成为主要的铅再生资源。例如,美国汽车保有量约为2亿辆,按每辆车平均需1千伏安时(kV·A·h)的容量,而每1kV·A·h至少需铅10kg(世界先进水平为13~15kg、我国为20~22kg)计,共消耗铅约

汽车再生工程(第二版)

170万t。按保有量10%计算报废量,再生铅资源可达到17万t。

铅的再生多采用物理富集、湿法冶金与火法冶金相结合的流程取得经济和环境效益。采用筛选机和浮沉法进一步提高分离与富集富硫铅膏的效率,并通过苏打灰浸出,使铅膏转化为碳酸盐并以硫酸钠的形式除硫。将铅膏中的硫含量下降到少于0.5%时,可大大降低反射炉和鼓风炉熔炼时二氧化硫(SO_2)的排放。有的厂家可将熔炼过程中产生的SO_2转化为亚硫酸铵液体肥料,还有厂家用溶剂萃取法净化废电池内的硫酸,使之可用于新的电池。

废铅酸蓄电池属于危险废物,它对环境产生影响主要是硫酸以及铅、锑、砷和镍等重金属。废铅酸蓄电池以回收利用废铅为主,也包括对废酸和塑料壳体的回收利用。处理工艺主要为:拆解、活化处理、溶解和电解四部分。

废铅酸蓄电池的拆解技术包括机械和手工拆解,拆解后分为金属、塑料和电解液。对电解液通常采用中和的方法处理,电解液中溶解的金属经过沉淀,可以分离和回收铅,处理后的电解液可适当排放。在废铅酸蓄电池回收技术中,泥渣处理是关键,废铅酸蓄电池的泥渣主要成分是$PbSO_4$、PbO_2、PbO和Pb等。其中PbO_2是主要成分。

对废电池采用机械破碎进行拆解,使废电池底壳同主体分离,再对电池主体进行活化处理,使废电池中的硫酸铅转化为氧化铅和金属铅的形式。然后进行溶解,使氧化铅转化生成纯铅。再利用电解池,将电解液转化得到纯铅金属。其工艺流程如图5-8所示。

图5-8 废旧铅酸蓄电池回收利用工艺流程

第五节 废润滑油再利用

一、废润滑油再生利用概况

1. 废润滑油再生的意义

润滑油是润滑剂中最主要、用量最大的一类润滑材料,其消耗量在国内外均呈持续增长的趋势。根据美国环境保护局的统计,美国废润滑油量约占美国润滑油消耗量的45%。润滑油是由石油提炼的一种产品,所以合理回收再生利用废润滑油,实质上也是一种能源的节约。因此,废润滑油的再生加工利用可以产生巨大的经济效益和社会效益。此外,废润滑油回收再生的另一重要意义在于保护环境,减少大气和土壤的污染。如果废润滑油直接排放,会对土壤和江河造成污染。一般每升废油液可污染30~40亩水面;如果采用燃烧法处理废润滑油也会产生苯并芘等致癌物质和铅、锌和硫等的化合物,从而对大气产生污染。显然,如此大量的废油,如不加以回收利用,将对环境产生极大的污染威胁。总之,废润滑油的再生利用的意义就在于:首先,节约能源,变废为宝,有利于石油资源的充分利用;其次,有利于防止环境污染,避免土壤、水域受污染以及维护生态平衡等。

实际上,从润滑油劣化机理分析,油品的变质只是其中部分烃类,占10%~25%,其余大部分烃类组成仍是润滑油的主要黏度载体和有效成分。通过物理或化学的方法除去废油中变质污物和杂质,就能把废润滑油再生成质量符合要求的基础油,经调配添加剂后就可以得到质量优良的成品油。废旧润滑油的再生率一般可达50%以上,各种废润滑油的再生率见表5-7。

各种废润滑油的再生率

表5-7

品　　种	再生率(%)	品　　种	再生率(%)
内燃机油	75~85	变压器油	90~92
机械油	85~90	各种杂油	68~80

2. 国内外废润滑油再生利用概况

近年来,不仅润滑油产量增加,而且润滑油的质量也明显提高。国外已经普及了中高档润滑油,质量级别不断提高,我国高档润滑油已占润滑油总量50%以上。一些国家,如联邦德国等,在1986年就颁布了废油法处理法规,将废油处理提到立法的高度。而我国侧重点是从废润滑油再利用以获得经济效益来考虑,对于处理废油所产生二次污染的环境问题较少考虑或处理不力。这两个不同的侧重点,促使了废油再生加工工艺朝两个不同方向发展,产生了不同的加工工艺路线。在中高档润滑油中,添加剂的加入量大大超过普通的润滑油,大多为10%左右,给再生工艺带来不利因素。从另一侧面加速了国内外再生工艺的不同发展方向,国外废润滑油再生向大型化,无二次污染工艺发展。国内废油再生则向小型化,改进硫酸精制工艺发展。

20世纪初,美国和德国就有工业规模的废润滑油再生企业。20世纪60年代,世界上主要的再生工艺是硫酸—白土工艺。美国在废油再生的全盛时期,再精炼油的产量曾相当于新油的18%。进入20世纪70年代以后,由于石油涨价及环境保护要求提高,给废润滑油再生以很大的冲击。石油涨价使废润滑油直接当燃料使用比再生更有利,夺去了大量的再生原料。环境保护要求提高后,强烈排斥硫酸精制工艺及使用某些凝聚剂,这也促进了无污染再生工艺的发展。

多年来,发达国家对废油的处理积累了丰富的经验。我国家商业部、国家经委、国家能委、国家计委和财政部1981年发布了《关于废润滑油回收再生的暂行规定》((81)商燃联字第14号),促进了废油回收工作的开展,收到了较明显的效果。1982年,又修订了《关于废润滑油回收再生的暂行规定》的有关条文。其中,各种车辆、设备用润滑油的回收比例规定如下:内燃机油15%;机械油、液压油30%;压缩机油、冷冻机油50%;车轴油40%;汽轮机油60%;变压器油80%;其他润滑油15%;农业(农、林、牧、副、渔业)用油10%;洗涤汽油30%;洗涤煤油、柴油50%;各地下达润滑油分配计划时,要按季(年)下达回收指标。对未完成回收计划的用油单位,其未完成部分的油品,必要时石油经营部门可采取停、减、缓供措施。废润滑油回收主要应当坚持做好"交旧供新"工作,但对回收废油的有关人员也要辅以必要的奖励,并给代收单位适当的手续费,以鼓励他们更好地回收废润滑油。

1997年,国家技术监督局批准了GB/T 17145—1997《废润滑油回收与再生利用技术导则》,并于1998年7月1日实施。标准规定了废润滑油的定义、分级、回收与管理、再生与利用,适用于油单位和个人更换下来的废润滑油和废润滑油的回收、再生、销售及管理。

二、废润滑油再生方法

1.废润滑油再生基本概念

1)定义

(1)废润滑油(used oil)。润滑油在各种机械、设备使用过程中,由于受的氧化、热分解作用和杂质污染,其理化性能达到各自的换油指标,被换下来的油统称废润滑油(以下简称废油)。

(2)废油再生(re-refining of used oil)。将废油经处理或精制,除去变质的和混入的杂质,根据需要加入适量的添加剂,使其达到一定种类新油标准的过程。

(3)废油回收率(rate of recovery)。废润滑油回收量与原用油量的百分比。

2)分类

更换下来的废油按GB/T 7631.1—1987《润滑剂和有关产品(L类)的分类》第一部分总分组进行对应的分类和命名。回收利用的废油包括:a.废内燃机油;b.废齿轮油;c.废液压油;d.废专用油,包括废变压器油、废压缩机油、废汽轮机油、废热处理油等。

3)分级

根据废油的变质程度、被污染情况、水分含量及轻组分含量等来划分等级,废油分级指标见表5-8所列。一级废油变质程度低,包括因积压变质及混油事故而不能使用的油;二级废油变质较高,表5-8所列油品外的各类废油可按蒸后损失的百分比划分等级。小于3%为一级,小于5%为二级。二级以下的废油称为废混杂油。

2.废润滑油再生方法

废润滑油由于部分变质或混放其他杂质,影响了润滑性能。废润滑油再生的方式可分为净化和精炼两种。

净化采用沉降、离心、凝聚、过滤和闪蒸等方法中之一种或数种联用,达到除去废油中水分及固体杂质的目的。此方式设备简单、处理方便,适于用户自行再生。此类再生油质量低于新油。

精炼采用蒸馏、硫酸精制、溶剂精制、吸附或接触精制、加氢精制、化学脱金属等方法中之两种或数种联用,组成一个再精炼流程,将废油提炼成再生基础油,再调入与新油配方相同或基本相同的添加剂。这样的再生油能达到与新油同等质量水平。

再生方法分为三类:物理方法、物理化学法和化学方法。

1)物理方法

(1)沉淀法。利用液体中固体颗粒可沉降的原理,将废润滑油装于桶内静置一段时间,待杂质和水沉淀后,再将上面较清洁的润滑油滤到一个干净的容器内。

类别	检测项目	一 级	二 级	试验方法
废内燃机油	外观	油质均匀,色棕黄,手捻稠滑无微粒感,无明水、异物	油质均匀,色黑,手捻稠滑无微粒感,无刺激性异味,无明水、异物	感观测试
	滤纸斑点试验(α值)[1]	扩散环呈浅灰色,油环透明到浅黄色。$1 \leq \alpha \leq 1.5$	扩散环呈灰黑色,油环呈黄色至黄褐色。$2 \leq \alpha \leq 3.5$	GB/T 8030 滤纸斑点试验法
	比较黏度试验温度40℃	试样中钢球落下速度慢于下限参比油,快于上限参比油。下限参比油 $v_{100℃}=18mm^2/s$ 上限参比油 $v_{100℃}=8mm^2/s$	试样中钢球落下的速度快于下限参比油,慢于上限参比油。下限参比油 $v_{100℃}=18mm^2/s$ 上限参比油 $v_{100℃}=8mm^2/s$	GB/T 8030 采用滚动落球比较黏度计
	闪点(℃)	≥ 120(开口) >70(闭口)	≥ 80(开口) >50(闭口)	GB/T 3536 GB/T 261
	蒸后损失(%)[2]	≤ 3	≤ 5	
废齿轮油	外观	油质黏稠均匀,色棕黑,手捻无微粒感,无明水、异物	油质黏稠均匀,色黑,手捻有微粒感,无明水、异物	感观测试
	比较黏度试验温度40℃	试样中钢球落下的速度慢于下限参比油,快于上限参比油。下限参比油 $v_{100℃}=5mm^2/s$ 上限参比油 $v_{100℃}=25mm^2/s$	试样中钢球落下的速度快于下限参比油,慢于上限参比油。下限参比油 $v_{100℃}=5mm^2/s$ 上限参比油 $v_{100℃}=25mm^2/s$	GB/T 8030 采用滚动落球比较黏度计
	蒸后损失(%)	≤ 3	≤ 5	
废液压油	外观	油质均匀,色黄稍混浊,手捻无微粒感,无明水、异物	油质均匀,色棕黄,混浊,手捻无微粒感,无异物	感观测试
	比较黏度试验温度30℃	试样中钢球落下的速度慢于下限参比油,快于上限参比油。下限参比油 $v_{100℃}=10mm^2/s$ 上限参比油 $v_{100℃}=50mm^2/s$	试样中钢球落下的速度快于下限参比油,慢于上限参比油。下限参比油 $v_{100℃}=10mm^2/s$ 上限参比油 $v_{100℃}=50mm^2/s$	GB/T 8030 采用滚动落球比较黏度计
	蒸后损失(%)	≤ 3	≤ 5	

注:①斑点试验 α 值为油环直径 D 与扩散环直径 d 的比值,即 D/d。当油环颜色明显加深呈褐色时,α 值也明显增大时,说明混有较多重柴油和齿轮油,应列为废混杂油。

②蒸后损失(%)是废油经室温静置24h,除去容器底部明水以后的油为试油进行测定的。测定方法是取试油1L,充分搅动后取100g(准确至±0.01g)盛在干燥清洁的200mL烧杯中,用控温电炉缓缓加热并搅拌,控制油温缓慢升至160℃,待油面由沸腾状逐渐转为平静为止。此时,试油所减少的质量(克数)与充分搅动后量取质量的比,即为该油的蒸后损失(%)。因蒸出物中含有轻质可燃组分,测定时应注意防火安全。

这种方法需要较长的时间,但是为提高沉淀速度,可对废润滑油进行加热,以促使其沉淀。即用小桶盛废润滑油,大桶盛水,将小桶放置于大桶水中,并在大桶下加热。控制小桶内废润滑油的温度在 70 ~ 85℃,且保持 12h 左右。然后,再将小桶取出,静置48h 以上,即可将上面润滑油滤出使用。

（2）过滤法。利用滤网滤去废润滑油中的杂质。具体方法是:先将废润滑油加热到80 ~ 90℃,然后根据废润滑所含杂质颗粒的大小选用滤网进行过滤处理。过滤时,可提高油位的高度,以增加压力。压力愈大,过滤速度愈快。

(3)蒸馏法。将废机油放在桶中,使蒸汽直接通入油中。经过一定时间(大约2h)后,杂质及溶于水中的酸及氧化物等,即浮于油面或沉于桶底,除去浮沫,澄清即可。

2)物理化学法

某些机油除被灰尘或水分污染外,还溶解了某些酸性有机物,必须用物理化学方法综合处理。

(1)絮凝法。废机油中有些被氧化的呈胶质状态存在的有机物或酯类长时间不能澄清,必须加入适当的电解质,如水玻璃、磷酸钙、氧化锌、氯化铝等,使分散的微粒凝结起来。然后,再用物理方法除去。

(2)吸附法。利用某些矿物的吸附能力,将悬于油中的沥青、酯、酸和醚等吸附在它的表面,再用过滤法除去。吸附剂有高岭土、活性白土、砂粒及其他矿物废块等。

高岭土是黏土中的一种,主要矿物组成是高岭石。它是一种六角形鳞片状的结晶,也有呈管状或杆状结晶的。从理论上分析,高岭石的化学成分应为:二氧化硅(SiO_2)46.5%;三氧化二铝(Al_2O_3)39.5%;水14%。活性白土是天然黏土经酸处理后,也称为酸性白土。主要成分是硅藻土,其本身就已有活性,化学组成为:二氧化硅(SiO_2)50%~70%;三氧化二铝(Al_2O_3)10%~16%;三氧化二铁(Fe_2O_3)2%~4%;氧化镁(MgO)1%~6%等。活性白土的化学组成随所用原料黏土和活化条件不同而有很大差别,但一般认为吸附能力和化学组成关系不大。

3)化学方法

很多油料产生了有机酸或碳氢化合物的聚合物,必须用化学方法才能去除。

(1)酸性法。在油中加入浓硫酸,相对密度为1.84。硫酸将水粉吸收,同时生成酸性沥青沉淀。硫酸的加入量为油质量的0.1%~0.5%,应缓慢加入,时间以30~45min为宜,再静置沉淀20h。禁止使用金属容器,必须使用瓷罐。

(2)碱性法。可以除去油中的有机酸、酯以及硫酸中分离出的残渣等,将油放于桶中,加入烧碱溶液,搅匀静置5~10h。将沉降的碱水溶液分离,再用热水冲洗,然后静置。

3. 发动机润滑油质量变化及再生方法的选择

发动机润滑油是国内润滑油市场使用量较大的油品,在使用过程中会混入许多机械杂质、水分和燃油,产生有机酸和胶质等,油中的各种添加剂也或多或少有所消耗,但其主要成分没有什么变化。只要将这些不良成分除去后,再加入少量添加剂,即可恢复原来的品质,对发动机润滑油的再生可针对润滑油质量变化情况而采取不同的方法。

1)润滑油混入水分、机械杂质后的处理

对于润滑油混入水分、机械杂质后的处理,可采用沉淀法、过滤法、蒸馏法和絮凝法进行再生。

如上所述,沉淀法是利用水分、机械杂质不溶于油,密度大于油的特点,将它们从油中分离出来。其做法是将用过的发动机机油液倒入加温沉淀设备中,将油液加热到70~85℃后静置,使油液中的水分、杂质(包括过滤器无法滤出的微小杂质)沉降到加热沉淀设备的底部。加热的目的是降低油液的黏度,使沉降速度加快。加热最高温度一般不宜超过90℃,否则油液会氧化。温度超过100℃时,会使油液中的水分沸腾,影响沉淀过程。沉淀法只能将油液中的部分水分和杂质除去,不能解决油液中酸性升高及氧化等问题。

过滤法可以除掉油中的机械杂质。可采用细密的滤纸、滤布或板框式压滤机等进行过滤,而且油液加热后,过滤速度较快。用油泵使油强行通过滤纸或滤布,也能滤的快和滤的净目的。

蒸发法是利用水分远比润滑油易于蒸发的原理,除去润滑油中的水分。其方法是将润滑油加热,并保持 90～110℃。通入压缩空气将水分吹干,或将油加以搅动使其水分蒸发,直到经相当时间后取样化验合格为止。此法优点是脱水彻底,缺点是润滑油长时间吹入空气而被氧化,颜色变深。

絮凝法是利用加入絮凝剂使油液中杂质凝结成较大体积沉积至油池底部的方法。使用絮凝法可除去油液中用过滤方法无法除去的胶质、沥青质、水分和流变性物质等杂质,并且可以使酸值有所降低。现代润滑油中都含有多种添加剂,其中清净剂和分散剂起着酸中和、洗涤、分散和增溶作用,它们通过吸附成膜,使带同类电荷等方式把润滑油使用过程中产生的胶质、积炭以及外界引入的其他成分等有害物颗粒分散在油中,以保持、延长润滑油的使用性能,直至变质到一定程度而被更换。絮凝处理废润滑油就是通过添加絮凝剂破坏清净分散剂所形成的吸附膜、中和有害物表面电荷,使有害物自聚沉降而净化废润滑油。

2) 润滑油黏度降低的处理

润滑油在使用中被燃料稀释或储运中混入轻质油料,都会使黏度变小,闪点降低。为了恢复油的黏度,通常采用蒸馏法除去其中的轻质成分,如汽油、煤油和柴油等。由于汽油、煤油、柴油和润滑油都有不同的沸点范围,根据这一特点可以用蒸馏法将它们从润滑油中蒸出去。蒸馏的方法很多,如常压蒸馏、减压蒸馏、水蒸气蒸馏、带土蒸馏和管式炉蒸馏等。

常压蒸馏的设备有蒸馏釜、炉灶、轻油冷凝槽、轻油接收器和残油冷却槽组成。先将已用过的油液进行除水除杂质处理,然后将处理过的油液装入蒸馏釜加热。当油温达到100℃时,水分已基本蒸出;油温升至 200℃前蒸馏出来的是汽油;油温达到 200℃时吹入水蒸气,形成分压,降低油品沸点;这时蒸出的是柴油和水,经冷凝和分离,使油水分开,油温达到 230℃,停止加热继续吹入蒸汽,并采样化验直到釜中油品黏度和闪点合理为止,釜内残油经冷却后放出。

带土蒸馏是已用过的油液经脱水去杂质后先进行酸洗,分离酸渣后的酸性油进行碱中和或水洗,然后与白土分别进入具有搅拌装置的带土蒸馏釜中,加热至 300℃左右进行高温带土蒸馏。蒸馏后的带土油经冷却过滤后,即得成品油。带土蒸馏不仅可以蒸出轻质成分,使润滑油具有适宜的黏度和满足要求的闪点,而且还可以清除油中的胶质和酸性物质。

3) 润滑油中胶状物质处理

胶状物质是润滑油在使用中产生的氧化产物用沉淀和蒸馏方法是除不掉的,最好的方法是用酸碱或白土进行处理。

硫酸精制是利用胶质、沥青质等不理想成分能溶于硫酸,形成酸渣而从油中分离出去的一种方法。将已用过的油液沉淀去水,然后放入耐酸容器中加热,在 20～25℃时加入 2%～8% 的浓硫酸,边加边搅拌,搅拌 20～30min 即可。为了加速酸渣沉降速度,利用水作助凝剂帮助那些很难沉降的酸渣微粒凝聚成较大的颗粒,用水量为油液的 0.3%～2%。助凝水在酸洗结束时加入,搅拌 3～5min,然后静置沉降。经过 15min～1h 的沉降,进行多次酸渣排放。沉降终结时再排放一次酸渣,取上层油再进行碱处理。

碱中和是利用酸碱中和的原理将润滑油中的有机酸和硫酸精制后产生的磺酸及游离酸、硫酸酯等酸性物质除掉,常见的碱为氢氧化钠水溶液。将酸精制过的润滑油放入有加温设备的容器中加热,当油温升至 70℃左右时,将浓度为 3%～5% 的氢氧化钠水溶液边加入边搅拌 15~20min，经过 1~2h 沉降分离出碱渣。水洗的目的是进一步除去油中的游离碱和一些杂质，水洗温度一般为 60~70℃。对黏度较大的润滑油，需在 80~90℃ 下进行，经过 2~3 次洗涤即可使油成为中性。

白土处理是利用白土的吸附性，将油中的胶状物，酸性物质吸附在白土表面，经过滤而除去。将已用过得油液经沉淀→蒸馏→酸碱处理后的油品加入有加热及搅拌设备的容器中，加热至适当的温度，再加入 5%~15% 的白土，充分搅拌 30min 以上，静置用板框压滤机进行过滤。白土的用量和处理次数应根据已用油品的脏污程度确定。白土处理操作较简单，成本也比较低。

4）乳化稠化润滑油的再生方法

稠化润油油加有清净分散剂，遇水易产生乳化。处理的方法是将乳化稠化润滑油加入到带蛇形加热管的釜中，用饱和蒸汽通过蛇形管加温，使油温升至 110~120℃ 范围内。同时，用空气压缩机通入空气进行搅拌和风干，通过时间约 1.5h，直至油的乳白色消失，恢复原来颜色透明为止。然后冷却至室温，取样化验，质量符合标准即可使用。

三、国内外废润滑油精炼工艺简介

1. 国外废润滑油再生工艺

目前，国内外应用普遍的规模化废润滑油再生工艺流程如图 5-9 所示。国外典型的废油工艺流程主要有 Meinken、IFP、Snanrprogetti、KT1、DCH、BERC 和 Recyclon 等。其中，国际动力技术公司和海湾科技公司合作开发的 KT1 工艺技术流程为废油经常压脱水后，在薄膜蒸发器 1 中脱柴油，然后在薄膜蒸发器 2 中蒸出基础油馏分，经热处理后，进行加氢补充精制，获得再生基础油。工艺条件为：预蒸馏残压 2kPa，温度为 220℃。薄膜蒸发器 1、2 的残压分别为 1.5kPa、0.15kPa，温度分别为 320℃ 与 345℃；加氢前热处理温度为 180℃，处理时间 24h；加氢反应器表压为 6.0MPa，反应温度为 320℃。

另外，国外已经获得应用的新工艺还有超滤→离心分离→分子蒸馏→絮凝处理→溶剂精制工艺等。各工艺都以环保要求为主，向无污染或低污染、大型化再生工艺发展，如溶剂抽提—普通蒸馏技术。溶剂抽提—普通蒸馏技术不需要薄膜蒸发设备和昂贵的加氢处理过程，其工艺流程如图 5-10 所示。

废油无脱水，在溶剂油提塔中直接与丙烷基溶剂混合。由于丙烷基溶剂对碳氢化合物有良好的溶解选择性，水、金属及胶质、沥青质等被脱除。油和溶剂的混合物经溶剂分离塔将溶剂蒸出循环使用，油品进入普通减压蒸馏塔蒸馏，分离出燃料油和基础油。因为添加剂、胶质、沥青质已在蒸馏前脱除，所以采用传统蒸馏不会产生气味、结焦及设备腐蚀等问题。

2. 国内废润滑油再生工艺技术

国内比较成熟的废润滑油再生工艺有：蒸馏→酸洗→白土精制，沉降→酸洗→白土精制，沉降→蒸馏→酸洗→钙土精制，白土高温接触无酸再生，蒸馏→溶剂抽提→白土精制，蒸馏→糠醛精制→白土精制，沉降→絮凝→白土精制及蒸馏→白土精制等。在这些工艺中，蒸馏→白土精制工艺比较简易，蒸出的润滑油质量较好，随后的白土精制便可以保证得到符合润滑油品所需的基础油。此工艺的油收率为 70%，产品的黏度稍低，但白土渣比软酸渣处理方便。蒸馏→溶剂抽提→白土精制工艺也有流程简单，设备投资适中，再生率高，质量良好，无污染的特点。在白土精制前增加一道溶剂抽提工艺，可以脱除废油中的氧化变质成分以及沥青、胶质等有害成分,可减少白土用量,提高再生油质量,废油精制的收率可达80%以上。白土精制法在国外废油再生、国内润滑油生产及废油及废油再生中得到广泛应用。

图 5-9 规模化废润滑油再生工艺流程   图 5-10 废润滑油溶剂抽提再生工艺流程

四、废油回收管理与再生利用企业

1. 回收管理

按 GB/T 17145—1997《废润滑油回收与再生利用技术导则》的规定,各产生废油单位应指定专人专职或兼职管理废油的回收工作。回收的废油要集中分类存放管理,定期交售给有关部门认可的废油再生厂或回收废油的部门,不得交售无证单位和个人。

回收的废油要分类分级妥善存放,防止混入泥砂、雨水或其他杂物。严禁人为混杂或掺水。废油回收部门和废油管理部门都应作好回收场地的环境保护工作,严禁各单位及个人私自处理和烧、倒或掩埋废油。

2. 再生利用企业

废油再生厂必须具备的条件:

(1)合理的再生设备和生产工艺流程。

(2)专职技术人员和规定的化验评定手段。

(3)再生油的质量,应符合国家油品标准规定的各项理化性能和使用性能要求。再生后,作为内燃机油使用的还应通过发动机(台架)试验评定。

(4)具有符合要求的"三废"治理设施和安全消防设施。对生产过程中排放的废气、废水和废渣的处理要符合《大气污染物综合排放标准》(GB 16297—2004)、《污水综合排放标准》(GB 8978—2002)及其他相应环保要求。严禁对环境的二次污染。

(5)废油再生厂在生产过程中所产生的废渣、废液等,应进行综合利用,不能综合利用的应按环保部门规定妥善处理,达标排放。

具备上述条件的废油再生厂,须经技术监督及环境保护部门审定,"合格"才可对废油进行再生加工生产,不"合格"的不得从事废油再生加工生产。

国家制定优惠政策,鼓励废油的回收、再生和使用再生油。

(1)凡废油再生厂生产出来各种符合国标准的再生油品,石油产品经销部门可按质论价进行收购,供应市场。凡不符合国家标准要求的再生油品,石油经销部门不予收购。

(2)对生产销售劣质石油产品的再生厂和石油产品经销部门,技术监督等执法部门要依照国家法律严肃查处。

(3)企业中自收、自炼、自用的废油再生车间所生产的产品应在本企业内使用,如对外销售其产品质量应符合 GB/T 17145—1997《废润滑油回收与再生利用技术导则》的要求。

第六节 废旧汽车电器电子部件再利用

一、汽车电器电子部件所用材料

汽车电器电子主要部件见表5-9。其在整车上的位置如图5-11所示。

汽车电器电子主要部件   表5-9

分　类	电器电子主要部件及其系统
发电/储存/配电	发电机、蓄电池、线束、开关、继电器、熔断丝、熔断丝盒、节点连接盒
起动/点火	点火系统、电热塞、起动机
照明/辅助设备	前照灯、制动灯、雾灯、尾灯、倒车灯、室内灯、空调、后窗加热器、风窗玻璃刮水器、前照灯刮水器、喇叭、点烟器
动力控制	发动机控制单元、燃油喷射系统、变速器控制、集成起动/发电系统(ISA)
底盘/安全	转向助力、气囊、安全带、辅助制动、驱动力控制、悬架控制、巡航控制、防撞控制、驾驶人状态监测、夜视系统、前照灯自动调整系统
方便/舒适	信息系统、电动车窗、辅助驻车、遥控门锁、防盗系统、语音控制、面前显示(HUD)
信息/通信	导航、定位、娱乐、电话、网络

图5-11　汽车电器电子主要部件在车上的位置

1. 线束

线束(Wire harnesses)连接传感器和执行器到控制单元,并具有将电能从电池或发电机传送到用电装置的功能。过去,导线以标准的方法将相应的器件相互连接起来。每个电子控制系统都有大量的导线,例如,豪华汽车的导线长度可以达到1.5km。由于电气化程度的提高,导线的长度也在增加。对于达到普通技术标准的汽车来说,每辆车的导线质量每超过 50kg,或每增加 1000W 的用电器件,每百公里行程的油耗耗增加 0.2L,污染排放也相应增加。

对于不同区域的线束,根据工作环境有不同的要求。例如,在发动机舱其耐温程度要达到 125℃,驾乘室的耐温程度要达到 85℃。线束由不同的材料组成,如塑料((PP、PA、PBTP、PE 和 PU 等);有色金属及合金(Cu、CuSn 和 CuZn);黑色金属(钢、铁)。线束主要材料成分及比例见表 5-10。线束的总质量与车的规格尺寸有关,一般是 10～30kg,或者更多。被拆解的线束实物例,如图 5-12 所示。图 5-12a)是车身、仪表和发动机控制的实际线束;图 5-12b)是乘员室内实际线束。

汽车线束主要材料成分及比例   表 5-10

名　　称	质量(%)	材 料 含 量(%)				
		有色金属	黑色金属	贵金属	塑料	其他
盒	2.8				100	
塑料槽	8.3				100	
金属槽	2.8		100			
端子	3.2	100				
接头	9.4				100	
橡胶护圈	4.9					100
固定端子	0.4				100	
塑料管	1.0				100	
塑料带	3.5				100	
绑带	1.3				100	
熔断丝	0.4	30.6			50.0	19.4
焊料	0.1					100
塑料袋	1.6				100	
标签	0.1				7.1	92.9
导线	60.1	76.4			23.6	
其他	0.1		100			
合计	100	49.4	2.8		42.7	5.1

a)　　　　　　　　　　　　　　　　　　b)

图 5-12　汽车线束实例

a)车身、仪表和发动机控制线束;b)乘员室内线束

2. 接线盒

连接节点接头和保护装置主要是由导线接头、开关、继电器和熔断丝组成。继电器或熔断丝经常被集成在节点接线盒内,连接相应的线束。接线盒实物图如图 5-13 所示。

a)   b)

图 5-13　接线盒实物图

a)不带印制电路板;b)带印制电路板

不带印制电路板的接线盒材料成分见表 5-11,其总质量为 800g～2kg。带印制电路板的接线盒材料成分见表 5-12,其总质量为 0.7～1.5kg。

不带印制电路板的接线盒材料成分　　　　　　表 5-11

器件类型	质量(%)	材料含量(%)			
		有色金属	黑色金属	塑料	其他
端子	1.6	100			
螺栓/螺母	3.5		100		
印制电路板	0				
继电器	27.0	48.1	30.8	21.2	
熔断丝	2.6	49.8		50.2	
盒	60.0			100	
绝缘子	0				
接头	0				
集线器	5.3	100			
电子件	0				
焊料	0				
合计	100	21.2	11.8	67.0	

带印制电路板的接线盒材料成分　　　　　　表 5-12

器件类型	质量(%)	材料含量(%)			
		有色金属	黑色金属	塑料	其他
端子	11.6	100			
螺栓/螺母	0.2		100		
印制电路板	20.2	57.8			42.2
继电器	19.1	48.1	30.8	21.2	

器件类型	质量(%)	材料含量(%)			
		有色金属	黑色金属	塑料	其他
熔断丝	2.4	49.8		50.2	
盒	44.1			100	
绝缘子	0.8			100	
接头	0				
集线器	5.3	100			
电子件	0				
焊料	1.6				100
合计	100	33.6	6.1	50.2	10.1

150

除上述两类接线盒意外,还有一种称之为智能型节点连接盒(Smart Junction Boxes with Power and Electronic PCBs)的器件,如图 5-14 所示。智能型节点连接盒质量为 900g～1.5kg,安装位置与其功用有关,由可插接和固定焊接的继电器、熔断丝、功率印制电路板和控制信号电路板等组成。

a)   b)

图 5-14 智能型节点连接盒中器件
a)器件面;b)印制电路板

智能型节点连接盒具有功率驱动与控制信号印制电路板,可实现对执行器的控制和智能管理功能。使用熔断丝实现过电流或过电压保护,通过继电器控制执行器。功率驱动电路布线铜的厚度为 210～400μm,多层控制信号电路布线铜的厚度为 35μm 或 75μm。

图 5-15 智能型节点接线盒印制电路板结构
1-接线端子;2-继电器端子;3-继电器;
4-PCB板;5-长连接铆针;6-电子接线柱;
7-24线端子;8-短连接铆针;9-绝缘层

典型的智能型节点连接印制电路板结构如图 5-15 所示。功率驱动电路由 400～210μm 的布线铜片和感光板组成。印制电路板可以是单面板或双面板,设有接线端子、短连接铆针及晶体管器件等,元件采用波峰焊焊接。长连接铆针将两块印制电路板固定在一起,两板之间设有塑料绝缘层,将两块印制电路板绝缘开来。控制信号电路板由环氧玻璃纤维感光板制成,而且使用短铆针将上下铜片连接固定。智能型节点接线盒材料成分见表 5-13。

器件类型	质量(%)	材料含量(%)			
		有色金属	黑色金属	塑料	其他
端子	14.7	100			
螺栓/螺母	0.4		100		
印制电路板	28.1	60.0			40
继电器	13.1	48.1	30.8	21.2	
熔断丝	2.1	49.8		50.2	
盒	32.1			100	
绝缘子	2.7			100	
接头	2.5	35.0		65.0	
集线器	0				
电子件	1.1				100
焊料	3.2				100
合计	100	39.7	4.5	40.2	15.6

3. 电子控制单元

电子控制单元(ECU)有专用和集成之分。电子控制单元中包含微处理器芯片、存储器、放大器和输入及输出驱动器。一般来讲,一部经济型轿车可能有 9~14 个不同的电子控制单元,如动力系统管理与监控、防抱死控制、车身控制和安全气囊控制等。高级豪华型轿车可能有 50 多个电子控制单元,如动力控制系统(发动机控制单元、变速器控制单元、巡航控制单元及集成动力控制单元)、底盘控制系统(防抱死控制单元和驱动力控制单元)、悬架控制系统(电控空气悬架控制单元、半主动悬架控制单元或主动悬架单元)、转向控制单元、室内环境控制系统(自动空调控制单元或手动空调电子控制单元)、安全气囊控制单元以及车身控制系统等。

控制单元的印制电路板含有的贵重金属包括金、铂、钯和银以及大量的铜材料。普通电控单元的印制电路板的材料含量比例见表 5-14。

普通电控单元的印制电路板的材料含量比例 表 5-14

序号	1	2	3	4	5	6	7	8	9	10
材料	树脂板	铜	焊料	铁	镍	银	金	钯	铋、锑、钽	其他
比例(%)	70	16	4	3	2	0.05	0.03	0.01	0.01	4.91

印制电路板的焊料主要成分是锡铅合金,它也是报废汽车铅污染的主要的来源。中级轿车的铅含量大约是 50g。电子控制单元的防护罩材料的主要是塑料和金属,根据安装位置的不同,其塑料的选材有所区别。

4. 机电一体化器件

汽车上典型的机电一体化器件(Integrated Mechatronic Components,IMC)是智能座椅,可以记录预先设定的位置,其质量为 200~500g。智能座椅控制器的外形如图 5-16 所示。

5. 电池

按使用性质，电池可分为原电池和蓄电池。其中，原电池包括锌—锰干电池、碱性锌—锰电池、扣式银—锌电池、锌—汞电池、锂电池、氧化汞电池和燃料电池等。蓄电池主要有铅—酸蓄电池、镉—镍蓄电池。从构成上看，每种电池都包括了正极、负极、隔膜、外壳和电解液几大部分。正负电极一般都由集流体、活性物质以及各种添加剂共同组成。有些物质组分具有强腐蚀性、毒性或不易分离等特点，这都增加了回收利用的难度。

图 5-16　智能座椅及其控制器
a) 控制器及电路板；b) 智能座椅外形

锌锰（包括酸性和碱性）电池的使用量约占现有总电池数量的75%。其正负极活性物质分别为 MnO_2 和 Zn，一般都含有汞、铁、铜以及隔膜和包装材料等。镉镍电池含污染性的镉以及贵重金属镍。锂离子蓄电池包括外壳，正极的钴酸锂和铝集流体，负极的炭材料和铜集流体，隔膜和电解液。铅酸电池包括塑料外壳、硫酸电解液、PVC 或超细玻璃纤维隔膜和正负电极，其中正负电极的集流体都是以铅为主要组分并加入适量的锑和钙等元素，活性物质分别为 PbO_2 和纯 Pb 及添加剂。

车用蓄电池一般采用铅酸型蓄电池。有些车辆还装有供防盗系统专用的供电电池，一般使用镍镉电池或锂离子电池，安装在隐蔽的位置。

6. 电动机和发电机

汽车上的电动机有不同尺寸和类型。除起动电动机外，还有其他的电动机，如刮水器电动机、散热器风扇电动机、电动后视镜和电动座椅调整电动机等直流电动机；用于精确定位的步进电动机、机电一体化的燃油泵电动机以及空调系统电动机等。电动机一般由定子、转子、电刷和外壳等组成，电动机中铜材料的比例较大。

电动机的电刷中含有铅，起动机的电刷中大约有10g，刮水器电动机中大约0.1g。在汽车使用过程中，有6~10g的铅被排放到环境之中。

7. 灯

使用最多的是以照明为目的的钨白炽灯和卤素灯，以及用于信息提示的发光二极管（LED）。但在玻璃灯泡中含有 0.2~0.75g 的铅，其中大约有 0.2g 来自于铅焊料。如果每个灯泡的铅含量为 0.4~0.5g，那么每台汽车平均装配 30~40 个灯泡计，其铅的耗量将达到 12~20g。

高密度放电灯（HID:high intensity discharge）大约含有 0.5mg 的汞。这种灯泡也被用于仪表的背光和信号指示。

8. 加热器

加热器主要用于车窗加热、座椅加热和点烟器。后窗加热器被永久的固定在玻璃表面。其加热体被镀有银层，焊点含有 0.3~1.5g 的铅。

9. 显示器

为驾乘人员提供信息的显示器主要用于仪表、导航、电视以及音响等,如图 5-17 所示。汽车运行状态信息一般采用模拟显示和液晶显示(LCD:liquid crystal displays)的方式。

液晶仪表板主要有带有玻璃或透明塑料的盖的壳体、印制电路板和有机液晶板以及透明的电极。在液晶屏幕中用于照明的冷阴极荧光灯,大约含有 1.2g 的汞。

a)   b)

图 5-17 汽车上安装的显示器

a) 导航仪;b) 电视机

10. 娱乐装置

主要包括 CD 播放机、DVD 播放机、音响功放机及喇叭等。其主要部件有塑料壳、印制电路板、变压器和电动机等。

11. 通信和导航

主要包括远程网络通信系统、GPS 定位系统和移动电话系统。其主要部件有塑料壳、印制电路板、无线电接收器等。

12. 其他装置

红外系统(如遥控门锁)、雷达系统(如防撞系统)、超声系统(如停车辅助系统)。这些系统所使用的材料相当的广泛,如后保险杠上的超声雷达就可能含有铅 0.1 ~ 0.24g。

二、电器电子部件再利用

拆解与粉碎是汽车电器电子部件回收利用的两个主要工序。在进行拆解前,应进行必要的预处理工作。其目的是进行无害化处理,避免环境污染的发生。对电子电器件的可利用性进行分析,其中主要的限制因素是可能获得的效益和可拆解的数量。

(1)传感器和执行器。这些部件属于分立部件,如果其中一些工作过程磨损很少,则可再使用。否则,就被作为碎屑回收。由于传感器和执行器尺寸较小,而且遍布整个汽车车身,因此需要较高的拆解深度。

(2)线束。线束可以采用非破坏性的方法进行拆解,但是其可再用性是受到限制的。每条线束的铜含量可以达到 10kg,其回收经济效益显著。

(3)接线盒。从车上拆卸下来的开关等器件不能再利用,一般都作为电子废屑。熔断丝、继电器和接线盒可用于同种车型,其中对继电器进行的拆解有较高的价值。接线盒中的电路板的金属价值较高,可以进行回收。

(4)点火系统。点火系统被设计成可更换部件的系统,因此部件可以再利用。非再利用和破损部件可以回收到一定数量的铜。

点火分电器是可更换和可修复的器件,其分电器盖和分火头可以从分电器中拆卸出来,它们是聚酯材料。没有损坏的点火开关可以再使用,并应注意锌的回收。

(5)电子控制单元。将拆卸下来的电子控制单元外壳清洁后,可以确认其用途。其中电动机控制器件、防抱死控制器件、中央门锁系统控制器件及防滑差速器控制器件等,拆解后可以再使用。

电子控制单元中的印制电路板含有可回收的贵金属。对于智能型接线盒基于安全上的原因,不能再使用。

(6)机电一体化器件。机电一体化部件中的元器件,可以作再用件使用。印制电路板可回收贵金属。

(7)电池。根据欧盟指令的要求,蓄电池是必须拆解的部件。其中主要的原因是电解液的污染。电池被拆解后可以回收利用铅、塑料和酸液。国内外现都已开发出了比较成熟的废旧铅酸电池回收处理工艺并建立了回收利用系统,即火法工艺流程,主要回收正负极板中所含的铅。

镉—镍电池的回收利用也主要集中于火法和湿法两种工艺过程。相对来说,火法回收废旧镉镍电池的工艺已经比较成熟。在火法工艺中,一般是先将电池破碎,利用金属镉易挥发的性质,在还原剂存在下蒸馏回收镉,然后再回收镍或者把镍与铁生成镍—铁合金。火法工艺简洁,回收镉的纯度较高,比较容易实现工业化,但能量消耗很大且往往忽略对镍的有效回收。

锂离子电池的处理方法主要集中于从电池正极中回收贵重金属钴。这种电池的回收主要基于湿法冶金工艺流程。把废电池拆开后取出正极并把铝集流体上的钴酸锂刮削下来,用盐酸在一定条件下溶解,用 PC-88A(有机磷萃取剂)萃取其中的钴,锂以碳酸锂形式得到回收。

(8)电动机和发电机。电动机作为独立部件可以作为再用件在同类型车辆中使用。其中有些电机的尺寸小、整体不被分解而直接被加工成废屑。因此,工业化的再生还未实现。

起动机的电动机和齿轮机构可以分离,分离处理可以获得高品质的金属碎屑。起动机的制造所用的材料主要是铸铁,还有铝、铜、镁、锌和锡等。

①起动机。从车上拆下起动机不存在着问题,但拆解前需要进行质量检查。起动机拆解后,可用部件应进行清洗,磨损部件进行替换。

②发电机。同样,从车上拆下发动机也不存在问题。而且工业化的清洁方法。如果发电机已经损坏,则主要回收铜材料。

③电动油泵。电动油泵一般被设计成可再使用部件,损坏后的电动油泵业主要回收铜材料。

(9)灯。前照灯可以完整的从车上拆下来,灯泡可以被再使用,玻璃和塑料可以回收利用。但是,在欧洲大多数国家的保险条款中,前照灯比尾灯的要求高。灯的组成包括导线、灯泡、反射镜、灯罩和底座。其中,灯罩常由玻璃和热塑材料制作,如果可以分离,灯罩可以再使用。

(10)加热器。加热器很难拆解,如后窗和座椅的加热器,加热器的深度拆解没有经济效益。

(11)显示器。由于 LCD 显示器中含有汞,所以只要可能,就应拆卸。

(12)娱乐装置。例如,收音机及其音响系统可整体再使用,可分离部件也可作维修备件。对于损坏的部件,应作为电子碎屑回收。

（13）通信与导航设备。由于通信导航设备多属于选装设备，而且价值较高。所以拆解时应尽量考虑再使用。

（14）其他装置。主要是喇叭和开关的拆解与利用。如果器件的功能丧失，则喇叭以铜回收为主，开关作为电子碎屑回收。

第七节　废旧汽车材料再利用加工方法与设备

一、废旧材料再利用加工方法

为了实现对各种类型废旧汽车材料的再利用，主要进行的加工过程有材料破碎分选。这也是提高汽车再生资源质量和使用价值，达到汽车回收利用率的主要途径。

1. 破碎方法

由拆解厂运送到破碎厂的废旧汽车材料有两种基本形态：第一种，是压缩或压扁了的废旧汽车或车体，主要是轿车；第二种，是被剪切成尺寸较小的散料，主要是载货汽车的车架和车身。以达到载质量为20t的车辆，每台可运送 20～30 辆报废汽车的要求，保证运输过程的经济效益。

对于以材料回收利用为目的被拆解的车辆，主要采用破坏性拆解方式。而且压扁或剪切后，不同类型的材料仍混合在一起。为了将它们分离出来，就必须进行破碎，以进一步减少材料的尺寸。

目前，减小或破碎原料尺寸的方法主要是源于矿产技术。减少或破碎废旧汽车材料尺寸仅依靠人力是不可能的。因此，只有借助机械动力才能将其进一步破碎。常用的破碎有三种方式：

（1）剪碎。剪切的破碎机理与剪刀的作用原理一样，只是剪切机中产生剪切作用的刀片以不同的方向旋转，同时，在两个不同方向上产生作用于同一物体的力，如图5-18所示。

（2）磨碎。磨碎是以摩擦原理为基础，通过搅动磨料产生间接作用力使物体磨碎。

（3）击碎或压碎。将作用力直接作用于可压缩的物体上，使其尺寸减小或破碎。

基于以上原理制造的设备有：鳄式破碎机、冲击式破碎机、滚筒式破碎机、锤击式破碎机和锥式破碎机等。破碎机在工作过程中，将产生很大的噪声；被粉碎的材料中还可能混入有毒和腐蚀性材料，以及产生爆炸的物品。另一方面，就是剪刀或锤体磨损大，消耗的能量大。

图5-18　四轴剪切机

2. 分选方法

破碎材料分选的基本方法主要有筛选、磁选、气选、涡流分选和机械分选等，可以分离钢铁、有色金属、塑料和其他的杂质。这些方法不仅在分选废旧汽车破碎材料中都得到了应用，而且在材料的提纯中也得到了应用。

1）筛分

将材料分成大于和小于规定的筛分尺寸的方法。为了提高筛分效率可以采用湿式或干式方法。对废旧汽车破碎材料中的非金属材料,可以首先采用振动、转动或过滤的方法进行初选。

2）磁选

磁选主要用于初选和气选之后,目的是分离非磁性物质中的铁磁性物质和磁性物质。例如,塑料中的钢铁材料。磁选参数主要包括磁场强度、强度梯度分布、机械系统输送速度及磁体类型。转鼓式磁选机的原理示意图如图5-19所示。

图5-19　转鼓式磁选机
1-铁屑；2-磁转鼓；3-粉碎料

3）气选

气选是按动力学特性将混合材料分成轻、重两类物质的过程,分选效果主要基于材料的密度、尺寸和形状。气选原理示意图如图5-20所示。这个系统的主要装置是鼓风机,产生分选气流。气选主要用于从轻的材料中分离出重的材料,可作为废旧汽车破碎后的首次分选方法。气选对非磁性物质的分选效率是:铅为100%,铝为85%,锌为97%,铜为70%。并且初始投资和运行费用到较低。

4）涡流分选

涡流分选这种方法主要是从塑料中分离出顺磁性物质,例如,铝、铅和铜等。基于涡流分选原理的分选装置主要由输送带和在输送带前端转鼓内的旋转磁鼓组成。可旋转的磁鼓是由若干宽度相同的永磁铁相间组合安装,表面沿圆周呈 N 极和 S 极周期变化。所以,当磁鼓旋转起来时,可以产生交变磁场。如果导电材料处在这样磁场中,则就会导致材料表面产生电涡流。同时,这个涡流也对磁场产生作用,并产生排斥力。

有色金属被旋转的输送带抛离的最远,并形成有色金属、钢铁和非金属三个不同的抛物落点,如图5-21所示。

图5-20　气选原理示意图

○ 有色金属　＋钢铁　□非金属

图5-21　涡流分选原理
1-输送带；2-磁转鼓；3-非金属；4-钢铁；5-有色金属

5）机械分离法

机械分离法(Mechanical Sorting Methods)主要是基于材料密度与液体分离介质密度不同,利用被分离材料所受到的浮力不同,或产生的离心力和惯性力不同的原理进行分类。机械分离方法广泛应用于塑料的分选和金属的分离。但是,在分选多种树脂材料时将受到限制,这是因为树脂材料之间的密度差别较小。几种机械分离方法原理与应用见表5-15。

6）非机械分离方法

非机械分离方法主要有静电分离法、融化温度差异分离法及选择性溶解分离法等。

序号	名 称	原 理	应 用
1	沉浮分离法	当被分离的粉碎材料密度与液体分离介质密度不同时,被分离材料将在液体中产生沉浮现象	液体分离介质可以选用水和水—甲醇混合物(分选密度比其小的树脂材料),氯化钠溶液和氯化锌溶液(分选密度比其大的树脂材料)
2	离心分离法	当离心分离器绕水平轴旋转时,能将密度大于液体分离介质密度的粉碎材料分离出来	用于塑料碎片分成两类
3	旋流分离法	当离心分离器绕垂直轴旋转时,能将密度大于液体分离介质密度的粉碎材料分离出来	可以将塑料碎片分成两类
4	射流分离法	将被分离的材料投入射流中,密度较大的被冲的较远,相反,密度小的冲的较近	可以同时分离两种或多种密度不同的材料

二、废旧材料再利用加工设备

1. 破碎设备

1)钢铁破碎机

破碎是废旧材料回收加工的主要过程之一,破碎设备可将形状各异的废旧钢材加工处理成符合特定要求的小块或短屑。

20 世纪 60 年代,美国的纽维尔公司、德国的林德曼公司、亨息尔公司及贝克公司率先开始推广破碎钢片冶炼技术。该技术在改善回收钢品质,提高经济效益方面都具有显著效果。废钢破碎机主要有两种,即碎屑机和破碎机。碎屑机用于破碎钢屑,破碎机用于破碎大型废钢。

在各种结构的破碎机中,锤击式破碎机是较常用的类型。其结构主要组成如下:主机壳体为特厚钢板制成,内衬为可更换高锰钢铸件;主机转子轴上安装有若干个钢盘,钢盘周向分布有销轴,轴销上悬有锤头,如图 5-22 所示。大型破碎机的主电动机功率可达到 750 ~ 4420kW,主轴上装有温度传感器并采用强制循环润滑与冷却支撑轴承。

a)

b)

图 5-22　锤击式破碎机
a)工作原理;b)内部结构

报废汽车在破碎或切碎后,其中的钢铁和有色金属可高效而低成本回收。如果不先拆除非金属部分,工业化分离破碎的金属与非金属混合物的过程很复杂,且混合回收材料的经济价值也很低。但是,特殊处理的成本又较高。如果破碎是在拆解厂进行,则废旧汽车金属破碎机与压实机组合在一起使用,如图 5-23 所示。

图 5-23　金属破碎机与压实机组合的结构原理图

2)塑料破碎机

破碎设备的选用主要取决于被粉碎物料的种类、形状以及所需要的粉碎程度。不同材质的废旧塑料,应采用不同的粉碎设备。对于硬质聚氯乙烯、聚苯乙烯、有机玻璃、酚醛树脂、脲醛树脂和聚酯树脂等脆性塑料,由于质脆易碎,一旦受到压缩力或冲击力的作用,极易脆裂破碎成小块。因此,对于塑料适宜采用压缩式或冲击式破碎设备进行粉碎;而对于在常温下就具有较高延展性的韧性塑料,如聚乙烯、聚丙烯和聚酰胺等,则只适宜采用剪切式破碎设备。因为它们受到外界压缩、折弯、冲击等力的作用,一般不会开裂,难以粉碎,不宜采用脆性塑料所使用的粉碎设备。此外,对于弹性材料、软质材料,则最好采用低温粉碎。

塑料破碎机一般由旋转压实机、剪切机、过滤机和分选机等部分组成,如图 5-24 所示。

图 5-24　塑料破碎机的基本组成部分

a)压实机;b)破碎机;c)过滤机;d)分选机

2. 分选设备

典型的破碎分选系统除破碎机本身以外,还包括上料系统、除尘系统、钢铁、有色金属及非金属碎渣分选装置。分选装置又可能包括磁选、气选和涡流分选等类型。采用这些分离技术后,基本上能回收全部金属和产生不含金属的非金属碎渣。破碎分选系统组成示意图如图 5-25 所示。一辆质量为 1200kg 的废旧汽车破碎分选的统计结果如图 5-26 所示。废旧汽车破碎分选厂外景如图 5-27 所示。

目前,经破碎处理后的废钢铁可很容易地利用干式、湿式或半湿式分选系统将金属和非金属、有色金属和钢铁分选回收,废钢表面的油漆和镀层均可清除或部分清除。然而,金属废料市场需求的不断上升,也改变了对金属分离系统的技术要求,系统要有更高的自动化率和采用更简单的干法。

图 5-25   破碎分选系统组成示意图

图 5-26   废旧汽车破碎分选的统计结果

a)   b)

图 5-27　废旧汽车破碎分选厂外景

a)碎屑分离处理厂；b)金属分离过程

第八节　废旧汽车回收利用过程的污染防治

一、回收利用过程产生的环境影响

1．污染物

废旧汽车的回收利用的宗旨之一是解决汽车发展带来的环境问题，但是废旧汽车回收利用过程也有对环境产生污染的危险性。

这种危险主要来自废旧汽车拆解过程中和拆解后的处理环节产生的各种污染物，若污染物排放超标，不仅作业区的工人受到危害，而且会影响周围环境。

汽车回收利用过程中产生的污染物，主要分为以下三种类型：

（1）固体污染物。主要是对无法回收的塑料零部件和含有害金属的材料等。

（2）液体污染物。燃油、润滑油以及含油废水；废蓄电池的电解液（含酸废水）等。

（3）烟尘污染物。采用焚烧处理会产生大量的有毒气体、有害气体。

此外，还有拆解、破碎及分选过程的噪声污染也不能忽视。

2．污染危害

1）对土壤的污染

汽车回收利用过程中对土壤的污染多种途径，如废旧汽车露天存放时，可能造成液体物质泄漏到地面及雨水将污染物带到地面；破碎时金属粉末和其他污染颗粒，混入地表土壤造成的污染等。

对土壤造成污染的液体污染物主要来源于：石油基产品中的碳氢化合物，如润滑油、润滑脂；挥发性有机物（VOCs，volatile organic compounds）和半挥发性有机物，如防冻液和自动变速器液力传动液等；金属污染物，如铝、镉、铬、铅和汞等。

例如，防冻液是醇类化学品的水溶液，含有色素及各类添加剂并有毒性。目前，汽车发动机使用的防冻液多为乙二醇型，纯乙二醇是微酸性、易吸湿、无色透明的黏稠液体，有微毒。按我国现行工业毒物分级（6级毒物）方法，其毒性属于 5 级。长效防锈防冻液是在防冻液中加入了少量添加剂，如亚硝酸钠、硼砂、磷酸三丁酯和着色剂等，微有毒性。

此外，固体污染物也对土壤造成危害。例如，由于塑料件是不能降解的，采用填埋法处置汽车塑料零部件不仅占用土地，而且使土壤质量下降，危害也很大。

2)对水体的污染

一般来讲,对土壤污染的同时也产生对地表水和地下水的危害。特别是某些有机物,如汽油、发动机机油和其他含有有机物的液体在一个地点泄漏,多年后很容易形成表面集聚效应而影响水质。此外,重金属对地下水也产生污染。

许多润滑油中加有重金属盐添加剂,还有些加有含氯有机化合物、含硫有机化合物、含磷有机化合物和含硫磷有机化合物,有些含氯化合物是多环芳烃的氯取代物。进入水系的上述有机化合物,对水有很强的污染力。在被污染的水域中,由于油膜覆盖水面,阻止了水中的溶解气体与大气的交换。水中的溶解氧被生物及污染物消耗后得不到补充,使水中的含氧量明显下降;油膜覆盖在水生植物的叶子上、鱼类贝类等水生动物的呼吸器官上,阻碍水生动植物的呼吸,使食物链都受到损害。

3)对空气的污染

对空气的污染主要来源于固体污物和液体污染物的焚烧,如润滑油作燃料油燃烧时,会产生大量的二氧化硫(SO_2)、二氧化氮(NO_2)等硫化物及氮化物,会污染环境,影响空气质量。另外,汽车空调系统的制冷剂工质氟利昂 R12(二氯二氟甲烷),因含有氯原子对大气臭氧层有破坏作用。

4)对人体的危害

在不采用任何预防措施的条件下,重金属、硫、磷和氯化物都属于有毒物,对人体有可能通过各种渠道危害人类。经常滞留在这样的工作环境中,有可能通过人的呼吸道、皮肤乃至消化道进入体内,对人体的健康造成危害。

二、回收利用过程的污染防治

1. 清洁生产的含义及基本内容

1)清洁生产的基本含义

尽管清洁生产的概念在 1989 年由联合国环境规划署正式提出,但体现这一思想的概念在 20 世纪 70 年代就已经出现,如"污染预防""废物最少化""清洁技术""源控制"等。对于清洁生产这一概念目前尚没有统一的定义。

(1)美国环保局(EPA)的定义。美国环保局提出在生产中污染预防和废物最小量化概念。EPA 对污染预防的定义是:"污染预防是在可能的最大范围内减少生产厂地的废物量。"它通过减少能耗,提高能源效率,在生产中重复使用投入的原料以及降低水消耗量来合理利用资源。

(2)联合国环境规划署(UNEP)的定义。1989 年,联合国环境规划署提出的清洁生产定义是:

①对工艺和产品不断进行运用一种一体化的预防性环境战略,以减少其对人体和环境的风险。

②对生产工艺,清洁生产包括:节约原材料和能源,消除有毒原材料,并在一切排放物离开工艺之前消减其数量和毒性。

③对于产品,战略重点是沿产品的整个生命周期,即从原材料提取到产品的最终处置,减少各种不利影响。

1996 年,UNEP 将清洁生产的概念重新定义为:清洁生产是关于产品生产过程的一种新的、创新性的思维方式。清洁生产意味着对生产过程、产品和服务持续运用的整体预防环境战略以期增加生态效率,并减轻人类和环境的风险。

对于产品:清洁生产意味着减少和降低产品从原材料使用到最终处置的全生命周期的不利影响。对于生产过程:清洁生产意味着节约原材料和能源,取消使用有毒原材料,在生产过程废物排放之前,降减废物的数量和毒性。对于服务:要求将环境因素纳入设计和所提供的服务中。UNEP 的定义将清洁生产上升为一种战略,该战略的作用对象为工艺和产品,其特点为持续性、预防性和一体化。

(3)《中国 21 世纪议程》的定义。清洁生产是指既可满足人们需要有可合理的使用自然资源并保护环境的实用生产方法和措施,其实质是一种物料和能源消耗最小的人类生产活动的规划和管理,将废物减量化、资源化和无害化,或消灭于生产过程之中。同时。对人体和环境无害的绿色产品的生产亦将随着可持续发展进程的深入而日益成为今后生产的主导方向。

2002 年 6 月 29 日,第九届全国人民代表大会常务委员会第二十八次会议通过了《中华人民共和国清洁生产促进法》,并自 2003 年 1 月 1 日起施行。按其第二条的表述,清洁生产是指不断采取改进设计、使用清洁的能源和原料、采用先进的工艺技术与设备、改善管理、综合利用等措施,从源头削减污染,提高资源利用效率,减少或者避免生产、服务和产品使用过程中污染物的产生和排放,以减轻或者消除对人类健康和环境的危害。

综上所述,清洁生产是时代的要求,是世界工业发展的一种大趋势,是相对于粗放的传统工业生产模式的一种方式,概括地说就是:低消耗、低污染、高产出,是一种实现经济效益、社会效益与环境效益相统一的 21 世纪工业生产的基本模式。

2)清洁生产基本内容

(1)使用清洁的能源和材料。如清洁利用煤等常规能源,开发利用太阳能、风能等新能源;尽量使用低污染、无污染原料。

(2)实行清洁的生产过程。运用清洁高效的生产工艺,使物料和能源高效率地转化为产品,减少有害环境的废物排出;循环回收和利用生产过程中的废物和能源;采用无毒无害的中间产品,选用少废、无废工艺和高效设备等。

(3)提供清洁的产品。力求将产品对人体和环境的有害影响减少到最低限度;产品设计充分考虑节约能源和原材料;产品使用中及使用后不含危害人体健康和破坏生态环境的因素;产品包装和使用寿命、使用功能合理,使用后易于回收、重复使用和再生,不对环境造成污染或潜在威胁。

清洁生产实现了从末端治理为主向全过程预防为主的根本转变,是对可持续发展的战略创新。传统的环境策略与生产过程相脱节,侧重点是"治"。清洁生产的基本特征是,将综合预防的环境保护战略持续应用于生产的全过程和产品的整个生命周期。清洁生产侧重点在于"防",是解决资源与环境问题的最有效途径。

3)清洁生产主要技术

必须研究开发和推广应用各种清洁生产技术,才能建立起比较完善的清洁型循环生产与消费体系。具体技术主要包括:

(1)各种节能降耗技术。

(2)各种废物回收与综合利用技术。包括废水回收与处理技术、废水资源化技术、城市大气污染综合治理技术、固体废弃物(垃圾)无害化与资源化利用技术、生态环境恢复技术等。通过这些技术的研制与开发利用不断提高自然资源和垃圾资源的综合利用程度,实现净化环境与提高效益的双重目标。

（3）各种新型清洁生产技术。包括生物工程技术、信息技术、各种资源替代和产品替代技术等。

同"可持续发展"理念一样,清洁生产也是自20世纪90年代以来在世界范围内逐步得到认同的一种促进环境保护和经济协调发展的全新思维方式。现在,清洁生产作为重要的环境战略,已得到大多数国家尤其是发达国家的认可。

2.回收利用过程的污染防治

广义上讲,废旧汽车的回收与再生利用是减少污染、保护环境和节约资源的一种清洁生产方式,但是,不能忽视在废旧汽车回收与再生利用过程中可能产生的环境危害。欧盟的许多成员国都是较早推行清洁生产并取得显著成效的国家。欧盟用来影响清洁生产战略的三种主要手段是:立法、信息交流与教育培训和经济手段。

（1）加强管理。依据《中华人民共和国环境保护法》的规定,由行业主管部门结合相关部门的管理法规,加强对废旧汽车回收利用企业污染防治的管理,促进企业采用经济合理的综合利用技术和污染物处理技术。将有关的回收环保设备以及废弃物回收环保措施做为企业开业资质审核条件,达不到要求的不允许从事相应的作业。

（2）采取措施。对废旧汽车回收利用过程中的固体废弃物的处置,以环保的方法加以回收,尽可能地进行无害化处理,避免采取填埋方法。

对于报废汽车上拆解下来的、实在无法回收的塑料零部件,可作为燃料回收其能量。但是,对于焚烧时产生的二氧化碳、一氧化碳、氰化物、二氧化硫和卤化氢等有害和有毒气体应进行防治,可以采取以下方法:

①冷凝法。依靠低温将空气中有毒气体凝结成液体后,从空气中分离出来。

②吸收法。用溶液或溶剂吸收焚烧炉所产生的有毒气体,使之与空气分离而被除去。

③吸附法。用多孔性的固体吸附剂(如活性炭)吸附有毒气体而使空气净化。

对于水体污染,类似于一般机械行业的情况,大多数时在作业过程中产生的。因此,可采取机械行业类似的防治措施。

（3）积极宣传。努力众宣传环保信息与知识,增强环保意识及防治污染的主观能动性。

复习思考题

1.名词解释

（1）废润滑油;（2）废油再生;（3）废油回收率;（4）清洁生产。

2.废旧汽车资源化的内涵是什么? 有何途径?

3.废旧汽车资源化有何方式? 各具有什么特点?

4.如何理解汽车再生资源利用链? 有何意义? 怎样开发与拓展汽车再生资源利用链?

5.简述可再使用零部件特点。

6.典型的可再使用汽车零部件有哪些? 具有什么样的特点?

7.废旧轮胎回收利用的途径有哪些? 具有什么特点?

8.废旧轮胎翻新方法有哪几种? 主要用于哪种类型的轮胎?

9.塑料再生利用的途径有哪些? 简述所采用的方法。

10. 如何提高废旧汽车塑料的回收利用率？

11. 废旧玻璃回收利用方式有几种？要求是什么？

12. 简述废旧金属利用的方法和意义？

13. 废润滑油如何分级？

14. 废润滑油再生方法如何分类？其特点是什么？

15. 根据润滑油质量变化的不同原因，简述选择再生净化方法的依据。

16. 可再使用和再利用的电器电子部件有哪些？特点是什么？

17. 废旧材料破碎加工方法有哪些？其原理是什么？

18. 废旧材料分选方法有哪些？各适用于什么材料？

19. 废旧汽车再利用过程的污染物有哪些？产生什么危害？怎样防治？

20. 简述清洁生产的基本内容及其技术。

第六章　汽车总成及零部件再制造

本章提要:阐述了再制造的内涵、工程体系、系统结构模式与运行特点等基本理论,再制造生产的不确定性、工艺组织方法和基本流程;分析了汽车零部件不同类型损伤的原因及其特点;系统地介绍了总成拆解与零部件清洗、零件检验与分类、再制造加工方法与技术以及总成装配、磨合与检验等内容;简要地介绍了再制造产品质量管理方法。

第一节　概　　述

近年来,我国汽车产量和保有量都在快速增长,同时报废汽车的数量也在增加。因此,汽车零部件再制造产业的发展有着巨大的市场潜力。2005 年,国务院发布了《关于加快发展循环经济的若干意见》和做好建设节约型社会近期重点工作的通知,明确提出要积极支持废旧机电产品再制造。2006 年 3 月,全国人大审议批准了《国民经济和社会发展第十一个五年规划纲要》,提出"十一五"期间要建设若干汽车发动机等再制造示范企业。2009 年 1 月实施的《循环经济促进法》将再制造纳入法制化轨道。2010 年 5 月,国家发展和改革委员会等 11 部门 31 日联合发文宣布,我国将以汽车发动机、变速器、发电机等零部件再制造为重点,把汽车零部件再制造试点范围扩大到传动轴、机油泵、水泵等部件;同时,推动工程机械、机床等再制造,大型废旧轮胎翻新。在对国内外再制造产业发展状况深入研究的基础上,国家发展和改革委员会、商务部、公安部和国务院法制办等有关部门就加快推进再制造产业发展也制定了相关政策。

美国、加拿大和欧盟等发达国家的废旧机电产品再制造,已有几十年的发展历史,在技术标准、生产工艺、加工设备、产品回收、再制造产品销售和售后服务等方面形成了一套完整的产业体系。再制造产品的范围已覆盖汽车零部件、机床、工程机械、铁路装备、医疗设备以及部分电子类产品,其中,汽车零部件再制造无论从技术成熟性、经济合理性,还是产业规模都具发展优势。例如,汽车发动机再制造与新品相比,节约能源 60%、原材料 70%,降低成本 50% 左右。再制造作为新兴产业,不仅能够提升传统产业的竞争力,而且还能提供大量的就业机会。实践证明,发展再制造产业具有显著的经济效益、环境效益和社会效益,是发展循环经济、建设资源节约型和环境友好型社会的途径。

一、再制造的内涵

1. 再制造释义

再制造是以产品全生命周期理论为指导,以优质、高效、节能、节材和环保为目标,采用先进技术和产业化生产方式,进行修复或改造废旧产品的一系列技术措施或工程活动的总称。

再制造是废旧机电产品循环利用最重要的措施,是再生资源利用的高级形式。再制造通过运用先进的清洗技术、修复技术和表面处理技术,使废旧机电产品达到与新产品相同的性能,延长了产品的使用寿命。同时,还充分利用了废旧产品中蕴含的二次资源,节约制造新产品所需的能源和原料,降低了生产成本,方便了产品维修。

2. 再制造类型

(1)再制造加工。对于达到技术寿命和经济寿命而报废的产品,在失效分析和寿命评估的基础上,把有剩余寿命的废旧零部件作为再制造毛坯,采用先进技术进行加工,使其性能恢复,甚至超过新品的生产活动。

(2)产品性能升级。对技术性能相对落后的产品,往往是几项关键指标存在着差别。但是,采用新技术对其进行局部改造,可使原产品的性能改进或提高。

3. 再制造的特点

(1)再制造的产品可拆解。拆解是再制造生产过程的开始,是零部件进行再制造的基本条件。产品被拆解并经性能检测与可再制造性评估后,才能确定是否能进行再制造。产品的初始设计对拆解性有决定性的影响,因为装配设计与拆卸设计并非是一个完全可逆的对称问题。

(2)再制造不同于维修。维修是在产品的使用阶段为了保持其良好技术状况及正常运行而采取的技术措施。维修多以换件为主,辅以单个或小批量的零(部)件修复。而再制造是将大量相似的废旧产品回收拆解后,按零部件的类型进行收集和检测,将有再制造价值的废旧产品作为再制造毛坯,对其进行批量化修复和性能升级。因此,再制造是一个将旧产品恢复到"新"状态的过程。

可进行再制造的产品一般具有如下的特征:

①耐用型产品,某些功能受到损坏。

②通用件组成,各部件均可更换。

③剩余价值较高,且再制造的成本低于剩余价值。

④产品的各项技术指标稳定。

⑤市场认同并且能够接受再制造产品。

(3)再制造不同于再循环。再循环是通过回炉冶炼等加工方式,将废旧产品材料再生利用的过程。材料循环再生要消耗较多的能源,而且环境还有较大的影响。再制造是以废旧零部件为毛坯,通过采用先进加工技术,获得高品质、高附加值的再制造产品,消耗能源少,最大限度地回收废旧零部件中蕴含的附加值,且成本低于新品制造。

此外,再制造的对象是广义的,它既可以是设备、系统或设施,也可以是零部件。实践证明,再制造是废旧机电产品资源化的最佳形式和首选途径。

4. 汽车再制造意义

再制造是一种以旧零部件作为"毛坯",按照新品的制造技术标准,采用专用设备和生产工艺进行加工的生产模式。这不仅节约了新品制造所需的原材料,而且再制造产品所需能源也只是生产新产品所需能源的 $1/5 \sim 1/4$,同时,还避免了新产品生产带来的环境污染。

汽车再制造工程是以废旧汽车的再生资源利用为目标,通过产品化的生产组织方式,对可再用的总成、零部件运用先进的再制造加工技术、严格的质量控制和系统的利用管理,使汽车再生资源得到高质量再生的生产过程和充分利用的系统性工程活动。汽车再制造具有以下意义：

（1）充分发挥废旧汽车零部件的使用价值。汽车的寿命可分为物质寿命、技术寿命和经济寿命，技术和经济寿命通常大大短于其物质寿命。由于一部分废旧汽车总成和零部件没有达到它的物质寿命，可以再使用或通过再制造成为新型零部件。

（2）有利于提取废旧汽车零部件的附加值。再制造是直接以废旧零部件做毛坯的，所以能充分提取报废零部件的附加值。而再循环不能回收产品的附加值，还需要增加劳动力、能源和加工等成本，才能把报废产品转变成原材料。再制造是一种从部件中获得最高价值的合理方法，其产品的平均价格为新品的 40% ~ 60%。

再制造作为从旧产品中获取最高价值的方法，是对产品的二次投资，更是使废旧产品升值的重要手段。再制造零部件借助专用设备和特殊加工工艺，不仅能够充分挖掘、利用旧零部件的潜在价值，而且再制造过程采取专业化、大批量的流水线生产方式，提高了生产效率，降低了生产成本。

（3）使汽车全寿命周期延长。传统的汽车寿命周期是由论证、设计、制造、使用和报废环节组成，而现代的汽车全寿命周期是"从研制到再生"，即汽车报废后通过回收利用零部件的寿命被延长，并形成资源的循环利用系统。

（4）使汽车产业链得到延伸。在汽车全寿命周期延长的同时，汽车产业链也得到了延伸，即形成了汽车再制造产业。汽车再制造业是美国最大的再制造产业。1996 年，汽车再制造公司总数达 50538 个，年销售总额 365 亿美元，总雇员近 34 万人。

在美国有专门的发动机再制造协会，仅美国该协会就有 160 多个会员。协会负责管理协调汽车发动机再制造行业之间的一切技术、设备、产品和备件供应等事宜。世界著名的汽车制造厂如福特、通用、大众和雷诺等，或者自己有发动机再制造厂，或者与其他独立的专业发动机再制造公司保持固定的合作关系，对旧发动机进行再制造。再制造发动机作为它们售后服务体系不可缺少的组成部分，对维护本公司产品在市场上良好的形象和声誉，起到了强有力的保证作用。

（5）可节约能源和降低污染。虽然传统的废品回收利用也具再生利用的意义，但是这种回收利用的层次较低。重新利用废旧产品的材料需要消耗较多的能源，并可能造成环境的二次污染。与此相反，汽车零部件再制造不仅能节约能源消耗，而且还降低了零部件在制造过程中对环境的污染。据美国 Argonne 国家实验室统计，美国的汽车再制造在节约能源方面具有十分明显的作用，例如，新制造一台汽车的能耗是再制造的 6 倍；新制造一台汽车发电机的能耗是再制造的 7 倍；新制造汽车发动机中关键零部件的能耗是再制造的 2 倍。

二、再制造工程体系

再制造是一个发展迅速的工程领域，其研究内容包括：再制造工程理论基础；再制造工程技术；再制造产品质量控制；再制造产品利用与管理等部分。再制造工程体系框架如图 6-1 所示。

1. 再制造工程基础理论

再制造工程的理论基础是以产品的再制造性评价、失效分析和寿命预测为核心。其重点内容包括以下几方面：

1）再制造性评价与设计

废旧产品的再制造性评价是实施其再制造的前提，其目的是通过废旧产品的设计结构

分析和技术经济分析,综合评价废旧产品的再制造价值。再制造性评价主要包括以下两个方面:

（1）技术性评价。从设计结构上分析可再制造性,选择并评价再制造工艺的可行性。

（2）经济性评价。从技术经济上分析可再制造性,评估再制造成本并评价经济合理性。

图6-1　再制造工程体系框架

产品再制造性评价是为形成优化的再制造方案提供依据,以实现再制造全过程中资源回收最大化、环境污染最小化和再制造产品性能最优化为目的。

再制造设计是指根据再制造工程要求,进行新产品的再制造特性设计和废旧产品的再制造工艺设计,运用科学决策方法,形成优化的再制造方案。再制造性作为产品的重要属性,主要在产品设计阶段确定。但是,再制造性会随着产品的使用状况、再制造技术发展和产品应用环境而动态变化,所以废旧产品的再制造性评价具有个体性、时间性和应用性等动态特点。

2）产品失效机理分析

产品失效机理分析是从宏观和微观上研究零部件在复杂的使用环境中的失效机理和损伤规律,其目的是为产品再制造提供理论依据和技术指导。

3）产品剩余寿命评估

产品剩余寿命评估是建立在零部件失效分析的基础上,主要目的是评估新品和再制造产品的寿命及已用产品的剩余寿命。例如,应用断裂力学理论建立断裂破坏行为的数学模型,并与加速寿命实验相结合进行产品剩余寿命评估。进行腐蚀与损伤动力学过程的模拟,建立自然环境中多因素非线性耦合作用下零部件腐蚀失效行为的数学模型,研究寿命预测方法;应用金属物理理论从零部件材料的显微组织的微观缺陷和变化上,研究零部件材料的失效行为并指导零部件的寿命预测。

4）再制造工艺模拟与仿真

再制造工艺的模拟与仿真技术是通过数值模拟和物理模拟动态仿真再制造工艺过程,预测实际工艺条件下可获得的再制造产品性能和质量,进而实现再制造工艺的优化设计。

2.再制造加工技术

废旧产品的再制造过程采用了各种技术。在这些技术中,有很多是及时吸收了最新科学技术成果的关键技术,如先进表面处理技术,再制造毛坯快速成形技术,纳米涂层及纳米减摩自修复材料和技术,修复热处理技术及过时产品性能升级技术等。

3. 再制造产品质量控制

产品质量保证涉及很多方面,主要包括质量计划、质量检测、质量评定和质量控制等。再制造加工质量控制是再制造产品质量控制的关键环节,应建立再制造质量保证体系,制定规范的质量管理文件,采取相关的质量保证措施,使相应的控制流程得到贯彻实施。因此,需要对再制造工艺路线、工艺装备、检验计划和检验规程等项内容进行审查;对产品加工质量过程控制中,涉及的测量方法、数据分析与处理形式等做出相应的规划;同时,根据质量控制内容,提供必要的物质、技术和管理条件,使再制造产品能在受控状态下进行加工生产。

4. 再制造工艺与装备

再制造方法将影响再制造质量和生产成本。因此,在制定再制造工艺时,应重点分析工序加工能力对加工精度的影响。将工序能力和质量控制相结合确定工序加工公差,可以保证各工序都有较高的合格率,从而保证最终工序有较高的成品率。另外,采用合适的再制造工艺装备也是保证再制造产品质量和提高工作效率的重要条件。

5. 再制造产品应用管理

市场销售的所有产品都受到国家质检部门的检测与监督,必须遵守产品质量法和消费者权益保护法的要求。同样,再制造产品也应当符合市场销售的相关规定,通过相关的检验程序,达到规定的质量标准。但是,目前国家还没有对再制造产品进行法律规范,再制造的产品缺乏产品质量法的规制,国家对其质量的监控还未建立完善的标准体系。特别是再制造处于修复和制造之间,可能会对产品中含有的知识产权(专利、商标及产品包装设计等)产生影响,所以还存在着对专利产品的再制造是否侵权的界定等问题。

三、再制造系统模式

1. 再制造系统结构模式

再制造系统结构模式如图 6-2 所示。再制造系统运行过程可为:废旧产品回收、预处理、再制造、包装分销和进入应用。

图 6-2　再制造系统结构模式

废旧产品回收包括废旧产品的收集、运输和储存。预处理过程包括清洁、拆解和分类。通过拆解,将废旧产品拆解为:

(1)可继续使用的零部件。

(2)可修复或改进的零部件。

(3)无法使用或经济上不合算,但通过再生循环可成为原料的零部件。

(4)无法再生循环利用的材料,只能通过焚烧获取其蕴含的能量。

(5)没有利用价值的部分,进行无害化废弃处理。

2. 再制造系统运行特点

再制造生产运作模式与传统的生产运作模式有很大的区别，不仅体现在生产管理上，而且还体现在生产计划与控制方面。主要差别如下：

（1）生命周期不同。在传统的规模化、精益化和敏捷化制造中，产品生命周期是"从研制到报废"，即从产品的研发、试制、生产、使用到报废的过程，系统是一个正向物流系统；而再制造则不同，它考虑的是"从报废到再生"，即在产品全寿命周期内考虑的是产品从报废到再生的过程，系统是一个逆向物流系统。由于产品甚至存在多个生命周期，即不仅包括本代产品的生命周期，还包括本代产品报废后，部分资源在后代产品的循环使用时间。

另一方面，再制造过程的数据积累反过来可以用于指导产品的再生设计，以便最终从源头保证产品具有良好的回收性能。按照这种设计思想，可以拓展产品的寿命周期。实质上，也实现了"从研制到再生"的过程，即系统构成了闭环的物流系统。产品报废不再是产平整个生命周期物流的终端，而是回收利用的起点。

（2）生产理念不同。在传统的生产方式下，生产理念是以市场为中心，以用户需求为导向，追求利润最大化为原则，忽略了生产过程中和生产后对环境资源的影响，废旧产品缺乏合理的处理方法。在再制造生产环境下，生产理念是以市场为中心，引导用户理性需求，资源消耗最少、对环境影响最小为目的。

（3）资源种类不同。在传统的生产方式下，制造资源主要指物料、能源、设备、资金、技术、信息和人力等；在再制造生产环境下，制造资源的概念已被拓展，不仅包括传统意义上的资源，而且还包括被传统制造方式下被认为是"废物"的再生资源。

通过对这些再生物资进行拆解和分类，形成的再生资源包括：

①可直接使用的零部件，直接用于制造或维修。

②可再制造的零部件，即不能直接使用，但经过修复或改制后可利用的零部件。

③可再生利用的零部件，即零部件完全报废，但是，其材料可再生成可用原料资源。

④可燃烧利用的能源。

（4）竞争要素不同。在传统的生产方式下，竞争的主要因素是基于生产成本、产品质量、制造柔性、供货时间和服务意识。而在再制造环境下，除了上述因素外，竞争的重点已转变为资源节约和环境影响。

（5）理论基础不同。生产方式的建立需要理论的指导。规模化生产是以劳动分工论为基础；精益生产是以供需协调论为基础；敏捷制造是以资源整合论为基础；而再制造则是以人与自然和谐论为基础。

四、再制造工艺流程

1. 再制造生产的不确定性

由于产品再制造是以回收的废旧产品为坯料，因此生产过程具有以下不确定性：

（1）回收产品到达时间和数量不确定。回收产品到达再制造厂的时间和数量的不确定性，一方面受产品使用寿命的随机性影响，另一方面与可能回收的数量相关。要保证产品再制造生产的稳定进行，要求对回收产品到达的时间和数量做出不同时间尺度的预测，即短、中和长期预测。

（2）回收产品可再制造率的不确定。如果在产品设计时拆解性考虑不周，产品的再制造率就可能较低。因为这样的产品不但在拆解上花费的时间较长，而且拆解的过程还可能

汽车再生工程（第二版）

会损坏零部件,使再制造生产需要更多的替换部件,使制造成本增加。此外,产品拆解后,因为零部件的状态不同,所以可以有多种利用途径。除了用于再制造之外,还可以当作配件或材料再利用。

(3)回收产品再制造加工时间的不确定。再制造加工时间的不确定性将影响实际生产计划的制定。例如,拆解时间具有很大的随机性,即使是同样产品的拆解时间也具有不确定性。

(4)回收产品再制造加工工序的不确定。由于回收产品个体状况的不一致,使产品的再制造工序具有一定的差别。在再制造加工过程中,有些工序是必须和一致的,如清洗和检验等。但是,根据零部件的具体状况,也有可能随机安排一些必要的附加工序。生产工艺文件要列出所有可能的加工工序,所有的部件都需要通过检验分类确定具体的工艺过程。

(5)回收产品再制造数量与市场需求的不确定。为了得到最大化的生产利润,必须考虑把回收产品的数量与对再制造产品需求的数量进行平衡。因此,在生产管理上需要对回收产品的库存量和市场需求进行平衡。一般采用如下方法来解决这个问题,即基于实际需求和预测需求来平衡回收数量,或针对实际需求来控制回收数量。针对实际需求来控制回收量,通常采用按订单生产(MTO,make to order)和按订单装配(ATO,assembly to order)的策略;而其余情况则选择按库存生产(MTS,make to stock)的策略。

2.再制造工艺组织方法

由于再制造生产具有更多的不确定,所以带来了许多特殊的问题。因此,必须采取具有一定柔性的工艺方法组织生产。再制造工艺组织直接影响到再制造产品质量、加工成本、生产效率和生产周期。再制造生产企业应根据生产纲领、设备条件、技术水平及原料供应等具体情况合理组织与安排再制造工艺。

再制造产品以批量化生产为特点,其劳动组织采用专业分工作业方法。专业分工作业方法是将产品再制造加工过程按工种或工序划分为若干个作业单元,每个单元由一名工人或一个工组专门负责,作业单元分的越细,专业化程度便越高。这种作业方法易于提高工人单项作业的技术熟练程度,并有可能大量利用专用工具,从而达到提高工效、保证质量和降低成本的目的。作业方式采用流水作业,即产品的解体、再制造加工和装配是以流水线的形式在各个工作站(工位)上按工序顺序依次完成。

3.再制造工艺基本流程

再制造工艺过程是指根据再制造产品技术条件对废旧产品进行加工的过程,如图6-3所示。但是,不包括废旧产品的回收和再制造产品的销售环节。再制造工艺主要包括以下工序:产品拆解、零件清洗、检测分类、再制造加工、质量检查、整机装配、性能测试和喷漆包装等。

图6-3 再制造工艺基本流程

第二节 汽车零件损伤类型及其特点

一、机械性损伤

零件的机械性损伤是导致汽车丧失工作能力的主要因素,按其产生的原因可分为:磨损、变形和疲劳断裂。

1. 零件磨损

根据 GB 12444.1—1990《金属磨损实验方法》中规定,磨损就是"物体表面相接触并作相对运动时,材料自该表面逐渐损失以致表面损伤的现象"。通常将磨损按其表面破坏机理和特征分为磨料磨损、黏着磨损、表面疲劳磨损和腐蚀磨损。各类磨损的特点和实例见表6-1。

表 6-1

类型	内容	磨损表面特征	举例
磨料磨损	在摩擦过程中,因硬的颗粒或硬的凸起物,冲刷摩擦表面而引起材料脱离的现象	刮伤、沟槽、擦痕	农业及矿山机械零件、内燃机的汽缸壁等
黏着磨损	摩擦副相对运动中,由于固相焊合,接触表面的材料由一个表面转移到另一个表面的现象	擦伤、锥形坑鱼鳞片状、麻点、沟槽	内燃机的铝活塞与缸壁、轴瓦等
表面疲劳磨损	两接触表面作为滚动或滚动滑动复合摩擦时,因周期性载荷作用,使表面产生变形和应力,从而使材料导致裂纹和分离出微片或颗粒的磨损	裂纹、麻点、剥落	滚动轴承、齿轮副、凸轮和挺杆
腐蚀磨损	在摩擦过程中,金属与周围介质发生化学或电化学反应,产生材料损失的现象	有反应物产生(形成膜、颗粒)	曲轴轴颈的氧化磨损、汽缸套低温腐蚀等

1) 磨料磨损

物体表面与磨料相互摩擦而引起表面材料损失的现象称为磨料磨损。一般地说,凡是硬质颗粒或硬质凸出物(包括硬金属)都是磨料。磨料磨损包括两种情况:第一种情况是粗糙的金属表面相对较软的金属表面滑动时的磨损;第二种情况是硬金属对软金属摩擦表面有游离的硬磨料引起的磨损。

磨料磨损是最常见的磨损形式。统计分析表明,在各类磨损形式种,它大约占总数的50%。同时,它也是危害最为严重的磨损形式。

2) 黏着磨损

摩擦副相对运动时,由于固相焊合,接触表面的材料从一个表面移到另一个表面的现象,称为黏着磨损。按摩擦表面的破坏程度可分为5类,见表6-2。

3) 表面疲劳磨损

两接触面作滚动或滚动滑动复合摩擦时,在循环接触应力的作用下,使材料表面疲劳而产生物质损耗的现象称为表面疲劳磨损。表面疲劳磨损分为非扩展性和扩展性两类。

(1)非扩展性表面疲劳磨损。在新的摩擦表面上,接触点较少,单位面积上的压力较大,容易产生小麻点的现象。随着接触的扩大,单位面积的实际压力降低,小麻点停止扩大。对于塑性较好的金属表面,因加工硬化提高了表面强度,使小麻点不能继续扩展,零件可继续正常工作。

黏着磨损的分类　　　　表6-2

类　别	破　坏　现　象	损　坏　原　因	实　　例
轻微磨损	剪切破坏发生在黏着结合面上,表面转移的材料极轻微	黏着结合强度比摩擦副的两基体金属都弱	缸套—活塞环正常磨损
涂抹	剪切破坏发生在离黏着结合面不远的较软金属浅层内,软金属涂抹在硬金属表面	黏着结合强度大于较软金属的剪切强度	重载蜗轮副的蜗杆
擦伤	剪切破坏主要发生在软金属的亚表层内;有时硬金属亚表面也有划痕	黏着结合强度比两基本金属都高,转移到硬面上的黏着物质又拉削软金属表面	内燃机的铝活塞侧壁与缸体摩擦
撕脱	剪切破坏发生在摩擦副一方或两方金属较深处	黏着结合强度大于任一基本金属的剪切强度,剪切应力高于黏着结合强度	主轴—轴瓦摩擦副轴承表面
咬死	摩擦副之间咬死,不能相对运动	黏着结合强度比任一基本金属的剪切强度都高,而且黏着区域大,剪切应力低于黏着结合强度	不锈钢螺栓与不锈钢螺母在拧紧过程中常发生

（2）扩展性的表面疲劳磨损。当作用在两接触面上的交变压力较大时,由于材料塑性稍差或润滑选择不当,在磨合阶段就产生小麻点。有的在短时间内,而有的在稍长时间内,小麻点就会发展成痘状凹坑,使零件失效。对表面疲劳磨损的研究表明,其磨损过程有两个阶段:首先是疲劳核心裂纹的形成;其次是疲劳裂纹的扩展,直至材料微粒的脱落。

从表面疲劳磨损的机理可知,疲劳磨损与裂纹的形成和扩展有关,故凡能够阻止裂纹形成和扩展的方法都能减少表面疲劳磨损。

4）腐蚀磨损

在摩擦过程中,金属同时与周围介质发生化学反应或电化学反应,使腐蚀和磨损共同作用而导致零件表面物质的损失,这种现象称为腐蚀磨损。由于介质的性质、介质作用在摩擦表面上的状态以及摩擦材料性能的不同,摩擦表面出现的状态也不同,故常将腐蚀磨损分为氧化磨损、特殊介质腐蚀磨损和微动腐蚀磨损。

（1）氧化磨损。氧化磨损就是摩擦副表层的氧化膜不断被除去,又反复形成的过程。氧化磨损速率决定于所形成氧化膜的形状和氧化膜与基体的结合力,同时也决定于金属表面的塑性变形抗力。若形成的氧化膜是脆性的,它与底材金属结合的抗剪切性能差或是氧化速度小于磨损速度,则氧化膜极易磨损;反之,若形成的氧化膜韧性好,它与底材金属结合处的抗剪切性能好或氧化速度大于磨损速度,则氧化膜起着保护摩擦表面的作用,因此,磨损率相当小。曲轴颈发生氧化磨损后,摩擦表面沿滑动方向磨痕细而均匀。

（2）特殊介质腐蚀磨损。特殊介质腐蚀磨损的机理与氧化磨损相似。不过随着腐蚀速度增加,磨损速度加快,金属表面又可能与特殊介质起作用,生成耐磨性较好的保护膜。

（3）微动腐蚀磨损。微动腐蚀磨损是摩擦副没有宏观的相对运动,但在外界变动载荷的作用下,有小振幅的相对滑动,振幅小于100μm,一般为2～20μm。此时表面上产生大量微小氧化物磨损粉末,由此造成的磨损称之为微动腐蚀磨损。可见微动磨损发生在相对静止的配合副上,如键连接处、螺栓连接处、过盈配合的轮和轴等处。若振动应力足够大,微动磨损处形成表面应力源,疲劳裂纹发展引起完全的破坏。因此,微动磨损是一种复合形式的磨损。

2. 零件的变形

汽车在使用过程中,由于受力的作用,使零件的尺寸或形状产生改变的现象称为零件的变形。汽车零件,特别是基础零件和车架等零件的变形,将严重影响相应总成和汽车的使用性能及寿命。

1) 零件变形的基本概念

(1) 金属的弹性变形。弹性变形是指金属在卸除外力后能完全恢复的那部分变形。弹性变形的机理是晶体中的原子在外力作用下偏离了原来的平衡位置,使原子间距发生变化,从而造成晶格的伸缩或扭曲。因此,弹性变形量很小,一般不超过材料原长度的0.10%～1.0%。而且,金属在弹性变形范围内,符合胡克定律,即应力与应变成正比。

许多金属材料在低于弹性极限应力的作用下,会产生滞后弹性变形。所谓滞后弹性变形,就是材料在一定应力作用下,不能瞬时地达到其平衡位置;当卸除载荷时,也不能瞬时恢复原状的现象,简称弹性后效。

(2) 金属的塑性变形。塑性变形是指材料在外力除去后,不能恢复的那部分永久变形。实际使用的金属材料,大多数是多晶体,且大部分是合金。由金属材料学的基本理论可知:多晶体的变形抗力比单晶体高,而且使变形复杂化。因此,晶粒越细,单位体积的晶界越多,塑性变形抗力越大,即强度越高。

金属塑性变形后会引起组织结构和性能的变化,使晶界向某个方向延展,所承受的应力也有方向性,即由原来的各向同性变为各向异性。金属塑性变形还会产生加工硬化现象,同时还在金属内部产生应力(或残余应力)。另外,塑性变形使原子活泼能力提高,造成金属的耐腐蚀性下降。

2) 基础件变形对总成使用寿命的影响

汽车零件的变形是十分常见的。有些零件如曲轴、连杆等,由于形状简单,变形产生的危害比较直观,变形的检查和校正也比较简单。但是,对于一些基础件如汽缸体、变速器壳、桥壳和车架等,其形状复杂、相互位置精度要求高,变形的测量检查及变形的校正均较困难。

汽缸体经使用后,甚至长期放置的备用汽缸体,绝大多数会产生不同程度的变形。汽缸轴线与曲轴轴线的垂直度对发动机的使用寿命影响最大,经发动机台架试验证明,该数值在200mm长度上达到0.17～0.18mm时,发动机汽缸的磨损增加30%～40%,也就是发动机的使用寿命相应缩短了30%以上。这是因为该垂直度超差过大,将使活塞在汽缸内产生倾斜,从而使活塞环和活塞与缸壁的局部接触应力增高,以致加剧了摩擦和磨损。

主轴承座孔同轴度及圆度超过公差要求时,可能使曲轴在轴瓦中翘曲。不但增加了曲轴的附加载荷,加速了曲轴及轴瓦的磨损,严重时还常常导致曲轴的断裂事故。

汽车变速器壳的变形也是比较严重的,变速器壳变形主要表现为轴承座孔轴线的同轴度、平行度以及前后端面的垂直度等超过公差要求。

变速器各轴承座孔轴线的同轴度、平行度是影响变速器使用寿命和正常工作的重要因素。试验表明,当平行度偏差达到0.19mm时,其转矩的不均匀性比新的变速器要高一倍左右。同时,它还破坏了齿轮的正常啮合,造成齿轮偏磨,产生较大的轴向分力,不仅加剧了轮齿的磨损,有时还造成变速器工作中自动跳挡。

3. 零件的疲劳断裂

疲劳断裂是指零件在反复多次的应力或能量负荷循环后才发生的断裂现象。零件在使用过程中发生的断裂,有60%~80%属于疲劳断裂。其特点是断裂时应力低于材料的抗拉强度或屈服极限。不论是脆性材料还是塑性材料,其疲劳断裂在宏观上均表现为无明显塑性变形的脆性断裂。

经实验研究表明,零件在疲劳载荷作用下,因位错运动而造成的不均匀滑移带是产生疲劳裂纹的最根本原因。表面缺陷或材料内部缺陷起着尖缺口的作用,产生应力集中,促使疲劳断裂的形成。

承受交变载荷的零件,在较低的应力(低于屈服极限)下,在其表面(当表面经强化处理后可转至表面以下或内部)将出现不均匀的滑移带。在某些强烈滑移带内,各小滑移带的滑移不均匀性更为严重,其高度差造成许多如锯齿状显微缺口。在两侧高度差较大的滑移面间较尖锐的缺口处,由于应力和应变集中的不断加强,而形成滑移裂缝。

零件的表面难免存在加工缺陷(如刀痕、磨削裂缝、锻造或热处理过热或裂缝等)、截面尺寸突变(如台肩、尖角、键槽和小孔等)、以及各种腐蚀缺陷(如晶界腐蚀、应力腐蚀、蚀坑等),这些地方将产生较大的应力集中,疲劳裂纹容易产生。

金属材料的第二相质点、非金属夹杂物、晶界和弯晶界、疏松、孔洞、气泡等处,有较高的应力集中(比工作应力高2~3倍),易造成该处滑移不均或夹杂物断裂而引起疲劳裂纹的产生。滑移带达到晶界或弯晶界处,滑移方向将发生改变,在该处也形成高应力区,使滑移不均匀。在交变应力的继续作用下,晶界处的变形和应力不断增加,最后晶界处或弯晶界处产生疲劳裂纹。

二、腐蚀与气蚀

腐蚀是指金属受周围介质的作用而引起破坏的现象。金属零件的腐蚀是一个十分严重的问题。据统计,全世界每年因腐蚀而损坏的金属制品的质量占金属年产量的1/5~1/3。因此,研究金属的腐蚀具有非常重要的现实意义。零件腐蚀按其机理可分为化学腐蚀和电化腐蚀。

1. 化学腐蚀

金属与介质直接发生化学作用而引起的损坏称为化学腐蚀。腐蚀产物直接生成于发生腐蚀的部位,并在金属表面形成表面膜。膜的性质决定化学腐蚀的速度,如膜完整严密,则有利于保护金属而减慢腐蚀。金属在干燥空气中的氧化,以及金属在不导电介质中的腐蚀均属于化学腐蚀。

2. 电化腐蚀

金属表面与周围介质发生电化学作用而有电流产生的腐蚀称为电化学腐蚀。引起电化腐蚀的原因是金属与电解质溶液接触形成原电池,产生了电化学反应,而使电极电位较低的部分遭受腐蚀。这种原电池,由于其电流无法利用,却使阳极金属受到腐蚀,因此称为腐蚀电池。

两种金属制成的零件,由于其电极电位不同,可以形成腐蚀电池。即使同一金属,由于各部位接触的溶液成分不同,也可形成浓差腐蚀电池。况且,各种金属都不是绝对纯,常含有杂质,并存在化学成分不均匀,组织差异和应力差异等。这些现象均可产生电位不等,构成许多微小的局部电池。当金属表面有氧化膜或镀层时,常因氧化膜不完整,有孔隙,或镀层有破损、裂纹等,在电解质溶液存在的环境下,亦形成局部腐蚀电池。

金属按电化学机理发生腐蚀时,同时进行两个过程:第一是阳极过程——金属原子变成离子进入溶液,并在金属上留下电子;第二是阴极过程——溶液中的去极化剂吸收掉金属上多余电子。氢离子和氧是常见的去极化剂。氢离子作去极化剂的腐蚀过程称为析氢腐蚀。许多金属在盐酸或稀硫酸中均受到析氢腐蚀;氧作为去极化剂的腐蚀过程称为吸氧腐蚀。金属在盐或碱溶液中,或在大气、海水和土壤中均可产生吸氧。

3. 气蚀

气蚀(又称穴蚀)是当零件与液体接触并有相对运动时,零件表面出现的一种破坏现象。这种破坏的特点是在局部区域出现麻点、针孔,严重时呈聚集的蜂窝状的孔穴群。小孔的直径可达 1mm 甚至几毫米,深度可穿透零件。水冷柴油机缸套外壁、滑动轴承等都可能发生穴蚀破坏。由于柴油机的强化,缸套穴蚀破坏比较严重,成为影响缸套寿命的重要因素之一。

柴油机缸套穴蚀的特征是孔穴群常集中出现在连杆摆动平面的两侧,尤其在活塞侧压力大的一侧外壁最为严重。另外,在进水口的水流转向出处,缸套支撑面及密封处也可能出现穴蚀破坏。

side margin text

汽车再生工程(第二版)

176

三、其他损伤

前面介绍了金属零件的失效模式和失效机理,并分析了导致损伤的主要影响因素。随着新技术和新材料在汽车制造中的广泛应用,电子元件、工程塑料和橡胶制品在汽车零件中所占的比例越来越大。因此,有关电子元器件失效、工程塑料及橡胶制品的损伤都成为常见的损伤形式。

1. 电子元器件的损伤

汽车电子元件及设备工作环境可概括地归纳为以下几点:即温度和湿度的变化范围宽、电源电压波动大、脉冲电压强、电磁相互干扰多、振动与冲击剧烈及尘埃与有害气体侵蚀等。

一般的电子元件对过电压和温度特别敏感。例如:晶体管的 PN 节易过电压击穿;电解电容器在温度升高时,漏电将增加;晶闸管元件则对电流敏感。将上述损伤归纳成以下几种形式。

(1)元件击穿。元件击穿有许多原因,主要是过电压击穿、过电流击穿和过热击穿。击穿的现象有时表现为短路形式,有时表现为断路形式。由电路故障引起的过电压,过电流击穿是不可以恢复的。

据资料统计,汽车上的电器由于介质击穿造成的损坏大约为85%,而其中约有70%的击穿故障是发生在新车上的。同时,电容器的击穿又常常会烧坏与其串联的电阻元件。

晶体管的击穿也是一种主要的故障现象。由于元件质量的问题,其稳定性较差。例如,由于自身热稳定性差而导致类似于击穿的故障,成为"热短路"或"热击穿"现象。

(2)元件老化。元件老化也是指性能退化。它包括许多现象,如电容器的容量减小、绝缘电阻下降、晶体管的漏电增加、电阻值变化、可变电阻不能连续变化及继电器触点烧蚀等。对于继电器这类元件,往往还存在由于绝缘老化、线圈烧坏、匝间短路、触点抖动甚至无法调整初始动作电流等故障。

（3）连接故障。这类故障包括接线松脱、接触不良、潮湿、腐蚀等导致短路、断路等。这类故障一般与元件无关。

2. 塑料的损伤

汽车制造技术的主要进步之一就是越来越广泛的采用新结构材料，其中最有前途的是合成材料，特别是塑料。塑料大致可分成热塑性塑料和热固性塑料。热塑性塑料对热具有可逆反应，热固性塑料则没有。一般来说，热固性塑料无论是耐热性和耐溶剂性都比热塑性塑料好得多。

（1）老化。塑料在自然条件下长期放置，逐渐地起物理化学变化，并引起变色、变形、龟裂，从而降低其力学性能等，这种现象称为老化。引起老化的原因是零件使用的环境条件，如：热和光的作用；氧、臭氧及其他元素的作用；风和雨的作用；机械外力的作用等，其中氧化对老化的影响最大。此外，和金属并用时金属离子也会使其老化。但是，用改变组成和使用添加剂等方法可以延缓塑料的老化，增加使用的耐久性。

（2）疲劳破坏。塑料零件在实际使用的时候，当承受随时间变动的载荷时尽管其最大应力小于静破坏应力，但在某种程度的反复作用后仍有破坏现象发生。在反复应力条件下材料不发生疲劳破坏的应力最大极限值称为疲劳强度。为了防止塑料的疲劳破坏，其所受的交变应力应小于其疲劳强度。

（3）磨损。除不光滑磨损外，塑料做轴承和齿轮用的时候，光滑面彼此的滑动或滑滚时也易于磨损。滑动速度增大，摩擦热就升高，最后产生发热熔化、分解或者变色等故障。PV值（负载压力与速度之间的对应值）是各种塑料在用做轴承时的标准，这个标准适用于短时间或间歇工作情况。如果连续使用，那么实际 PV 值只是这标准的 1/2 ~ 1/3。

按所具有的 PV 值大小，可分为两组：一组是达到一定的 PV 值且熔融而产生强的磨损（聚酰氨树脂和聚乙烯树脂等）；另一组完全看不出熔融现象，且 PV 值小（聚四氟乙烯）。它们的磨损机理各不相同，主要原因是摩擦面的温度不同。

（4）刮痕。塑料零件在使用中容易产生的损伤，这种情况只能根据压痕硬度、划痕硬度、耐磨性和抗擦伤加以判定。

（5）龟裂。塑料零件在使用中由于各种原因引起的一种损伤形式。龟裂可分为一般环境应力龟裂，溶剂龟裂及热应力龟裂 3 种。龟裂是由于几种原因复合而同时引起的，所以，损伤现象分析比较困难。应力龟裂现象被分子结构、结晶状态所支配，所以受原料及成形加工条件的影响较大。另外，产生龟裂时间的长短是受外部所加应力、变形的大小、媒介物质的性质所影响。

3. 橡胶制品的损伤

汽车上使用的橡胶制品主要有轮胎、传动带、散热器热水胶管、燃油胶管以及各类油封等。其典型的工作环境和损伤形式介绍如下：

（1）轮胎。汽车行驶时，轮胎在负荷和路面阻力的作用下，连续发生复杂的形变，使内部受力和发热。温度的升高，将严重地影响橡胶的性能和轮胎的组织，从而大大地增加了轮胎的磨损而缩短其使用寿命。

轮胎损伤形式主要有：帘线过度伸张，甚至拉断；接地面积减小，胎面中部磨损增加，在花纹底部开裂。另外，轮胎因变形摩擦而发出热量，促使胎温升高。当超过一定的温度时（一般为 100℃ 左右）胎体强度大大降低，很容易引起脱层、爆破损坏等。

（2）胶管。燃油胶管由内层橡胶和外层橡胶两种不同橡胶双层复合而成。内层采用的是耐汽油性能优异的腈—丁二烯橡胶（NBR），外层则采用耐臭氧性能优良的聚环氧氯丙烷橡胶。此外，靠近发动机位置的燃油胶管使用了氟橡胶，它主要损伤形式是高温老化。

（3）散热器水胶管。冷却液中加有乙二醇防冻液和防锈液。因此，热水胶管除要求耐热性能外，还要求耐腐蚀性优良的橡胶。过去以苯—烯—丁二烯橡胶（SBR）为主，现在主要采用耐热性优良的乙烯丙烯橡胶（EPDM）。其损伤形式主要也是老化。

（4）液压油管。液压制动系统输油和转向助力系统的供油管，其寿命主要受介质的性质、环境温度和工作负荷所决定。在某些使用位置上的部件，振动和冲击等外力也是导致老化的因素。

（5）油封件。油封件由它的工作特点决定了对其耐疲劳性的要求很高。同时还受液体的性质和环境温度的影响，因此其主要损伤形式是老化和机械破坏。

（6）减振橡胶。发动机橡胶支撑块，其破坏主要是疲劳和老化，要求具有良好的动态抗疲劳特性。从耐久性考虑，还要求具有高温机械特性，主要使用天然橡胶（NR）材料。但是，目前也采用具有良好减振性和防振性的丁基橡胶。另外，提高减振性会使耐久性不稳定，故应综合考虑。

第三节　总成拆解与零部件清洗

一、总成拆解

汽车再制造主要是对总成、零部件的再制造。因此，这里所指的拆解是从回收的废旧产品上拆解可使用部件和可修复部件作为再制造的原材料和备用件。对于可修复部件来讲，它是再制造加工的毛坯件。总成拆解是劳动密集型工序，相对的劳动强度较大，并且总成拆解方法和步骤直接影响到再制造产品质量和成本。选用合理的方法以避免拆解零件的变形和损伤，缩短拆解时间，降低拆解费用。

总成拆解前均须进行外部清洗，清除尘土、油污和泥砂等污物。外部清洗一般采用压力为 0.2~1.0MPa 的冷水进行冲洗。对于密度较大的厚层污物，在水中加入适量的化学清洗剂并提高喷射压力和温度。清洗过的汽车可保证拆卸质量和工位的清洁。应选用具有清洗效率高、效果好、节水等特点的专用清洗设备。

根据拆解对象的具体状态、确定拆解深度和序列。对于汽车总成一般需要拆解到部件和零件。在拆解过程中，对于易损零件和明显不能进行再制造加工的零件直接分选，归入材料再利用类或废弃处理。

1. 注意事项

（1）熟悉被拆总成的结构。拆解前，应熟悉被拆总成的结构，必要时应查阅相关资料。按拆解工艺程序进行拆解，防止拆解程序倒置，避免造成不应有的零件损伤。

（2）采用正确的拆解方法。按由表及里、先组件后零件的顺序，将总成分解拆解。然后，再依次拆成组合件和零件。

（3）合理使用拆解工具和设备。拆解时，所选用的工具要与被拆解的零件相适应，如拆解螺母、螺钉时，应根据相应的尺寸，选取合适的扳手或套筒，尽可能不用活扳手；对于衬套、齿轮和轴承等应尽可能用专用拉器或压力机。

（4）保证零件的再制造条件。对拆下来的零件应分类存放，以利于资源管理。

（5）遵守安全操作规程。严格按照安全操作规程进行操作，防止各类事故的发生。

2. 连接件拆解

（1）过盈配合件的拆解。在拆解作业中，过盈配合件占有一定的比重。同时，这些零件在拆解过程中，要求不破坏它们的配合性质及不伤其工作表面。所以，为了保证拆解作业的质量，应尽可能采用专用设备。

过盈配合的拆解方法与配合的过盈量大小有关。当过盈量较小时，如曲轴正时齿轮应尽量采用拉器进行拆解。当过盈量较大时，应用压力机拆解。

在拆解轴承的过程中，应使其受力均匀，压力（或拉力）的合力方向与轴线方向重合。作用力应作用在内座圈（或外座圈）上。防止滚动体或滚道承受载荷。

（2）螺纹连接件的拆解。螺纹连接件拆解的工作量，占总拆解量的50% ~ 60%。为防止连接件的损坏，要采用正确的拆解方法；要选用尺寸合适的呆扳手或套筒扳手，不宜采用活扳手。如果扳手开口过宽，会使螺母棱角损坏。如果螺栓拧得过紧而不易拆解时，不应采用过长的加长杆，否则易发生螺栓折断。

对于多个螺栓紧固的连接件拆解，首先，应按规定的顺序将各螺栓拧松1 ~ 2圈，然后依次均匀拆解，以免零件损坏和变形。对于拆解后会因重力下落的零件，应使最后拆下的螺纹连接件即拆解方便，又具有保持工件平衡的能力。在拆解螺纹连接件时应尽量使用气动扳手或电动扳手。采用机械化工具，可以提高工作效率，降低劳动强度，提高拆解质量和减少拆解人员。

（3）特殊螺纹连接件的拆解。对于双头螺柱可用偏心扳手进行拆解，如图6-4所示。当转动手柄时，偏心轮将双头螺柱卡住，再继续扳动手柄，便可将双头螺柱拆下。双头螺柱也可以用一对螺母，旋入双头螺柱，并互相锁紧，然后用扳手把它连同双头螺柱一起拆解下来。

断头螺钉在工件内不太紧时，可用淬火多棱锥头钢棒插入螺钉内并将其旋出，如图6-5a)所示。也可在螺钉头部钻一小孔，在孔内攻反向螺纹，用反扣螺钉拧出断头螺钉，如图6-5b)所示。

断头螺钉高于机体表面时，可将高出的螺钉锉成方形或焊上一螺母将其拧出，如图6-5c)所示。

图6-4　双头螺柱的拆解

1-双头螺柱；2-轴销；3-滚花偏心轮；4-扳手体；5-手柄

图6-5　断头螺钉的拆解

二、零部件清洗

清洗是借助于清洗设备将清洗液作用于工件表面,除去工件表面的油脂污垢,并使工件表面达到一定清洁度的过程。拆解后的零件根据形状、材料和类别等情况进行分类,然后分别采用合适的方法进行清洗。

常用的清洗方法有擦洗、高压或常压清洗、电解清洗、气相清洗和超声波清洗等。再制造清洗方法,应采用环保化清洗方法,以节约用水,并减少环境污染。

零部件清洗分为加工前和装配前的清洗。清洁度是再制造产品加工过程中一项主要指标,如果用清洁度不良的产品进行装配,将出现过度磨损、精度下降和寿命缩短等现象。因此,总成拆成零件后,由于其表面的污物会直接影响加工质量、使用寿命和生产成本,所以须进行零件清洗,以清除油污、积炭、水垢和旧漆层等。

1.油污的清除

1)清洗液

清洗液大致有3种,分别是碱溶液、化学合成水基金属清洗剂和有机溶剂。

(1)碱溶液。碱溶液是碱或碱性盐的水溶液。它的除油机理主要是靠皂化和乳化作用。

汽车零表面上的油污有动植物油和矿物油两大类。动植物油和碱性化合物溶液可发生皂化作用,生成肥皂和甘油而溶解于水中。而矿物油在碱性溶液中不能溶解,而是形成乳浊液。碱离子的活动性很强,使矿物油形成小油滴。但油和金属的附着力很大,使油与金属脱离的不彻底,即使有时形成的油滴破裂,但油与金属重新吸附,为此应在清洗时加入乳化剂。

乳化剂是一种活性物质,能降低液体表面张力,它的结构模型如图 6-6 所示。其分子的一端呈极性,与水吸引,称亲水基;另一端呈非极性,与油吸引,称亲油基。所以,它既能吸附在油的界面上,又能吸附在水的界面上,降低了它们的表面张力,从而将油和水连接起来,防止它们的相互排斥。因此,油被乳化后分散成被水包围的细小颗粒,并悬浮溶液中形成乳浊液,从而将油污除去。清洗钢铁零件时,清洗剂配方可参考表 6-3;清洗铝合金零件时,可参考表 6-4 中的配方。

亲水基　　　　　　　　　　　亲油基

图 6-6　乳化剂分子模型

清洗钢铁零件用配方(单位:kg)　　　　　　表 6-3

成　　分	配方 1	配方 2	配方 3	配方 4
苛性钠	7.5	20	—	—
碳酸钠	50	—	5	—
磷酸钠	10	50	—	—
软肥皂	1.5	—	5	3.6
硅酸钠	—	30	2.5	—
磷酸三钠	—	—	1.25	9
磷酸氢二钠	—	—	1.25	—
偏硅酸钠	—	—	—	4.5
重铬酸钾	—	—	—	0.9
水	1000	1000	1000	450

成　分	配方1	配方2	配方3
碳酸钠	1.0	0.4	1.5 ~ 2.0
重铬酸钾	0.05	—	0.05
硅酸钠	—	0.15	—
磷酸钠	—	—	0.5 ~ 1.0
肥皂	—	—	0.2
水	100	100	100

配方中主要成分的作用:

苛性钠:起皂化的作用。由于它对有色金属有腐蚀作用,因而对铝、铜及其合金应控制在2%以下。

碳酸钠:起软化水的作用,并且维持溶液有一定的碱性。因为碱性是影响清洗效果的一个重要因素,它决定清洗液对油污的皂化能力,同时又能降低溶液表面张力和水的硬度。

硅酸钠:主要起乳化作用。它对金属有防腐作用,特别对铝、镁、铜及其合金有特殊的保护作用。硅酸钠在水溶液中水解生成胶体多硅酸。胶体多硅酸能提高溶液分散污物的能力,并防止污物再次沉积。

磷酸钠:磷酸钠能增加溶液对零件的湿润能力,并有一定的乳化和缓蚀作用。它可与水中的钙、镁离子结合生成难溶于水的并以沉淀形式自溶液中析出钙盐和镁盐。由于它的碱性较强,用量不宜太多。

重铬酸钾:在清洗液加入适量重铬酸钾,可防止金属除油后生锈。

碱性除油清洗液,一般加热至80 ~ 90℃。油膜在高温溶液中黏度下降,由于表面张力和膨胀作用,油膜皱缩而破裂,形成小油滴。高温还能加速溶液的循环流动,可加速除油。但是,清洗液的温度也不能过高,否则会使蒸发量过多,热能消耗过大也不经济。

此外,机械搅拌作用能使溶液增加一些运动能量,冲击油污,有利于油污从金属表面上分离,使金属表面不断和新溶液接触,从而加速了除油过程。

零件除油后,需要用热水冲洗,去掉表面残留的碱液,防止零件被腐蚀。

(2)水基清洗剂。化学合成水基清洗剂是以表面活性剂为主的合成洗涤剂。有些加有碱性溶液,以提高表面活性剂的活性,并加入磷酸盐、硅酸盐等缓蚀剂。

表面活性剂能显著地降低液体的表面张力,增加润湿能力,其有离子型和非离子型两种类型。离子型又可分为阴离子,阳离子和两性表面活性物质。由于非离子型及阴离子型对硬水、酸、碱及其他金属离子都有较好的化学稳定性,因此,广泛用于水基金属除油剂。

水基清洗剂清除油污的方法主要靠浸湿、乳化、分散和增溶等各种复杂过程的综合作用。大多数情况下,污物由两相构成——液相(油、树脂)和固相(尘埃、沥青等)。对于液相的油污使用液相乳化的方法,即与油污形成乳化液而除去。对于固相的油污使用固相分散的方法。污物固相分散是因污物微粒表面上活性物质的吸附引起的。由于清洗液表面张力小,因而能渗透到污物微粒的微小裂纹中,并使表面活性剂吸附在这些微粒的表面上。表面活性剂的吸附分子对微粒产生楔入压力,将其破碎。

化学合成水基金属清洗剂在80℃左右时,清洗效果较好。在清洗油污时,要根据油污的类别、厚度和密实程度,金属性质、清洗温度、经济性等因素综合考虑,选择不同的配方。

（3）有机溶剂。有机溶剂是指煤油、轻柴油、汽油、三氯乙烯、丙酮和酒精等。有机溶剂清除油污是以溶解污物为基础的。由于溶剂表面张力小，能够很好地使被清除表面润湿并迅速渗透到污物的微孔和裂隙中，然后借助于喷、刷等方法将油污去掉。

有机溶剂对金属无损伤，可溶解各类油、脂。清洗时一般不需要加热，使用简便，清洗效果好，对金属无损伤。但它们大多数为易燃物，有些还对人身体有害，清洗成本也高，主要只适用于精密零件的清洗。

目前，使用的大多为轻柴油、汽油和三氯乙烯。三氯乙烯是一种无色透明、易流动、易挥发、在常温下带有芳香味的液体。它溶解油脂的能力很强，又不易燃烧。但它有毒性，使用时要采取严格的安全防护措施。

2）清洗设备

零件的清洗设备多采用隧道式和箱式清洗机，清洗设备能提高清洗压力和温度，使液体循环利用和过滤清洁，从而提高清洗效率、节约能量和减少污染。目前，国内生产发动机再制造清洗设备的企业主要是上海善能机械有限公司。

善能公司生产的SPW-32型清洗机如图6-7所示。清洗机设有全封闭式喷射清洗腔，清洗液喷射量为380L/min。工作区域508mm×813mm，装载台的承载能力为227kg。大容量的碱性热清洗液槽，用来清洗工件上的油脂和污垢。清洗机门打开时，可水平放置。带轮子的φ508mm转盘能在上面拉出，零件装卸方便。防漏门保证清洗液不会泄漏到外面，使清洗车间干燥清洁。水泵功率为3.73kW（5HP），18个喷嘴提供压力为0.6MPa热清洗液，保证快速彻底去除工件上的油脂和污垢。

图6-7　SPW-32清洗机

2. 积炭的清除

积炭主要是存在于发动机燃烧室中，并将产生以下不良的影响：减少燃烧室容积，影响散热；燃烧过程会出现许多炽热点，引起混合气先期燃烧，将使气门黏附在气门座上，使发动机特性变坏，甚至无法工作。此外，积炭微粒的脱落还能污染发动机润滑系统，导致早期磨损。为了保证发动机正常工作性能，必须彻底清除零件上的积炭。

1）积炭形成过程

积炭是发动机燃油在高温和氧化的作用下形成的异物。积炭产生后，润滑油也会参与燃烧，使积炭形成加剧。发动机工作时，由于燃烧室供氧不足，使燃油和渗入燃烧室中的润滑油不能完全燃烧，产生的油烟和烧焦润滑油的微粒，混入润滑油中，在发动机内被氧化成一种稠胶状液体——羟基酸（分子中同时含有羟基（-OH）和羧基（-COOH）的化合物，并进一步被氧化成一种半流体树脂状的胶质，牢固地黏附在发动机零件上。此后，在高温的不断作用下，胶质物又聚缩成更复杂的聚合物（单体聚合反应生成物），形成硬质胶结炭，俗称积炭。

积炭的化学组分，可分为挥发物质（如油、羟其酸）和不易挥发物质（沥青质、油焦质、炭青质和灰分）。发动机工作时，温度越高，压力越大，形成的积炭也就越硬，越致密，与金属黏结的越牢固。

2）积炭清除原理

在清除零件表面积炭的各种方法中，广泛应用的是化学方法。它是用化学溶液（俗称退炭剂)浸泡带积炭的零件,使积炭溶解或软化,再辅以洗、擦等办法将积炭清除。用化学方法清除积炭的过程就是氧化的聚合物膨胀和溶解的过程。退炭剂与积炭接触后,首先在积炭层表面形成吸附层,然后由于分子间的运动,以及退炭剂分子和积炭分子极性基的相互作用,就会使退炭剂分子逐渐向积炭层内层扩散,并能在积炭网状分子的极性基间生成键结合,使网状分子之间的极性力减弱,破坏网状聚合物的有序排列,使聚合物的排列逐渐变松。

另外,它只能使积炭产生有限的溶解,积炭并不能自动脱离金属表面而溶解在退炭剂中,还须配以机械作用清除积炭。

3)除炭剂配方

退炭剂按性质可分为无机退炭剂和有机退炭剂两种。多数退炭剂都由溶剂、稀释剂、活性剂和缓蚀剂4种成分组成。

(1)积炭溶剂。积炭溶剂有强极性溶剂、碱金属皂类和碱类等3种。

强极性溶剂主要包括芳香基氯化衍生物、硝基衍生物和酚类。为降低成本,退炭剂很少用纯溶剂。碱金属皂类包括各种肥皂、油酸钾及碱性洗涤剂等。碱类包括苛性钠、磷酸三钠、氢氧化胺及碳酸铵等。苛性钠水溶液加入强极性溶剂会使退炭能力提高。

(2)稀释剂。加入稀释剂使黏稠的积炭溶剂稀释,可使固体药剂在其中容易溶解,同时也可降低退炭剂成本。无机退炭剂用水稀释,有机退炭剂一般用乙醇、苯、煤油和汽油等稀释。实际上,许多稀释剂也有退炭能力。

(3)缓蚀剂。缓蚀剂可以防止某些退炭剂中的碱性成分对有色金属的腐蚀。通常用硅酸盐、铬酸盐和重铬酸钾。一般用量只占退炭剂的0.1%~0.5%,过量会影响退炭效果。

(4)活性剂。活性剂能降低退炭剂本身的表面张力,使退炭剂与积炭有好的结合。活性剂有醇类、胺类、有机酸类和酚类等。常用退炭剂配方见表6-5及表6-6。

常用退炭剂配方(一)(单位:kg)　　　　　　　　　　　　表6-5

成　分	钢件和铸铁件			铝合金件		
	配方1	配方2	配方3	配方1	配方2	配方3
苛性钠	2.5	10	2.5	—	—	—
碳酸钠	3.3	—	3.1	1.85	2.0	1.0
硅酸钠	0.15	—	1.0	0.85	0.8	—
软肥皂	0.85	—	0.8	1.0	1.0	1.0
重铬酸钾	—	0.5	0.5	—	0.5	0.5
水(L)	100	100	100	100	100	100

常用退炭剂配方(二)(单位:%)　　　　　　　　　　　　表6-6

成　分	配　方	备　注
醋酸乙酯	4.5	
丙酮	1.5	
乙醇	22	积炭零件浸泡2~3h,取出用毛刷沾汽油将积炭刷掉。效果好、方便。但对铜有腐蚀,对钢、铁、铝等均无腐蚀,要有良好的通风
苯	40.8	
石蜡	1.2	
氨水	30	

4）除炭工艺

（1）无机退炭剂除炭工艺。将原料配成混合液，加热至90℃左右，把除炭的零件放入退炭剂中，浸泡2~3h时，积炭软化后，用毛刷、抹布擦拭，热水冲洗，冲后吹干。

（2）有机退炭剂除炭工艺。将零件放入退炭剂的密闭容器中，用蒸汽加热至90℃左右，浸泡2~3h时，待积炭软化后，用毛刷刷掉、洗净。

3. 水垢的清除

1）水垢形成过程及影响

发动机冷却系统如长期使用未经软化处理的硬水，将使发动机散热器内、水套内积存大量的水垢。通常水垢由碳酸钙、硫酸钙和硅酸盐组成。由于冷却系统内的硬水被加热，碳酸盐受热分解，硫酸盐、硅酸盐由于水分蒸发，其浓度增加。当达到饱和状态时，它们就从水中析出，并沉积在水套、散热器等内表面上，这种沉积层称为水垢。

水垢的导热系数极低，是钢铁的1/20~1/50。当水垢沉积在冷却系统零件内表面上过多时，会产生以下影响：大大降低发动机的冷却强度，从而导致发动机过热；造成运动件膨胀，配合间隙变小，力学性能下降，甚至发生"卡缸"现象；可能产生高温腐蚀，使零件磨损加剧，甚至产生烧蚀、裂纹等。

另外，水垢严重时，部分循环水道将被堵塞，冷却液流通不畅，发动机整体或局部高温，以致产生重大机械事故，使发动机无法工作。因此，必须及时地清除水垢。试验证明，汽车大修时，清除冷却系统水垢可以使发动机功率和燃料经济性指标提高4%~6%。

2）水垢的清除原理及方法

水垢的清除方法很多，但多数是采用酸洗法和碱洗法。通过酸或碱的作用，使水垢由不溶解的物质转化为可溶性物质。在选用酸或碱溶液时，要适应水垢的性质，最好经过化验确定。如碳酸盐类水垢，可用盐酸溶液或苛性钠溶液除垢，其化学反应如下：

$$CaCO_3 + 2HCl \stackrel{}{=\!=\!=} CaCl_2（溶于水） + H_2O + CO_2 \uparrow$$

$$CaCO_3 + 2NaOH \stackrel{}{=\!=\!=} Ca(OH)_2（溶于水） + Na_2CO_3（溶于水）$$

硫酸盐类水垢不易直接溶解于盐酸溶液，应用碳酸钠溶液处理，然后再用盐酸溶液清除，其化学反应如下：

$$CaSO_4 + Na_2CO_3 \stackrel{}{=\!=\!=} Na_2SO_4 + CaCO_3 \downarrow$$

$$CaCO_3 + 2HCl \stackrel{}{=\!=\!=} CaCl_2 + H_2O + CO_2 \uparrow$$

硅酸盐类水垢也不易直接溶解于盐酸溶液，一般用一定浓度（2%~3%）的苛性钠溶液进行清洗。如用盐酸溶液清洗，应添加氟化钠或氟化铵，使硅酸盐变成溶解于盐酸的硅胶。由于硅胶易附在水垢表面，为此，还必须采取循环酸洗来清除全部水垢。

除垢后，通常还要除锈，所以，酸溶液比碱溶液效果好，但酸对金属的腐蚀作用较大。为减少腐蚀而又不削弱盐酸对水垢的作用，常在酸溶液中添加一定分量的缓蚀剂。缓蚀剂的作用主要是基于吸附原理，即它吸附在金属表面上形成防止金属继续溶解的保护膜，从而减少酸对金属的腐蚀；也可对铁锈溶解，起到除锈作用。

盐酸除垢溶液中，常用的缓蚀剂有：乌洛托平，一般用量为盐酸用量的0.5%~3%；若丁、02缓蚀剂用量一般为0.8%。

3）清洗钢铁零件上的水垢

对于含碳酸钙和硫酸钙较多的水垢，首先用8%~10%浓度的盐酸液加入3~4g/L的缓蚀剂（乌洛托平）并加热至50~80℃，处理零件50~70min。然后取出零件或放出清洗液，再用含 5g/L 的重铬酸钾溶液清洗一遍;或再用 5% 浓度的苛性钠水溶液注入水套内,中和残留的酸溶液,最后用清水冲洗干净。

对含硅酸盐较多的水垢,首先用 2%～3% 浓度的苛性钠溶液进行处理,温度控制在 30℃ 左右,浸泡 8～10h,放出清洗液,再用热水冲洗几次,洗净零件表面残留的碱质。

4)清洗铝合金零件上的水垢

将磷酸 100g 注入 1L 水中,再加入 50g 铬酐,并仔细搅拌均匀。在 30℃ 左右,浸泡 30～60min 后,用清水冲洗,最后用 80～100℃ 的重铬酸钾水溶液(浓度 0.3%)冲洗即可。

4. 旧漆层的清除

旧漆层既影响防锈功能,又不美观。因此,应将其除掉,然后再涂上新漆。清除旧漆层可以用单独的溶剂,也可采用各种溶剂的混合液。清除漆层的各种溶液分为有机退漆和碱性退漆剂两种。

1)有机退漆剂

有机退漆剂主要由溶剂、助溶剂、稀释剂、稠化剂等组成。溶剂有芳烃、氯化衍生烃、醇类、醚类和酮类等;助溶剂可用乙醇、正丁醇等;稀释剂可用甲苯、二甲苯、轻石油溶剂等;稠化剂常用石蜡、乙基纤维素等。在有机退漆剂中,加入稠化剂是为了延缓活性组分的蒸发,以保证有机退漆剂使用寿命。常用有机退漆剂配方见表 6-7。

在表 6-7 中,退漆剂同时又分低分子溶剂(二氯甲烷)及表面活性剂(甲酸),它们可使退漆剂经漆膜很快扩散并使漆膜和底漆一起剥落。处理时间为 20～40min,膨胀后用木板刮掉,再用稀释剂或汽油擦拭。

有机退漆剂配方(单位:%) 表 6-7

成分	二氯甲烷	甲酸	硝棉胶	石蜡	乙基纤维素	乙醇	甲苯	缓冲剂	备 注
配方 1	83				6	8	10	0.02	后两种成分未计算
配方 2	70～80	6～7	5～6	1.2～1.8		8～10			在百分比内

2)碱性溶液退漆剂

碱性溶液退漆剂主要成分为溶剂、表面活性剂、缓蚀剂和稠化剂,配成水溶液使用。

碱类主要用苛性钠、磷酸三钠和碳酸钠等;表面活性剂可用脂肪酸皂、松香水、烷基芳香基磺酸脂等;缓蚀剂用硅酸钠;稠化剂用滑石粉、胶淀粉、乙醇酸钠等。

碱性溶液可使漆层软化或溶解。常用碱性溶液配方及除漆工艺参数见表 6-8。

碱液退漆剂配方及除漆工艺参数 表 6-8

成 分	含 量		
	配方 1	配方 2	配方 3(成分按重量)
磷酸氢二钠	8g	—	—
磷酸三钠	6g	—	—
碳酸钠	3g	—	10%
软肥皂	0.5g	—	—
水玻璃	3g	—	—
水	1L	—	—
苛性钠	5～10g	5%～10% 浓度的水溶液	77%

成　分	含　量		
	配方1	配方2	配方3(成分按重量)
多烃醇	—	—	5%
甲酚钠	—	—	5%
表面活性物质(脂肪酸皂、石油磺酸酯、磺化蓖麻油)			3%
温度	92～95℃	90～100℃	6%～15%以上,加热至93℃
时间	煮泡1～5h	20～30min	—
配制	上述药品逐次溶于水中搅拌均匀	—	—
退漆后的处理	取出零件后用48℃温水刷洗、烘干	取出零件在40～50℃热水中洗刷,再用自来水冲洗,室温下干燥	—

第四节　零件检验与分类

一、零件检验基本要求

1. 零件检验分类

检验是再制造过程中保证产品质量的重要环节。通过检验可以确定零件的状态并进行分类,又可以根据损伤情况确定再制造加工方法。由于被检验的零件是有着不同使用经历的废旧产品,所以各个零部件的状态不完全一致,这与新品制造过程中零件毛坯质量一致的特点不同。因此,将零件分为再使用件、再制造件和待处置件3类。

(1)可使用件。是指符合产品制造技术标准要求,可以再使用的零件。技术标准包括尺寸和性能要求,如形位公差、表面粗糙度、强度和硬度等。

(2)再制造件。是指零件的损伤尚未超出使用极限,通过再制造加工可使其恢复到产品制造技术标准的零件,即再制造件。

(3)待处置件。是指即零件的损伤已超过使用极限且无法再制造加工,或虽然可再制造加工并能符合技术标准要求,但是所需再制造成本不符合经济要求,称这种零件为待处置件。所谓待处置是指可以作为再生材料进行再循环,或作为报废件进行无害化处理。

2. 零件检验分类要求

要做好零件检验分类工作,必须有零件检验分类技术条件和正确的检验分类方法,以及能保证检验精度的检验设备。

零件检验分类的技术条件是确定零件技术状况的依据,一般应包括以下内容:

(1)零件的主要特性,包括零件的材料、热处理性能以及零件的尺寸等。

(2)零件可能产生的缺陷和检验方法,并用图标明缺陷部位,说明缺陷的特征。

(3)零件的使用极限标准以及许用尺寸、许用变形量或许用形位公差。

(4)零件的报废条件。

(5)零件的再制造加工方法。

零件可能出现的缺陷是编制零件检验分类技术条件的主要内容,不同的零件由于其工作条件不同、结构不同,其出现缺陷的规律是不一致的,必须根据统计调查资料来确定。

3.零件检验内容

零件检验的内容包括几何精度检验、表面质量检验、力学性能检验、内部缺陷检验和平衡性检验等。使用的方法有直观检查、工具检验、仪表检验和物理检验等方法。

(1)几何形状精度。检验项目有:圆度、圆柱度、平面度、直线度、线轮廓度和面轮廓度。检验时,一般采用通用量具,如游标卡尺、千分尺、量规和机械杠杆量仪等。

(2)位置精度。检验项目有:同轴度、对称度、位置度、平行度、垂直度、斜度以及跳动。检验一般采用心轴、量规与百分表等通用量具互相配合进行测量。

(3)表面质量。它主要检查疲劳剥落、腐蚀麻点、裂纹及刮痕等。裂纹可用渗透探伤、磁粉探伤及超声波探伤等方法检查。

(4)内部缺陷。它指零件内部有裂纹、气孔、疏松和夹杂等。其内部缺陷主要用射线及超声波探伤检查。

(5)力学性能。硬度、硬化层深度和磁导率等可用电磁感应法进行无损检验。硬度也可用超声波、剩磁等方法进行无损检验。零件的表面应力状态可采用 X 射线、光弹、磁性及超声波等方法测量。

(6)平衡性。对于高速旋转运动的零件可利用平衡机进行静平衡、动平衡检查。

二、零件隐伤的检验

零件的隐伤,是指视力看不到的隐蔽缺陷。对主要零件及有关安全性的零件,如缸体、曲轴、连杆、转向节、球头销、传动轴及半轴等,零件有裂纹或疲劳裂纹,若不及时发现,使用时有可能引起断裂,造成重大的机械事故。因此,在进行再制造时,要进行零件隐伤的检验,以保证其使用可靠性。在零件的检验中,根据其结构的不同,应用较多的无损检验方法有磁粉探伤、荧光探伤、着色探伤和水压试验等。

1.磁粉探伤

所谓磁粉探伤,是指钢铁等强磁性材料磁化后,利用缺陷部位所产生的磁极吸附磁粉的探伤方法。它是检查铁磁性材料零件表面开口裂纹及近表面缺陷的一种无损检测方法。

1)磁粉探伤的原理与方法

磁力线通过被检验的零件(铁磁性材料)时,零件被磁化,如果零件表面或近表面有缺陷,在缺陷部位的磁力线就会因缺陷不导磁而被中断,使磁力线偏散而形成磁极。此时,在零件表面撒上磁粉或撒上磁悬液,磁粉粒子便被磁化并吸附在缺陷处,从而显示出其位置形状及大小,如图6-8所示。

当缺陷方向与磁力线方向平行或角度很小时,缺陷切断磁力线的数目很少,缺陷的两边不会产生磁极,不能吸附铁粉粒子。所以,利用磁粉探伤时,必须使缺陷垂直于磁场方向。因此,在检验时,要估计缺陷可能产生的位置和方向,而采用不同的磁化方法。横向缺陷要使零件纵向磁化;纵向缺陷要使零件横向磁化;对于与两种磁化方向都成一定角度缺陷,最好采用联合磁化法,这样检测缺陷的结果更准确。

(1)纵向磁化法。如图6-9所示,被检验的零件置于马蹄形电磁铁的两极之间,当线圈绕组通入电流时,电磁铁产生磁通,经过零件形成封闭的磁路,在零件内产生平行零件轴线的纵向磁场,这样便可以发现横向缺陷。

（2）周向磁化。周向磁化也称环形磁化或横向磁化，如图 6-10 所示。电流直接通过零件，则零件圆周表面产生环形磁力线，当缺陷平行于零件轴线方向时，便可形成磁极，吸附磁粉粒子，因而可以发现隐伤所在的部位。

汽车再生工程（第二版）

图 6-8　磁粉探伤原理

1-零件；2-磁力线；3-磁粉；4-缺陷（裂纹）

图 6-9　纵向磁化原理

1-磁化线圈；2-电枢；3-被检验零件

（3）联合磁化法。联合磁化法也称复合磁化，如图 6-11 所示。它是利用磁场迭加原理对零件同时采用周向磁化和纵向磁化，使其产生既不同于周向磁化也不同于纵向磁化的效果，而是两者合成方向磁场的磁化方法。它可以发现任意方向的裂纹或缺陷。目前国产的固定式磁粉探伤设备均具备上述磁化功能。

图 6-10　零件直接通电周向磁化法示意图

1-夹头；2-磁化电流方向；3-磁力线方向；4-被检零件；5-缺陷（裂纹）

图 6-11　联合磁化原理图

2）磁粉探伤工序

磁粉探伤的工序包括预处理、磁化、施加磁粉（或磁悬液）检查、退磁和后处理等。

（1）探伤前零件预处理工作。清除零件表面的油污、铁锈等。干法探伤时零件表面应充分干燥，使用油磁悬液时零件上不应有水分。有非导电覆盖层的零件必须做到能通电磁化，所以，应先将通电部位清干净。

（2）零件磁化方法选择。应根据其所用材料的磁性能、零件尺寸、形状、表面状况以及可能的缺陷情况确定检验的方法、磁场方向和强度、磁化电流的大小等。

磁粉探伤的磁化方法一般分为两种，即连续磁化法和剩余磁场法。前者是一种零件磁化和缺陷显示同时进行的方法，也就是说在施加磁化电流于磁化零件的同时，将磁粉或磁悬液施于被检零件的表面上去进行磁粉探伤；后者则利用零件被磁化后的剩磁来检查其表面的缺陷，即先将零件磁化，然后撤去磁化电流或磁场，再施加磁粉或磁悬液进行缺陷显示。剩余磁场法适用于材料的剩余磁感应强度高的零件，而连续磁化法适用于各种铁磁性材料制成的零件。

磁粉通常是黑色四氧化三铁（Fe_3O_4）和红褐色的 γ-三氧化二铁（γ-Fe_2O_3）。根据对被检零件施加磁粉的方式不同，有干法和湿法两种。干法是直接将干磁粉撒在被检零件表面上；而湿法则是将磁粉配成磁悬液，喷撒在被检零件表面上。而且，后者对表面缺陷的检测更为灵敏。

常用磁悬液为油磁悬液。它由 40% ~ 50% 的变压器油、50% ~ 60% 的煤油,再加入 20 ~ 30g/L 的磁粉配制成。

(3)磁化电流选择。可以采用直流或交流,但交流磁粉探伤应用较多。因为交流电有趋肤效应,可以提高表面缺陷探测的灵敏度,特别适用于检验表面疲劳裂纹;同时,使用交流电可实现复合磁化,而且设备结构简单、价格便宜、易于维修。在联合磁化时,应该是周向磁化采用交流,纵向磁化采用直流。这样将产生方向变化的联合场,有利于发现任意方向的缺陷。

磁化电流的大小,对探伤的结果有重要的影响。电流过大磁粉聚集太多将难于鉴别真实的缺陷;电流过小又不能显示出细微的缺陷。

利用交流周向磁化,以剩磁检查圆柱形零件表面缺陷时需要的磁场强度为 80 ~ 100Oe(奥斯特),因此,可按下式计算电流:

$$I = Hd/4 = (20 ~ 25)d \quad (A) \tag{6-1}$$

式中:H——圆柱型零件表面磁场强度,Oe(1000/4π,A·m^{-1});

　　　d——零件直径,mm。

采用交流连续磁化检验法,需要的磁场强度为 20 ~ 30Oe,其电流为:

$$I = (6 ~ 8)d \quad (A) \tag{6-2}$$

若采用直流电磁化,其电流强度一般可降低 30% ~ 50%。上述确定的电流值是近似计算值。

零件的形状对磁力线分布的均匀性有很能大影响。如果对直径均匀的长轴作纵向磁化时,轴的两端电磁感应比中部大得多,不易发现中部隐伤。因此,对很长的轴要进行逐段磁化检验。对于外形不规则的零件,磁化时磁力线分布极不均匀。所以,在检查曲轴的纵向裂纹时,需要强大的电流(大约 4000A)作周向磁化;而在检验径向裂纹时,需要分段作纵向磁化。磁化后即可向零件被检表面施加磁粉或磁悬液显示其缺陷。

采用干法时,施加干粉的装置须能以最小的力呈均匀雾状的将干磁粉施加于被磁化零件的表面,并形成薄而均匀的粉末覆盖层。

采用湿法时,通常用软管或喷嘴将磁悬液施加到零件表面上。磁粉施加后,在零件上的磁粉粒子被吸附在裂纹处而形成磁痕,便是显示的缺陷,应做好标记。

(4)退磁。零件经磁化检验后,由于或多或少地会留下一部分剩磁,因此,必须进行退磁。否则,零件在使用中可能吸附铁磁性磨料颗粒,造成严重的磨料磨损等危害。

退磁就是将零件置于交变磁场中,并使磁场的幅值由大到小,并逐渐降到零,从而将其剩余磁场退掉。最简单的退磁方法是将零件逐渐从供给电流的螺管线圈中退出,或直接向零件通电并逐渐减小电流强度到零为止。

用交流电磁化的零件,可用交流电退磁也可用直流电退磁,而用直流电磁化的零件,只能用直流电退磁。用直流电退磁时应不断改变电流方向,同时将电流逐渐减小到零,以获得交变的退磁磁场。

(5)后处理。零件探伤完毕后应进行的有关工作,如用油磁悬液检查零件,可用汽油或煤油等溶剂去掉零件上残存的磁粉。

磁力探伤能比较灵敏地查出铁磁性材料以及它们的合金(奥氏体不锈钢除外)表面裂纹和夹杂等缺陷。对于表面下的近表缺陷(2 ~ 5mm)在一定条件下也可以查出。在最佳检验条件下可以检出长度为 1mm 以上、深度 0.3mm 以上的表面裂纹；能检查出的裂纹最小宽度约为 0.1μm。正因为它具有设备简单、测量准确等优点，在汽车修复企业中被广泛应用。

2. 荧光探伤

（1）荧光探伤的原理。荧光探伤是利用紫外线照射使荧光物质发光来显现零件表面缺陷的一种探伤方法。荧光物质的分子可以吸收和放出光能，当其在紫外线照射时，每个分子都能吸收一定的光能。如果分子所吸收的光能较正常情况时多，则分子可以放出一定的光能，以恢复它的平衡状态，这就是可以见到的荧光。在裂纹处的荧光物质可以发出明亮的光，因此，可以很容易地发现裂纹。

为了检验零件表面的缺陷，在零件表面涂上一层渗透性好的荧光乳化液，它能渗透到最细的裂纹中去。经过一段时间后，将零件表面的荧光乳化液洗去但缺陷内仍保留有荧光液，在紫外线的照射下而发光，从而可以确定缺陷的位置、形状和大小。

（2）荧光渗透液配方。荧光渗透液配方见表 6-9。在荧光剂缺乏的情况下，可用矿物油作为代用品，如用 0.25L 的变压器油和 0.5L 的煤油及 0.25L 的汽油配制成混合液，再加入 0.25g 金黄带绿色的染料制成渗透液，紫外线照射时能发出绿黄色的光亮。

荧光渗透液配方　　　　　　　　　　　　　表 6-9

成分\牌号	荧 光 质		溶 剂		
	拜尔荧光黄	塑料增白剂	二甲苯	石油醚	邻苯二甲酸二丁酯
P-100	0.2g	0.1g	25mL	62.5mL	12.5mL
P-102	2.5g	1.6g	66.5mL	5mL	28.5mL

（3）荧光探伤检验程序。荧光探伤前要除去零件表面的油污、锈斑，在水温 20～40℃下清洗并烘干，水分蒸发后便于荧光液的渗透。

渗透处理时，将零件浸入荧光液中或将荧光液用毛刷涂在零件表面上，10～20min 后，用 150～200kPa 的常温水将荧光液从零件表面迅速洗掉，并用压缩空气吹干。

显像处理时，首先将零件稍微加热，渗入零件裂纹内的荧光液便向表面扩散，然后用紫外线（水银灯）照射，根据荧光的颜色，可检查出裂纹的位置、形状和大小。

荧光探伤几乎不受材料的组织和化学成分的限制，能有效地检查出各种表面开口的裂纹、针孔等缺陷。

3. 着色法探伤

着色法和荧光法相似，只是渗透液内不加荧光染料，一般加入红色或橙色颜料，缺陷在白色显像剂衬托下显色，检查只在白光或日光下进行。

检查零件表面缺陷时，首先要清除被检零件表面的油污，用具有较强渗透能力和渗透度的着色渗透液涂敷检验部位，渗透液迅速渗入微裂纹中，稍许后擦干净被检表面，再涂敷一层碳酸钙乳液（显像剂），溶剂挥发后，碳酸钙粉层便吸收留在裂纹内部的着色渗透液，从而显示出裂纹的位置、形状和大小。

着色渗透液可用 65% 的煤油和 30% 的变压器油及 5% 的松节油配制成混合液，再加少许红色或橙色颜料制成。显像剂可用溶剂和碳酸钙粉配制成。

着色法探伤不受材料的限制，能有效地检查出各种表面开口裂纹。方法简单，探伤准确，成本低，应用极其广泛。

4. 水压试验

水压试验可对水冷式发动机的汽缸体、汽缸盖和排气歧管等零件空腔壁上的裂纹进行检查,所需水压试验装置如图6-12所示。该装置结构简单,操作方便,检测结果准确、可靠。

试验时,先将汽缸盖连同橡胶质试验专用汽缸垫一起装在汽缸体上,缸体水套侧盖及各出水口处也应用橡胶垫及盖板进行封闭。然后,将其上有一与水压机出水管相连的管头的盖板以橡胶垫装在汽缸体前端进水口处,并向水套内压水。当水套内的水压力达到300~450kPa时,保持5min,不见汽缸体、汽缸盖、上水套部位有水珠渗出,即通过了水压试验。若有裂纹,则裂纹处会有水渗出。

图6-12　汽缸体与汽缸盖的水压试验

三、零件平衡检验

汽车上许多重要的高速旋转零件,如曲轴、飞轮、车轮、传动轴、离合器压板、带轮等,其质量不平衡将引起汽车的振动,并给零件本身和轴承造成附加载荷,从而加速零件磨损和产生其他损伤,以致直接影响汽车的使用寿命。所以,零件和组合件在装配前应进行平衡试验。

1. 静不平衡零件的检验

零件的静不平衡是由于零件的重心偏离了它的旋转轴线而产生的,如图6-13所示。$O-O$线是圆盘的旋转轴线,圆盘的重心在B点。重心与旋转轴线的距离为r。假如把圆盘按图中所示的方式支撑在轴承上,它是不能随时静止的,由于力矩Qr的作用,随时都有自转动的趋势,称这种现象为静不平衡状态。当静不平衡零件旋转时,由于重心偏离了它的旋转轴线,因而产生了离心力,并可由下式计算:

$$F = \frac{Q}{g}r\omega^2 = \frac{Q}{g}r\left(\frac{n\pi}{30}\right)^2 \qquad (6-3)$$

式中:Q——旋转圆盘的重力,N;

　　　r——重心B距旋转中心的偏移量,cm;

　　　n——圆盘的转速,r/min;

　　　ω——圆盘的角速度,rad/s。

由式(6-3)可以看出,离心力F与转速n^2成正比。因而随着转速增加,不平衡零件的离心力也增加,它将导致零件磨损加剧和产生其他损伤。零件的静不平衡检验是在一个专门的检验台架上进行的,如图6-14所示。

图6-13　零件的静不平衡示意图

图6-14　平行台式静平衡检验台架
1-棱形导轨;2-支架;3-支座;4-调整螺钉;5-牵制杆

在检验前应先调整螺钉4,使支架2的棱形导轨1处于水平位置,并调整好宽度,然后将装在被检验零件上的心轴平置在两导轨上。如果心轴滚动几圈后,零件如终停在一个静止点,则对应于心轴的最下方是重心偏离位置的方向,表示此零件静不平衡。如果心轴转动几圈后,能静止在任一点上,则表示静平衡。

消除静不平衡可以在与不平衡重量相对称的一侧附加一定的质量,也可以在不平衡质量一侧去掉一部分质量。

2. 动不平衡零件检验

经过静不平衡检验的零件,可能是动不平衡的。图 6-15 所示为两曲拐在同一水平面内

图 6-15　曲轴的动不平衡

的曲轴,两曲拐的重心为 S_1 和 S_2,距曲轴轴线距离为 r_1 和 r_2,且相等。因此,整个曲轴的重心在轴线上,此时曲轴是静不平衡的。但当它旋转时,由于离心力 F_1 和 F_2 组成一个力偶,力偶臂为 L。这个力偶将使曲轴轴承受到附加载荷,产生动不平衡。因而在实际生产中可利用配重等方法来消除力偶,获得动平衡。

如果零件是动平衡的,那么它一定是静平衡的,反之,零件是静平衡的,它有可能是动不平衡的。当动不平衡零件旋转时,由于零件沿长度方向上质量不均匀而产生的离心力,就是动不平衡零件旋转时所产生的附加力。这些附加力矩不但会减弱零件的强度,而且会使轴承载荷增加并引起振动。汽车上的曲轴和传动轴就是这种情况,动不平衡零件检验应在专门的动平衡机上进行。

第五节　零件修复方法与技术

一、方法分类

汽车再制造加工是采用相应的工艺技术使废旧零件恢复到新品的技术标准,或升级到超过新品技术标准的生产活动。再制造方法主要包括机械加工法和表面技术法等,主要分类如图 6-16 所示。

图 6-16　零部件再制造中应用的主要修复方法

二、机械加工法

机械加工法包括:修复尺寸法、附加零件法、压力校正法等。汽车上有多个零件可采用这种方法进行再制造,其中包括缸体、缸套、活塞、曲轴、轴瓦和连杆等。

1. 修复尺寸法

1)定义和特点

在零件机械强度和表面强化厚度允许的条件下,将配合副中主要的磨损部位经过机械加工至规定的尺寸,恢复其正确的几何形状和配合精度,得到尺寸改变而配合性质不变的加工方法,称为修复尺寸法。

对零件进行切削加工的结果是使其实体尺寸变小,即轴类件切削加工后小于标准尺寸,孔类件大于标准尺寸。由于再制造零件加工前的具体尺寸各不相同,因此,批量加工时需要确定零件公称尺寸,即修复尺寸。可以根据零件磨损量、加工余量以及材料强度和设计结构等因素,将修复尺寸分成不同等级。应用修复尺寸法进行再制造加工的特点:

(1)同一零件上结构、功能和尺寸相同的孔或轴的修复尺寸,应按磨损最大的孔或轴来确定。

(2)根据零件实际状态,选择合适的修复尺寸等级。

(3)同组零件的孔或轴的修复尺寸必须一致;加工时,应先加工磨损最大的孔或轴。

2)轴类零件修复尺寸计算

设轴颈的基本尺寸为 d_m,使用磨损后的直径为 d_w,如图 6-17 所示。

由于沿圆周方向磨损不均匀,最小磨损量为 δ_{min},最大磨损量为 δ_{max},一般情况下最小磨损与最大磨损在同一直径方向上,则直径方向总磨损量为:

$$\delta = \delta_{max} + \delta_{min} = d_m - d_w \tag{6-4}$$

设 ρ 为轴颈磨损不均匀性系数,$\rho = \delta_{max}/\delta$,当磨损均匀时 $\delta_{max} = \delta_{min}$,则:

$$\rho = \frac{\delta_{max}}{\delta_{min} + \delta_{max}} = \frac{\delta_{max}}{2\delta_{max}} = 0.5$$

图6-17　轴径的修复尺寸

当只有单面磨损时,$\delta_{min} = 0$。由此得出磨损的不均匀性系数 $\rho = 0.5 \sim 1$。按图 6-20 所示状态,在不改变轴心位置情况下进行机械加工,加工后零件轴颈尺寸与其基本尺寸相差量为最大单侧磨损量 δ_{max} 与机械加工余量 x_1 之和的 2 倍,因此轴颈的第一级修复尺寸可以按下式计算:

$$d_{r1} = d_m - 2(\delta_{max} + x_1) \tag{6-5}$$

式中:x_1——磨损最大侧机械加工余量。

根据最大单侧磨损量 δ_{max} 与 ρ 和 δ 的关系,即 $\delta_{mmax} = \rho \cdot \delta$,代入式(6-5)中,得:

$$d_{r1} = d_m - 2(\rho\delta + x_1) \tag{6-6}$$

设式(6-6)中 $2(\rho\delta + x_1) = \gamma$,则 γ 称为修复间隔级差量。因此,轴颈各级修复尺寸的计算公式可写成如下形式:

$$d_{rn} = d_m - nr \tag{6-7}$$

式中:d_{rn}——分别为 d_{r1},d_{r2},…;

　　　n——修复次数。

轴的修复次数可按下式计算:

$$n = \frac{d_m - d_{min}}{\gamma} \tag{6-8}$$

轴的最小直径 d_{min} 是依据零件刚度、强度、载荷情况以及零件表面热处理状态等最低允许值来确定。

3）孔类零件修复尺的计算

孔类零件修复尺寸，如图 6-18 所示。按轴颈修复尺寸计算方法可求得内孔表面第一级修复尺寸为：

$$D_{r1} = D_m + 2(\delta_{max} + x_1) = D_m + 2(\rho - \delta + x_1) = D_m + r \qquad (6-9)$$

式中：D_m——孔的基本尺寸；

D_{r1}——孔的第一级修复尺寸。

孔的各级修复尺寸为：

$$D_m = D_m + nr \qquad (6-10)$$

式中：D_{rn}——可分别为 D_{r1}，D_{r2}，…。

设孔的最大允许寸为 D_{max}，则孔的允许修复次数为：

图 6-18　孔的修复尺寸

$$n = \frac{D_{max} - D_m}{\gamma} \qquad (6-11)$$

4）修复尺寸法的优缺点

（1）修复尺寸法使各级修复尺寸标准化，便于加工和供应配件。但按级差加工，往往加大了加工余量，使可修复次数减少。

（2）修复尺寸法修复的零件通常是配合副中较贵重和结构复杂的零件，更换的是与其配合的价格较低的零件。这就大大延长了复杂贵重零件的使用寿命，再制造的经济性好。

（3）修复尺寸法是一种有限的修复方法。随着零件修复加工次数增加，其强度不断削弱。修复到最后一级时，零件尺寸也到了极限。若要继续使用，则需用其他方法恢复到基本尺寸。

2. 附加零件法

1）定义与特点

附加零件法是对零件的磨损部位或损伤部位，采用过盈配合方式重新镶上金属套，使零件恢复到标准尺寸及形位精度的方法。可以采用此种方法进行再制造的汽车零件包括：汽缸、气门座圈、气门导管、飞轮齿圈及各种铜套的镶配。

零件在使用中，有些只是局部磨损及损坏，当其结构和强度容许时，可将其磨损部分切削小（对轴）或镗大（对孔），再在这些部分用过盈配合的方法镶套，然后进行加工使零件恢复到基本尺寸和技术要求的修复方法。有些零件在结构设计和制造上就已经考虑了用镶套法进行修复，如汽缸套。

附加零件法可以恢复基础件的局部磨损，延长基础件的使用寿命。采用附加零件法一次可以使磨损了的零件恢复到基本尺寸，为以后的修复提供了方便；而且工艺简单，没有复杂地操作和加工；不需大型设备，所以成本低，质量容易保证。由于不需要高温，零件又不易变形（注意过盈量不要过大）和退火。但它的应用受到零件的结构和强度的限制。

2）工艺参数选择

附加零件的材料要根据工作条件来选择，如在高温下工作的部位，附加零件的材料应与基体一致或相近似，使它们线膨胀数相同；除此而外，材料热稳定性要好，以保证零件工作的可靠性。

例如，镶气门座圈使要选择与基体一致或膨胀系数相同的材料，即使用灰铸铁或耐热钢,但不能用普通钢,以防排气高温使普通钢氧化、脱皮。为了获得好的耐磨性能,也可采用比基体好的耐磨材料;镶套过盈量应选择合适,必要时要进行强度计算。因为过盈量太大,易使零件变形或挤裂;过盈量不足,又易松动和脱落。

附加零件多采用镶套的形式。由于多采用薄壁衬套,包容件受拉应力,被包容件受压应力。套不厚时(一般 2~3mm),应力大小与相对过盈成正比。所谓相对过盈就是单位直径(为镶套的基本尺寸)上的过盈量。例如,轴承孔镶套时,套的外径基本尺寸为 100mm,其过盈量为 0.05mm,即相对过盈为 0.05/100 = 0.0005,根据相对过盈的大小,镶套配合分为四级。分别为轻级、中级、重级及特重级。

为了保证镶套可靠,对重级及特重级两级别,必须验算结合强度和材料最大应力,并要通过试验后,再投入正式使用。镶干式缸套,一般选用中级过盈配合即可。镶气门座圈时,由于它承受高温和高频冲击,负荷较大,用重级过盈配合(修复时宜选用中级过盈配合)。镶气门导管时,由于尺寸小,受力小,选用中级过盈配合,过大镶配时会使缸体承孔失圆甚至胀裂。

为了保证准确的过盈量,配合面加工精度要求较高,通常采用 IT6、IT7,粗糙度 $Ra2.5$ ~ $1.25\mu m$。如镶缸套外圆表面粗糙度为 $Ra1.25\mu m$,缸套承孔为 $Ra2.5\mu m$,气门座圈外表面为 $Ra2.5\mu m$,气门座圈承孔为 $Ra2.5\mu m$。如表面粗糙度值过大,压入时表面凸凹处相互剪切,压入后实际过盈量减小。同时,由于表面粗糙度值过大,缸套与承孔实际贴合面积也减小,散热性能也差。零件粗糙度加工精度,应根据图样要求选择。

3. 零件的校正

零件的校正是利用金属的塑性变形来恢复零件几何形状的一种加工方法。汽车上许多零部件在使用中会产生弯曲、扭曲和翘曲,在修复中都要校正,如前轴、传动轴、曲轴、凸轮轴和连杆等。零件变形校正常用的是压力校正法,一般是采用室温冷校。如果零件塑性差或尺寸较大,也可以进行适当的加热。

因为零件具有弹性,所以用中碳钢制造的凸轮轴、曲轴在压校时,反向压弯值一般是原来弯曲值的 10~15 倍,并需保持一段时间。这样压力撤销后,才能得到需要的反向塑性变形,使零件校直。零件的压力校正如图 6-19a)所示。零件所受应力状态如图 6-19b)所示。

由图 6-19 可见,零件上部受压产生塑性变形,表面缩短,下部受拉也产生塑性变形,零件表面伸长,中部为弹性变形。这样产生的内应力使零件抗弯刚度下降,而且变形也不稳定,使用中容易回弹。为了使变形稳定,冷校后必须进行消除应力的热处理。

对于调质和正火处理的零件(连杆、前轴、半轴、半轴套管等),可在冷压后加热到 400~500℃,保温 0.5~2h;对于表面淬硬的零件(曲轴、凸轮轴),加热到 200~250℃,保温 5~6h,这样不会降低表面硬度。

有些汽车凸轮轴、曲轴是球墨铸铁制造的,由于塑性差,冷校时易折断,不宜采用冷压校正,工字梁校正需要用专门的设备。零件经校正后,疲劳强度下降 10%~15%,校正次数越多,下降幅度越大,因此只宜作 1~2 次校正。

零件的校扭更为复杂,如曲轴、连杆和工字梁,一般需用专门设备。在扭曲的反方向加

图 6-19 零件的校正
a)压力校正;b)零件应力
1-V 形块;2-轴;3-百分表

一个很大的扭矩,保持一定时间,并进行加热时效处理。同样,零件的校扭也会大大降低零件的扭转刚度,对于球墨铸铁和铸铁件均不能采用此法。

三、表面技术法

1.热喷涂技术

热喷涂是利用热源将金属或非金属(丝材,棒材或粉末)熔化,由高温、高压、高速焰流把熔化的材料雾化成细小的颗粒,并以很高的速度将其喷到零件的表面,形成一层覆盖层。根据喷涂材料不同,喷层可具有耐磨、耐腐蚀、耐热等特殊性能。可用于防腐、装饰、修复磨损零件的几何尺寸或修补缺陷等。喷涂技术在汽车、拖拉机、航天航空、船舶、化工等工业部门已广泛地应用。

根据熔化材料所用热源不同,喷涂可分为电弧喷涂、火焰喷涂及等离子喷涂等。

1)喷涂层特点

(1)喷涂层结构。喷涂时被雾化的材料颗粒群中,大部分颗粒处于熔融状态,颗粒在飞行时受到热和化学作用,表面产生硬化膜层。当撞击到零件表面以后,颗粒的硬化膜破裂,内部液态材料就流散开来,并且相互扩散,且部分交叉熔合在一起。部分温度稍低的颗粒被撞扁,在喷涂的基体表面互相嵌塞和堆积,形成多孔的层状结构。涂层中颗粒间的结合或颗粒与零件表面间的结合,以机械结合和物理结合为主,同时还有部分(金属材料)为冶金结合。

由于喷涂工艺有方向性,形成的涂层是层状的,因此,涂层的物理性能和力学性能有方向性。例如垂直和平行方向中的抗拉强度不同。液态颗粒被撞扁、凝结收缩时,凝结的微小颗粒中保留有一定的残余拉应力。当涂层一层接一层形成后,每个颗粒中微小应力积聚在一起,在整个涂层中发展为一种有规则的应力。涂层外层产生拉应力,基体有时也包括涂层内层产生压应力。在严重的情况下,这种应力足以撕裂涂层。喷涂前预热基体,可以减少或消除这种应力。

喷涂层化学成分常常是不均匀的。大部分颗粒由喷涂材料组成,而喷涂层内部包含有材料的氧化物。在空气中喷涂,无保护气体时,这种情况更为突出,但氧化物的强度可能比未氧化材料高。

大多数喷涂层都是多孔的,但超声速喷涂已能喷出孔隙最少的涂层。当用镍包铝粉打底,若厚度大于0.1mm时,喷涂层有较高的气密性。即使工作层是多孔的,底层对基体仍可起到保护作用。多孔性对零件表面储油以及隔热是有利的。用等离子喷涂时,涂层的孔隙率有很大的调整范围。碳钢的普通电喷涂层内,孔隙占涂层体积的4% ~20% 。

(2)喷涂层力学性能。喷涂层的力学性能与所用热源性质、喷涂材料、工艺等许多因素有关。但起决定作用的是喷涂材料的性能。

硬度:钢涂层中由于氧化物的存在,以及急冷时产生的马氏体和托氏体淬火组织,颗粒被撞击产生的冷作硬化等,涂层硬度一般比原喷涂材料高。例如,80钢丝硬度为HB230,喷涂层的硬度为HB310。在喷涂方法及喷涂规范相同条件下,钢喷涂层硬度主要决于喷涂材料的的含碳量。

在等离子喷涂中,对不要求耐高温而要求耐磨的表面,最好的硬化材料是碳化物与镍基合金的混合物。等离子喷涂铁基合金粉涂层组织的金相结构硬度也比较高,其主要相组织铁素体,显微硬度约为HV7500,宏观硬度可达HRC38 ~40。

采用氧—乙炔火焰喷涂 313 铁基合金粉时,喷涂层宏观硬度约为 HB250。这种涂层可作为常温下的耐磨涂层。

耐磨性:喷涂层的耐磨性与喷涂层中某些相结构显微硬度、涂层宏观硬度有密切关系。但涂层中的孔隙可以吸附储存润滑油,并在零件表面保持油膜,可降低摩擦系数和减少磨损。

疲劳强度:喷涂零件的疲劳强度,主要取决于喷涂前对被喷涂的表面加工或处理方法。试验表明:喷砂可以提高零件的疲劳强度,而车螺纹、镍拉毛、喷钼都会引起零件的疲劳强度的降低。

电加工方法(如镍拉毛)使零件疲劳强度降低,是因为零件表面在电弧或电火花放电作用下,被瞬间高温加热,热影响区内金属组织发生改变;冷却时,因收缩在表面形成拉应力,使疲劳强度降低。

在喷钼打底时,高温钼颗粒与零件表面熔合,从而使零件疲劳强度降低。

喷砂处理时,砂粒的撞击使零件表层产生压应力,从而使零件疲劳强度提高。

结合强度:喷涂层中金属颗粒间的结合强度是比较低的。由于喷涂具有方向性,垂直于涂层方向比平行于涂层方向的抗拉强度低 5 ~ 10 倍。

涂层与基体间结合强度受工艺因素及表面处理方法影响较大。对基体表面进行粗糙处理,并进行严格的除油、除锈,对提高涂层与基体的结合强度有重要的作用。

对于金属材料采用喷钼和喷镍包铝粉打底,可大大提高涂层与基体的结合强度。若使用得当,钼层与基体间结合强度可高于钼层本身强度;通常钼底层厚度规定为 0.05 ~ 0.1mm。采用喷镍包铝粉打底,形成的铝化镍涂层与基体的结合强度优于钼,可达到 15 ~ 50MPa,铝化镍涂层的厚度一般为 0.006 ~ 0.13mm。

2)主要喷涂方法及设备

(1)电弧喷涂。利用电弧作热源熔化丝材金属的一种喷涂方法。主要设备有:电源、气源(空气压缩机)及喷枪等。电喷枪工作原理如图 6-20 所示。

喷涂材料(金属丝)由送丝滚轮推动,经导管在喷枪头部相交,两前导管与电源的两极相接,在金属丝交点处产生电弧将金属丝熔化。同时,由压缩空气将熔化金属吹散成微小的小颗粒,喷射到零件表面形成涂层。金属丝熔化经历了电火花放电、电弧燃烧、电弧熄灭及电极短路 4 个阶段。空气压缩机应能提供压力为 0.6 ~ 0.8MPa 的压缩空气,供气量每枪为 1 ~ 1.5m³/min。储气罐容积一般不少于 300L,以消除供气的脉动现象。油水分离器用来除去压缩气空气中的油和水,保证压缩空气的洁净,提高喷涂层质量。

图 6-20 电喷枪工作原理
1-金属丝;2-枪体;3-送丝轮;4-导管;5-气喷嘴;6-喷涂层;7-零件

电源采用交流或直流均可,但直流电弧稳定,涂层比较细密,喷涂时金属飞溅少。电源选用陡降外特性。可用电焊机作电源,工作电压为 20 ~ 40V,功率为 6 ~ 10kW。

(2)等离子喷涂。以等离子焰流(非转移弧)为热源,将喷涂材料加热到熔融状态,并利用焰流的高速作用将其喷射到经预处理的零件表面上形成涂层。

等离子焰流的温度(喷枪出口处)为 12000 ~ 15000K(等离子弧的温度为 15000 ~ 32000K),等离子的焰流的流速可达 3000m/s,粉末粒子喷射速度可达 610m/s。高温高速的等离子焰虽然将合金粉末加热到熔融状态,但不会将合金粉末互相熔化混合。喷到零件表面时被打扁,并仍然保持合金粉的颗粒和成分。在颗粒与颗粒以及颗粒与基体之间,存在部分的冶金结合。该工艺要求很好地选择保护气体(如还原性气体氢和惰性气体氩等),以防止零件表面和合金粉氧化,提高覆盖层的质量。

用于喷涂的合金粉,粒度过小和过大都不会得到好的致密性覆盖层。一般用200~325目为宜。为了改善基体表层和覆盖层的膨胀和收缩条件,增加结合强度,零件要预热到150~200℃。

等离子喷涂的主要设备与等离子堆焊相同,主要有冷却水供给装置,气体供给装置,电源控制柜,送粉器及喷枪等。等离子喷枪(又称等离子发生器)结构示意及工作原理如图6-21所示。

图6-21 等离子喷枪结构和工作原理示意图
1-零件;2-涂层;3-前枪体;4-绝缘套;5-后枪体;6-钨极;7-出水;8-进气;9-电源;10-高频发生器;11-进水;12-进粉末

等离子喷涂,不但火焰温度高,焰流温度高,焰流速度大,可以喷涂高熔点材料,而且涂层较电喷涂和气喷涂都细密。另外,在普通材料上可形成耐磨、耐腐蚀、耐高温、导电等各种性能的涂层,它已广泛地应用零件的修复和制造中。

等离子喷涂的主要缺点是:设备投资费用较高;由于使用放射性电极,劳动保护要求严格;对所用氩气等气体的纯度要求较高。由于涂层结构的特点,和其他喷涂层一样不能用于承受冲击载荷的零件。

3)喷涂工艺

喷涂工艺过程主要有:喷前表面准备,零件的喷涂和喷后处理的3个阶段。

(1)喷前零件表面准备。喷前零件表面准备是喷涂工艺的主要工序。喷前零件表面状态对喷涂层与零件基体的结合强度影响较大,需要注意以下几点:

①表面净化。要彻底清除零件表面的油污、锈层等污物。对各种铸件因组织疏松有孔隙,容易吸油应加热到超过喷涂时零件的温度(一般加热到350℃左右),烘干2~3h,以彻底除去表层的油污。

②零件修复部位的表面加工。喷前加工的目的有:除去零件表面硬化层、消除不均匀磨损及保证涂层的厚度。间隙配合零件的表面,由于摩擦磨损的表层产生厚度不超过0.1mm具有塑性变形和残余应力存在的硬化层。喷前应以过加工除去,否则会降低结合强度。

③键槽、油孔和轴端的处理。当喷涂表面有键槽、油孔时,可用竹或木塞堵塞,堵塞物应稍高于涂层厚度。为防止涂层冷却收缩从轴端脱落,可在轴端部车沟槽或燕尾槽等。

④零件表面的粗糙处理。粗糙处理有3个目的:使涂层冷却收缩时的应力限制在局部的地方;增加结合面积;使涂层本身层片之间折叠,以达到提高涂层强度和涂层与基体的结合强度。

常用的方法有镍拉毛、车螺纹或喷砂等。对多数零件用60°V形刀具,切出螺距为0.5~1.5mm螺纹,深度为标准螺纹的50%即可。刀尖可做成圆形,以减少应力集中。但车螺纹和镍拉毛都会降低零件的抗疲劳性能。喷砂可以提高零件的疲劳强度,应用较广。

（2）零件的喷涂。喷涂操作是喷涂工艺的关键环节。

①预热。零件经除油和粗糙处理之后，应尽快进行喷涂。在喷涂时，先将零件预热，预热零件一般在100～250℃。预热可以减少涂层与基体的温度差，从而减少涂层与基体收缩的应力差，有利于提高涂层的结合力。

②喷涂过渡层（打底层）。为了提高涂层与基体的结合力，目前普遍采用先喷一薄层（0.06～0.13mm）过渡层，然后立即喷工作涂层。在丝材的电喷涂和气喷涂中，过渡层材料采用钼。在火焰粉末喷涂及等离子喷涂中，有些采用钼，多数采用镍包铝或铝包镍粉。

钼和镍包铝粉（或铝包镍粉）称为"自黏结"材料。它是指这种喷涂材料，在普通基体温度下，能与光滑的无孔表面产生微观冶金结合。

镍包铝粉（按质量80%镍，20%的铝）是在每颗铝粉末的周围包上一层镍。这种粉末加热到660～680℃时，镍和铝产生剧烈的放热反应，生成铝化镍和镍三铝。零件表面在火焰及放热反应等几种热源的作用下，使局部温度可达3000℃以上，可使镍扩散进入基体，获得冶金结合。铝化镍涂层的硬度为HRC20～25，涂层与基体的结合强度为40～60MPa，在1648℃时涂层不熔化；在1316℃或更高的一些温度时，仍保持有足够的结合强度。这种涂层密性好，涂层厚度达到0.1mm时，就可以充分保护基体，免遭腐蚀气体的侵蚀。铝化镍涂层是非磁性的，导电性很好。导热性类似于不锈钢。铝化镍涂层本身也考虑作为耐磨涂层使用，其耐磨性类似于普通火焰喷涂的高铬、高碳不锈钢。铝化镍不受熔化的镍基、钴基硬化表面合金的浸润和侵蚀，因此，可以用在钎焊夹具，加热坩埚，铸勺等器具上。

③喷涂工艺参数。电喷涂的主要工艺参数见表6-10。

金属电弧喷涂工艺规范 　　　　　表6-10

喷涂方法	喷涂距离（mm）	压缩空气压力（MPa）	电流（A）	电压（V）
电喷涂	120～200	0.5～0.6	80～140	30～45

等离子喷涂的工艺参数很多，但在设备和粉末已选定的条件下，最重要的是电功率、气体流量、送粉量、喷涂距离和基体温度等参数。

等离子气体的选择确定了单位电弧弧长的电压降；喷枪结构和等离子气体的速度确定了电弧弧长。电压主要由喷枪和等离子气体确定，而电流的大小是允许调节的，因此输入功率可在以下范围内调节。一般对大多数喷涂层，采用15～25kW的功率就可获得高质量的涂层。当喷枪功率高到40kW时，可使喷涂速度加快，增加了喷枪每小时的喷粉量。气体流量与所使用的功率密切相关。等离子体的温度取决于所使用的电流值与等离子的气体流量。

粉末供给速率是最后影响涂层结构和沉积效率的参数。如果送粉速率大于喷枪所能加热粉末的能力，不仅沉积效率很快地下降，而且涂层本身还会含有未熔化的粉末。相反，送粉速率太低，则喷涂费用增高。

喷枪与工作距离一般要求不太严格，但在一定的场合保持不变。当然，喷枪与工作的距离会影响工件的温度。对大多数工件来说，喷涂距离在100～150mm范围内。

等离子喷枪产生等离子焰的效率约为65%，水冷喷枪和电极等热损失大约为35%。这和丝材或粉末燃烧火焰喷枪的热输出量近似相等。尽管等离子火焰比燃烧火焰温度高得多，但火焰输出热量是由选定的功率决定的。等离子火焰热辐射和热传导的损失大，因此，火焰在到达零件之前就有较多的热量损失掉了。

（3）零件喷后处理和加工。其质量将影响喷涂层的质量和使用效果。对间隙配合件的喷涂层，喷后应将零件在机油中浸泡1～10h，使机油渗入涂层孔隙中。

由于喷涂层性质脆硬,结合强度较低,又需保持喷层表面的多孔特性,在选择加工方法、切削工具及加工规范时必须考虑此特点,以防止涂层加工时崩落、脱层和表面孔隙被堵塞。

磨削一般用粒度46目或60目,硬度为ZR_2或ZR_1的碳化硅砂轮,用皂化液冷却。

4)涂层质量影响因素

喷涂层质量的好坏与零件的喷涂前表面状态、喷涂规范以及喷涂材料等许多因素有关。

(1)零件喷涂前的表面状态。涂层与基体的结合强度在很大程度上取决于喷前的表面状态。零件表面污物以及氧化层清涂不净,将大大减弱涂层与基体间的结合力。对承受较大切向力的涂层,在不影响零件要求的抗疲劳性的情况下,零件表面应具有一定的宏观粗糙度,以提高结合强度。

零件喷涂前的预热温度不够或过高,都会增加涂层与基体冷却时的应力差,降低结合强度。预热温度的高低应根据零件形状、大小、喷涂材料、喷涂层的位置等因素决定。

(2)喷涂工艺参数选择。恰当的工艺参数应能使喷涂材料充分的熔化。在用丝材电喷涂和气喷涂时,在金属熔化速度不变时,熔融颗粒尺寸随压缩空气的压力增高而减少。空气压力过低(<0.4MPa),液态金属雾化较差,颗粒粗大,涂层结合强度降低。但空气压力过高(>0.6MPa),雾化颗粒太细,不仅动能小,冷却快,热能储备减少,而且氧化损失加大,涂层的结合强度也会降低。颗粒必须有足够的动量,才能穿过反射气流射击到零件表面。送丝速度与电弧电压或火焰功率必须相匹配。送丝速度太快,也会得到粗大的不均匀的颗粒。

喷涂距离太大,雾化金属颗粒到达零件表面时的速度减少,颗粒温度下降,氧化损失增加,使涂层结合强度降低。若喷涂距离太小,涂层和零件基体温度上升快,易形成局部过热。这样不仅零件易变形,还会使涂层冷却时的收缩应力过大,造成涂层开裂,硬度也会降低。

喷涂时应尽量使喷嘴和零件表面保持垂直,偏差愈大,金属颗粒愈易散失,结合强度也降低。

(3)喷涂材料。丝材在使用前必须清除表面油污,锈蚀物等。带油污丝材喷涂时,油污燃烧,烟灰夹入涂层会降低结合强度。对电弧喷涂,油污会引起导电不良,使电弧中断。粉末材料应注意防潮,必要时,喷涂前应进行烘干。

2.电刷镀技术

刷镀是依靠一个与阳极接触的垫或刷(即镀笔),提供电解液的电镀方法。电镀时,刷镀工件与阴极作相对运动。它具有设备简单、工艺灵活、镀积速度快、镀层金属种类多、镀层与基体材料的结合强度高、镀层均匀、厚度范围宽(0.001~0.4mm)并可精确地控制,镀后一般不需要机械加工、对环境污染小等优点。可以用于轴、壳体、孔类、花键槽、轴瓦及深孔等各种形状零件的局部修复,并可在零件表面建立强化层、减摩层、防护层、装饰层等多种功能性涂层。

1)刷镀基本原理

金属刷镀的基本原理和工作过程如图6-22所示。表面处理好的零件6通过导线9与直流电源7的负极相连,镀笔4通过导线8与直流电源7的正极相连。

刷镀作业时,用外包吸水纤维的镀笔(阳极),吸满镀液并与零件(阴极)相接触,以10~20m/min的速度相对运动。这时镀液中的金属离子在电场力的作用下从工件表面获得电子并沉积在工作表面上形成镀层。如用化学反应表示,则:

$$M^{n+} + ne \rightarrow M$$

式中:M^{n+}——金属阳离子;

n——金属的化合价数；

e——电子；

M——金属原子。

如果把上述电流的极性交换,零件成为阳极。此时镀笔所刷之处,零件表面的金属就要发生溶解。表面凸起部位的电流密度比凹部大,凸部的溶解比凹部快,于是零件表面就由粗糙变成平滑。这就是利用同一刷镀设备可进行去金属毛刺、刻蚀和电抛光的原理。

图6-22 金属刷镀的基本原理和工作过程
1-镀液；2-阳极气点；3-石墨阳极；4-镀笔；5-镀层；6-零件；7-电源；8-阳极电缆；9-阴极电缆；10-储液罐

2)刷镀设备

(1)电源。为了满足刷镀工艺的要求,保证刷镀作业的质量和充分发挥刷镀技术的长处。刷镀技术对电源的基本要求是：

①刷镀电源应具有直流输出的功能。供给的直流电压从零到额定值之间能进行无级调节,以满足进行电化学结晶沉积金属镀层的需要。

②直流电源应具有平硬的外特性。因为刷镀过程中,电流有可能随着镀笔的频繁蘸取镀液和加在零件上的压力的大小以及镀液的温度等各种因素而发生变化。此时,恒定的电压是镀层质量稳定的保证。特别是合金镀液随着电压的变化,沉积的金属成分将会发生改变。

③具有直流输出极性转换功能。可以满足不同工艺的需要,适用面广。

④自动短路和过载保护装置。当负载电流超过额定的电流10%或正、负极性短路时,能快速自动切断主电路以保证操作者的安全和保护被镀零件的表面不被烧伤。

⑤备有镀层厚度计量控制装置。可以精确控制镀层厚度,操作简便。

普通型(恒压式)刷镀电源由主电路、镀层厚度控制电路—安时计(Ah)和过载保护电路3大部分组成。

主电路输入220V的交流电,经调压器分为两路。一路经变压、整流变为$0 \sim 30V$(最高不超过50V)连续可调的直流电,通过极性转换开关可为刷镀提供不同极性的电能；另一路为交流输出,作为零件电抛光、去毛刺等操作的交流电源。

安时计(Ah)由取样→线性放大→V/F转换→计数→设定→声光显示等几部分组成。依据法拉第第一、第二定律即电结晶时沉积镀层的质量和消耗的电量成正比的原理。累计刷镀过程中消耗的电量,达到控制镀层的质量,实现间接控制镀层厚度,并以声光显示。

过载保护电路由采样器、放大器、快速切断电路及执行动作元件等组成。它可使刷镀中阴阳极短路或负载电流过大时快速的切断主电路,以保证电源设备和使被镀零件不致烧伤,并保证操作人员的安全。

(2)刷镀笔。镀笔是刷镀的重要工具。它分为大、中、小型和回转型四种,均由导电手柄和阳极两部分组成。常用的阳极和导电手柄的连接方式有压入式和拧入式两种。

镀笔的结构如图6-23所示。图6-23a)适用于小型回转体的阳极,图6-23b)适用于中、大型的阳极或非回转体阳极。大型镀笔的结构与中型的镀层基本相同,只是散热装置和导电螺栓加大,以适应大电流通过。阳极除在刷镀铁和铁合金时采用可溶性金属外,一般均采用不溶性高纯细结构石墨(又称冷压石墨)或不锈钢($1Cr_{18}Ni_9Ti$ 或 $0Cr_{18}Ni_9Ti$)。个别阳极尺寸很小,为保证强度使用铂—铱合金(含90%铂和10%铱)。圆柱形阳极也可采用光谱石墨。

图 6-23 镀笔的结构

1-阳极;2-笔帽;3-导电体;4-散热槽;5-绝缘把;6-连接件;7-电极插孔

阳极用脱脂棉包裹,外面再加一层棉布或涤棉。基作用是储存电解液,防止阳极与零件短路烧伤被镀零件表面;对阳极脱落的石墨粒子与盐类有过滤作用。

3)刷镀溶液

刷镀溶液的作用不同可分为表面准备溶液、电镀溶液、退镀溶液和钝化溶液四大类。

(1)表面准备溶液。表面准备溶液又称预处理溶液。它包括电净液和活化液,其作用是除去待镀零件表面油污和氧化物以获得洁净的金属表面,为施镀金属作准备。

①电净液。电净液是无色透明的碱性水溶液,pH > 10。它具有较强的除油作用,同时也具有轻度的去铁锈能力,适应于绝大多数金属材料的去油净化处理。

电净处理的实质是一种电化学除油过程。电净时,一般零件接负极(正接法),通电后,镀笔在零件上反复擦拭,零件表面析出的氢气撕破油膜,促使溶液中的化学物质与油发生皂化或乳化反应,起到去除油污的作用。对于某些超高强度钢或弹簧钢,零件应接正极(反接法)进行电净,此时,零件表面析出氧气,以避免发生氢脆。

对于钢铁件,电压为 10 ~ 20V,电净时间为 30 ~ 60s;铜和黄铜,电压为 8 ~ 12V,电净时间为 15 ~ 30s;对于白色金属,则只需在 5 ~ 8V 电压下电净 5 ~ 10s。

目前国内外研制的电净液,其主要成分不外乎氢氧化钠、碳酸钠及磷酸三钠,少数电净液中加有缓冲剂(如乙酸钠)和少量非离子表面活性剂。

②活化液。各种活化液均系酸性水溶液,pH 在 0.2 ~ 4 不等,为了使用时便于区分,可将某些常用的活化液染成不同的颜色。例如将 2 号活化液染成红色,将 3 号活化液染成蓝色。

活化液的作用是通过电化学和化学的方法(同时伴随机械摩擦运动)。将经过电净除油后使残留在零件表面的氧化膜加以彻底的退除。对于中、高碳钢和铸铁件而言,还必须去除第一次活化泛出的黑色石墨炭渣,从而使被镀基体金属显露出其非常新鲜的纯净金属表面,使刷镀层与基体金属牢固地结合。

阳极活化零件接正极(反接法)。其活化机理是:金属在阳极被电解液溶解,氧化物被析出或机械地剥离掉,从而露出基体金属。

阴极活化零件接负极(正接法)。其活化是靠阴极猛烈地析出氢气将氧化物还原或机械地剥离掉,露出基体金属。

由于各种基体材料表面的氧化膜杂质的性质各异,去除它们的活化电解液也就不同。为了便于使用,通常配成 5 种活化液:硫酸型活化液(通常为 1 和 4 活化液);盐酸型活化液(也称 2 号活化液);有机酸型活化液(也称 3 号活化液);铬活化液。配制 1 号和 4 号活化液时必须注意将浓硫酸在搅拌下缓慢地沿着杯壁加入水中,绝不允许将水倒入浓硫酸中,以免爆沸伤人。

（2）金属溶液。金属溶液是刷镀溶液的主要组成部分，选用不同的金属溶液进行刷镀，便可获得各种不同性能（包括耐磨性、减摩性、防腐蚀性、导电性、钎焊性等）的镀层。

金属溶液的品种很多，按酸碱度大致可分为酸型、碱型和中性 3 类；按其组成性质则可分为有机合成型和单盐型 2 类。

酸型金属离子的沉积速度比碱型的快 1.5 ~ 3 倍，缺点是绝大多数酸性镀液都不能用于疏松基体材料（如铸铁），也不能用于锌或锡等易受酸侵蚀的基体金属。除了镍以外，所有碱性和中性镀液都有较好的使用性能。虽然，它们的沉积速度比酸性镀液慢，但它们的主要优点是：所得镀层晶粒细，致密度高；在边角、狭缝和盲孔等处都有较好的均镀能力；广泛适应于各种基体金属材料，不会损坏或破坏邻近的旧镀层；镀层上的液体干燥后不会留下腐蚀性痕迹。

金属有机络合溶液的主要成分是：主盐、络合剂和缓冲剂。主盐的作用是提供金属离子；络合剂的作用是使金属离子形成络合状态；缓冲剂的作有用是稳定 pH 值。络合物离子性能稳定，对温度和电流密度适应性较宽，采用不溶性阳极，易于形成均匀、致密的镀层。对 pH 值要求严格控制。

单盐溶液的主要成分是主盐，为了防止刷镀过程中阳极钝化，加入一定量的钝化剂。如快速铁镀液中的主盐是 F_eSO_4，防止阳极钝化的钝化剂是硫酸铝，缓冲剂是醋酸钠。另外，为使镀层平整光洁和防锈，又加入添加剂氧化钴。采用可溶性阳极，这样既可以阳极溶解补充 F_e^{2+}，又解决了阳极钝化。

4）刷镀工艺

刷镀工艺对镀层质量有明显的影响。只有了解刷镀工艺的特点，正确掌握刷镀工艺方法，才能获得优质的镀层，达到保护和维修零件的目的。

刷镀的工艺流程为：表面准备（预加热、除油、除锈、非镀表层保护）→电净→水冲→活化→水冲→镀过渡层→水冲→镀工作层→水冲→镀后处理。

电净合格的标志是水冲后，被镀表面挂水（水膜连续）。电净时被镀部位邻近表面同时进行电净处理，然后用水冲净电净液。

活化是刷镀质量的关键，必须认真做好，因为它决定零件与镀层是否能结合良好。活化合格的标志是：低碳钢表面呈银白色；中、高碳表面呈银灰色；铸铁表面呈深灰色。刷镀时，为了提高工作层与基体的结合强度，零件经电净、活化后，根据零件材料性质选用特殊镍、碱铜或低氢脆镉作过渡层，厚度为 0.001 ~ 0.002mm。

5）刷镀层性能

（1）刷镀层与基体金属的结合强度。金属刷镀层在各种钢、铸铁、铝、铜等常用金属材料上，均有良好的结合强度。

目前，对金属刷镀层结合强度进行准确定量测试是比较困难的。因此，一般是根据我国电镀业定性试验标准和美国国家标准"金属镀层黏附强度的标准试验方法"进行定性试验。对几种常用刷镀层进行机械切削、弯曲、锉削、划痕、冷热疲劳等试验，都达到了规定的指标，证明其结合强度是良好的。

例如，利用拉片法和切片法，测得在一般的工艺水平上，镍镀层在钢铁零件上的结合强度，抗拉强度可达到 70 ~ 140MPa，剪切强度可达 90 ~ 140MPa。

（2）镀层的硬度。由于刷镀层具有超细晶粒结构，镀后内应力较大，晶格畸变和位错密度大，所以，刷镀层的硬度比槽镀镀层的硬度高。

试验表明,快速镍、镍钨合金、镍钨"D"合金、快速铁、铁合金等,刷镀规范合理时,其硬度均可达到 HRC50 以上。能满足多数零件的使用要求,常用来做耐磨镀层或强化零件表面。

(3)镀层的耐磨性。金属材料的耐磨性,不仅与材料自身性能和硬度有关,还与载荷、润滑、温度、摩擦副的匹配等多方面因素有关。因此,应针对具体情况来评价刷镀层的耐磨性。

目前,镍及镍合金,铁及铁合金镀层实际使用中耐磨性资料不多,只是在磨损试验机上做些试验研究。试验表明镍镀层、铁镀层、铁、镍合金镀层的耐磨性比 42CrMo 氮化、20Cr 渗碳、45 钢淬火处理的性能要好。其中镍镀层耐磨性性能是 45 号钢淬火处理后的 1.36 倍,铁镀层是 1.8 倍,铁合金层是 1.4 倍。镍—钨合金类镀层的耐磨性比快速镍镀层要高一些。

(4)镀层对基体金属疲劳强度的影响。刷镀层对基体金属的疲劳强度影响较大,一般下降 30% ~ 40%。不同的基体金属材料,疲劳强度降低的幅度不同。铸铁的疲劳强度下降幅度最小,中等强度的 35CrMo 钢下降 24% ~ 35%,高强度的 50Cr 钢疲劳强度降低更多些。便镀后进行 200 ~ 300℃ 低温回火处理可减少应力,降低对零件疲劳强度的影响。

四、激光表面强化

1. 激光加工分类

1)激光加工技术

激光加工技术,从光和物质相互作用的机理看,可分为激光加工和光化学反应加工两类。

激光热加工是指用高功率激光束对金属或非金属材料进行基于快速热效应的各种加工过程,如切割、焊接、打孔、刻槽、划片、标记、表面处理、熔敷与合金化等。

光化学反应加工主要是指借助高能密度光子引发或控制光化学反应进行的各种加工过程,如半导体工业中光化学气相沉积。

2)激光加工特点

与传统加工方法相比较,激光加工有如下特点:

(1)加工所用工具是激光束,能量注入速率高,不但易于导向、聚焦,且极易与数控系统配合。

(2)几乎可以加工任何材料,特别适合加工高硬度、高熔点的材料,零件变形小。

(3)对零件不但可按需要加工成不同形状的表面,还可改变其表面的性质。

2. 激光加工系统组成

激光加工系统分别由工业用激光器、导光系统(将激光束传输到零件的设备)、机床或机械手(人),以及 CNC 控制系统、激光在线监测系统组成。机床用以来实现零件相对光束运动。它可以是零件不动,光束实现多自由度运动;也可以零件多自由度运动,而光束不动;还可以零件和光束都运动。激光加工系统原理如图 6-24 所示。

从广义上说,激光加工是利用激光与物质相互作用的机理,使物质产生特殊效果。激光加工的主要参数为激光功率密度(单位面积上的激光功率,W/cm^2)和激光照射在零件上

图 6-24　激光加工系统原理

的时间。不同激光器的波长对加工影响不同,零件对激光的吸收与材料和波长有关,激光的输出时间特性(即脉宽)也对零件加工效果有较大的影响。金属材料的激光热处理、焊接、切割、打孔等都与以上主要参数关系密切。例如:激光很快使零件升温,由自身热传导而骤冷,形成淬火。若激光功率足以使两零件接缝处熔化,则形成焊接。

3. 激光表面热处理技术

激光光束照射到零件表面,表面层温度升高到临界相变温度以上,再急冷表面使之转变为马氏体,这就是激光表面淬火。采用激光表面淬火处理的表面硬度比普通热处理的高,耐磨性好,不变形,适用于铸铁、碳钢和合金钢制造的零件。

通过控制激光功率,光束直径和扫描速度,可以精确地控制材料表面硬度和硬化层深度。激光表面热处理还可以处理细小内部面积和局部硬化的部位。

例如,汽缸激光表面淬火处理是用高能激光束(能量密度为 $10^3 \sim 10^5 \mathrm{W/cm}^2$)扫过汽缸表面,使其表面加热到相变温度。在激光束移去后,由于缸壁表面层内部的热传导,表面高速冷却,形成自淬火。它较普通热处理有许多优点:功率密度高($>10^3 \mathrm{W/cm}^2$),可使被加热缸体表面单位面积上获得很大的热能;加热时间短($10^{-2} \sim 10^{-5} \mathrm{s}$),因此变形小;可节约能源,不污染环境;还可通过光路变换,对需要局部处理或形状复杂的零件进行表面淬火处理。

经过激光热处理的汽缸表面可得到超细化的马氏体淬火组织,表面硬度由原来的HRC30 提高到 HRC60 以上,并得到 $0.1 \sim 0.35 \mathrm{mm}$ 的淬火深度。由于激光淬火大大提高了汽缸表面的硬度,从而提高了汽缸的耐磨性。

第六节 总成装配、磨合与检验

一、装配方法

1. 基本要求

1)严格进行零部件质量检验

用来进行装配的零件除了新件和再制造的零件以外,大部分是工作过但尚能够继续使用的零件,即可用件。对这些零件,不仅要进行几何尺寸的检查和表面质量的检查,还要特别注意形状位置误差的检查和隐蔽缺陷的检查。对某些高速旋转件,还要进行动平衡检查。为此,需要有相应的检验手段,建立相应的规范、标准及制度并进行严格检验。要防止将不合格的零件装入产品,这是保证装配质量的前提。

2)认真清洗零件润滑表面

磨料进入间隙配合的摩擦副中,会造成严重的磨料磨损。对于某些形状复杂的零件如发动机缸体和曲轴等,在其油道中常有磨料颗粒伴随油污存在难以清除。因此,装配中要特别注意第二次清洗,即装配前清洗各油道、沟槽和拐角处并用压缩空气吹洗。还应注意相互摩擦运动的表面,必须施加一定数量的清洁润滑油,以避免试车时因缺润滑油而烧损零件表面。另外,保证装配环境的清洁,包括采取必要的防尘措施。

3)注意装配标志和互换性

对组合加工件、重要配合副、正时传动件和调整垫等应按规定的位置和方向(标记)装配,不可弄错,以免破坏其相互位置关系和配合特性及平衡状态等。如曲轴轴承和连杆轴承盖,曲轴、凸轮轴、活塞销的轴向间隙等。

4)按照装配程序要求组装

在总成装配过程中,零件及部件应按以下顺序组装:即先内后外,先重后轻。必须在了解结构和装配顺序的前提下进行装配,前道工序装配的零件不应妨碍后续工序的装配工作。

5)合理选用装配工装设备

要严格按照装配程序采用专用工具和设备进行装配。遇有装配困难时,不得强行使用加力杆,不得随意猛力敲打。应分析原因,排除故障。

6)保证满足装配精度要求

汽车总成的装配精度一般要求较高。为了满足精度要求,许多配合件都不能采用完全互换法,而需依靠选配和修配以及部分的调整工作来保证。由于总成结构复杂,所以还应特别注意某些结构的装配尺寸链精度和互换精度。结构的装配尺寸链精度可以通过选配和必要的加工方法得到;传动精度可以通过调整或选配方法来达到。满足装配精度要求,是装配工作的重要环节。

发动机曲柄连杆机构的装配尺寸链如图 6-25 所示。装配技术要求是活塞位于上止点时活塞顶部不高于缸体上平面 0.9mm,不低于缸体上平面 0.1mm。装配时最后形成的这个尺寸,不合乎技术要求,不仅会影响到压缩比,也可能使活塞顶碰缸盖。活塞顶至缸体上平面的距离 N_2 可按下式计算:

$$N_2 = (A_1 + A_3 + A_5 + A_7) - (A_2 + A_4 + A_6 + A_8)$$
$$(6-12)$$

式中:A_1——活塞销孔轴心线至活塞顶距离;

A_2——活塞销与连杆衬套轴心线距离(即间隙的一半);

A_3——连杆大、小端孔轴心线距离;

A_4——连杆轴颈与连杆轴承轴心线距离(即间隙的一半);

A_5——曲轴回转半径;

A_6——主轴颈与主轴承轴心线距离(即间隙的一半);

A_7——主轴承轴心线至缸体下平面距离;

A_8——缸体下平面至上平面距离。

图 6-25　曲柄连杆机构尺寸链

对 N_2 值影响较大,同时又容易忽视的因素有:曲轴回转半径;连杆大、小端孔轴心线距离;活塞销孔轴心线至活塞顶距离等。当 N_2 值不符合技术要求时,应逐项复查组成尺寸链的各环,找出原因,予以排除。

7)确保密封性以防三漏

(1)泄漏的影响。装配时应该密封的地方没有密封好,工作时就会出现三漏现象,即漏油、漏气和漏水,这种现象一直是车辆维修中存在的难题。这种现象轻者造成能源损失,降低车辆工作能力以及造成环境污染,重者可能造成机械事故,所以,装配时应特别重视。

(2)泄漏的原因。一般是装配工艺不符合技术要求,也可能是由于密封件磨损、变形、腐蚀和老化等超出了规定的技术要求,而未被及时发现所造成的。

(3)确保密封性的措施。首先,选择的密封材料要适当。一般要根据零件承受的压力、温度和接触的介质选用密封材料。如纸质垫片只能用于低压、低温的地方,如变速器、驱动桥上的密封处。选用橡胶材料时,不但要考虑橡胶耐压和耐温能力,同时还要考虑各种橡胶的耐油、耐酸等性能。石棉垫强度较低,却能耐高温,所以,多用于制造缸垫和排气管垫。其次,要有适当的装配紧度并且压紧要均匀。若压紧度不足会泄漏或是工作一段时间后,由于振动和紧定螺钉被拉长而丧失紧度导致泄漏;压紧度过大,对于静密封的垫片来讲将会丧失弹力,导致垫片早期失效;而对于动密封来讲,会引起摩擦发热,增加摩擦功而加速磨损。再者,采用合适的密封胶。

2. 典型配合副的装配原理

1)螺纹连接件的装配

螺纹连接件装配时的基本要求是正确紧固,可靠锁紧,对重要连接件的紧固力矩应符合装配技术条件规定的要求。对于螺栓组连接件,除了规定每个螺栓的紧固力矩外,还应规定合理的拧紧顺序和步骤。

(1)预紧力。当螺栓、螺母拧紧后,连接件被压缩而螺栓伸长,两者均产生弹性变形,它们之间的相互作用力称为预紧力。其作用是保证螺纹连接的可靠性、防止连接松动,保证连接件间有足够的摩擦力,使连接件间具有良好的密封性以及提高螺栓在动载荷下的耐疲劳强度。

预紧力是根据连接件的具体工作条件来确定的,各种连接件的预紧力在设计中已由材料和强度予以保证,在装配中是通过拧紧力矩来实现的。

(2)拧紧力矩。拧螺母时的拧紧力矩 M_t 并不能完全转化为螺杆上的预紧力,其中一部分消耗于克服螺母与支撑面间以及螺纹间的摩擦力矩,它们之间的关系是:

$$M_t = KP_0 d/100 \quad (\text{N} \cdot \text{m}) \tag{6-13}$$

式中:d——螺纹的公称尺寸,mm;

    P_0——预紧力,N;

    K——拧紧力矩系数。

K 值可由下式获得:

$$K = \frac{1}{2}\left[\frac{d_2}{d}\tan(\lambda + \rho') + \frac{2f_c}{3d}\left(\frac{D_1^3 - d_0^3}{D_1^2 - d_0^2}\right)\right] \tag{6-14}$$

式中:d_2——螺纹中径,mm;

    D_1——螺母六角头的内切圆直径,mm;

    λ——螺纹升角;

    ρ'——螺纹当量摩擦角;

    f_c——螺母与支撑之间的摩擦系数;

    d_0——螺纹孔直径,mm。

汽车上重要部位的螺栓、螺塞和螺母的拧紧力矩在装配技术条件中都有明确的规定,应按规定进行拧紧。

(3)拧紧顺序。为了避免连接件在装配时变形,螺栓应按一定顺序拧紧。原则是从里向外,对称轮流分 2~3 次逐渐拧紧,如图 6-26 所示。

2)过盈配合件的装配

过盈配合副靠装配后材料的弹性变形在配合面间产生压力而获得固定的连接。

过盈配合副的装配关键在于确定和控制过盈量。过盈量通常根据传递的转矩和轴向力的大小,即必须满足最小的过盈量以及零件材料不产生塑性变形所允许的最大过盈量来确定配合尺寸的上下限,然后查表选择配合的种类。重要的过盈配合副还需经过试验方能确定。

图6-26　拧紧螺栓的顺序

汽车总成中的过盈配合副,其过盈量在技术文件中都有明确规定,装配中应予以保证。

过盈配合副的装配应满足以下基本要求:保持一定的紧度,防止配合副间相互滑动;装配中不应损伤相配的零件。为此,在装配前应注意保持零件的清洁、检查零件配合面的尺寸公差和形位公差,必要时应测定实际过盈值并以分组选配法或修配法来达到配合要求。然后根据过盈量的大小和设备条件,选择适当的装配方法。

影响过盈配合副装配质量的因素包括:配合表面的粗糙度、表面润滑状况,压入速度、压力件结构以及压入时的操作工艺等。

压配合表面的粗糙度过大,不仅使压入时的压力增加,而且压入后配合副的实际过盈量会减小,使连接强度下降;如果配合表面过分光滑,则配合面间的摩擦系数小,也会影响连接强度,因此,过盈配合副的配合表面应有适当的粗糙度。

在配合表面涂以润滑油可防止配合表面在压入时刻刮伤或咬死,常用的润滑油为机油和亚麻油。提高压入速度可减少压入力,但会使压入方向不易控制,一般可将速度控制在2～4mm/s。且需控制压入行程。试验表明:压入速度增加至10mm/s时,其连接强度降低10%左右。为防止零件压入时发生偏斜,孔口应有30°～45°倒角,轴端应有10°～15°斜角,压入时应尽可能采用导套和专用工夹具。

当配合过盈量较大时,装配应采用热胀或冷缩法。采用热胀法时,加热温度T可根据材料的热膨胀系数和配合过盈量的大小按下式计算:

$$T = \frac{\delta_{max} + \Delta}{1000\alpha \cdot d} + t \quad (℃) \tag{6-15}$$

式中:δ_{max}——最大量过盈量,μm;

　　　Δ——保证加热后进行装配时的必要间隙,μm,Δ值一般取$(0.001～0.002)d$或$(1～2)\delta_{max}$;

　　　α——零件材料的热胀系数,$\mu m/m℃$;

　　　d——孔或轴的基本尺寸,mm;

　　　t——室温(或被包容件的温度),℃。

采用热胀法时,加热温度和加热方式应防止引起零件变形和使材料性质变化。

3)活塞、活塞环与缸套的装配

(1)湿式汽缸套的安装。在安装缸套前,应该仔细地将沉积物清除干净,检查缸壁的圆度和圆柱度,安装带对于内圆的偏斜程度及缸体相应配合的表面的平整性。缸套在装阻水圈之前,还要检查2项技术要求,如图6-27所示。其一是检查缸套凸出缸体平面的高度,其二是检查缸套在缸体安装孔内的配合情况。

阻水圈应耐油、耐热、弹性好。装前应修整毛边和棱角,装入槽后,应有合适的紧度,且高出槽外。装配时的变形余量大小要合适,若变形余量过大,余隙又不够容纳阻水圈的变形量,势必切坏阻水圈,造成漏水。此外,还会引起缸套下部变形。阻水圈的变形余量为 h,如图 6-28 所示。其值一般为 $0.8 \sim 1.2\text{mm}$。

图 6-27　缸套凸出量的检查

图 6-28　阻水圈在汽缸口的安装

缸套装入缸体之后,应进行如下内容的检查:

①缸套内径有无变形,一般允许有不大于 0.015mm 的圆度误差和圆柱度误差。

②复查缸套高出缸体平面的高度(如图 6-27 中 d 值)是否符合规定。

③进行水压试验,水压为 $0.15 \sim 0.2\text{MPa}$,时间约为 5min,缸套与缸体各结合处不得有渗漏现象。若上述项目中有一项不合乎技术要求,应拆下缸套,查明原因,排除故障后重新安装。

(2)活塞环的安装。在安装活塞环时,应注意各道环切槽的位置和方向,首先要检查活塞环的端隙、侧隙和背隙是否符合规定。

如有镀铬环,应装在活塞第一道环槽内。活塞环的内边缘切槽的一面应向上,装在第一环槽内,活塞环的外边缘切槽的一面应向下,装在第二、三道环槽内。

活塞环装好后应彻底清洗,并在环槽内涂薄薄一层机油。活塞环端口位置是:第一道与第二道、第三道与第四道活塞环之间相隔 180°角;而第二道与第三道活塞环之间相隔 90°角;第一道活塞环端口位置应与活塞销座方向成 45°角,防止活塞环端口重叠。

(3)活塞连杆组的安装。将活塞连杆组装入汽缸,应注意活塞的安装方向,通常在活塞和连杆上都标明安装方向。无标记时,气门侧置式发动机的连杆大头喷油孔应朝向配气机构一侧;活塞膨胀槽应在膨胀行程受侧向力小的一侧。活塞方向对好以后,用活塞环箍扎紧活塞环,再用手锤木柄将活塞推入,使连杆大头落入连杆轴颈口。然后按规定力矩拧紧螺母,调整开口销孔,便于穿入连杆销钉。

4)曲轴与轴瓦的装配

(1)轴瓦的装配。轴瓦在装配前要检查其自由状态下的径向扩张量。为了使轴瓦能紧密地与座孔贴合,轴瓦在自由状态下的形状并非真正的半圆形,而是有一个向外的张开量,张开量的大小与轴瓦的厚度有关。当轴瓦厚度小于 3.5mm 时,张开量为 $0.5 \sim 1.5\text{mm}$,厚度大于 3.5mm 时,其张开量为 $0.1 \sim 0.6\text{mm}$,翻边轴瓦为 $0.2 \sim 1.2\text{mm}$。

轴瓦装入座孔要有一定的过盈量。必要时轴瓦在装配前要对过盈量进行检查。检查时将轴瓦放入座孔中,如图 6-29 所示。测量轴瓦一端高出座孔平面的高度,h 值应符合规定要求。

h 是保证轴瓦在紧固后产生摩擦自锁力的必要条件,若此值过小,工作时轴瓦会在座孔中窜动或转动,造成座孔的磨损。此外,还可能由于接触不良而使导热能力降低,由此造成轴承过热等。此值不宜过大,因为过大会使轴瓦产生塑性变形或皱曲,不仅配合被破坏,而且产生金属晶格滑移而强化,弹性降低,使摩擦自锁效应减弱。

图 6-29 轴瓦过盈量的检查

轴瓦装配时,瓦背与座孔之间不允许加入任何垫片;不应堵塞油孔;锁定装置应在正确位置;螺栓拧紧力矩应符合规定数值。

(2)曲轴的装配。装配曲轴时,应在曲轴轴颈和轴瓦表面涂上机油。紧固主轴承盖时,应从中间轴瓦开始向两端分 2～3 次依次拧紧到规定的力矩。全部主轴瓦拧紧后,用手以一定扭矩左右转动时,应能灵活地转动,若过紧过松或局部发卡,应查明原因加以排除。其原因可能是轴承间隙小、轴瓦安装后变形、曲轴有弯曲、主轴瓦座孔同轴度偏大等。轴承间隙过大,可能是主轴瓦座孔磨损。还应检查曲轴轴向间隙。若符合规定,将螺母拧紧。

5)齿轮传动副的装配

齿轮传动副的装配时,求精确地保持啮合齿轮的相对位置使它们之间接触良好并保持一定的啮合间隙和啮合印痕。这样才能达到运转时速度均匀、没有冲击和振动、传动噪声小的要求。

(1)圆柱齿轮副的装配。

①齿轮在轴上的定位。为了保证齿轮轴心线与轴的中心线的同轴度,齿轮与轴的配合一般为过渡配合。当同轴度要求较高时,则选用中级或轻级的过盈配合。转矩的传递则是由键连接来完成。键与键槽两侧要留有一定的过盈,而顶平面与齿轮上槽底之间必须留有一定的间隙。对于直齿轮,如果是过盈配合,一般不宜加轴向定位,如果是过渡配合的斜齿轮,则必须进行轴向定位。

②齿轮啮合间隙的测量。齿轮运转时为了避免发生卡涩现象,有良好的润滑和散热以及不引起很大的冲击,在装配中要注意检查齿轮的齿侧间隙。侧隙的大小应根据齿轮副的工作条件、精度等级等来确定。装配时若齿轮侧隙过大,将导致齿轮工作时产生冲击、振动,加速齿轮的损坏。若侧隙过小,则传动阻力大,油膜不易形成,导致齿轮早期磨损。为了保证齿轮副能工作平稳,在装配技术条件中均规定了各齿轮副侧隙和齿隙差的要求,一般用塞尺测量。

影响齿隙变化的原因,除齿轮装配误差外,主要是齿面磨损及中心距的变化。当齿轮轴弯曲,相配零件不同轴时,也会产生类似情况。装配时应分析具体原因予以消除。

③啮合印痕的检查。齿轮啮合时,正确的啮合印痕,其印痕长度不小于齿长的 60%,印痕应位于齿面中部,如图 6-30 所示。

影响圆柱齿轮啮合印痕的因素主要有:壳体轴心线不平行或轴心线间距变化、齿轮加工误差、齿轮轴弯曲、齿轮变形等。

齿轮啮合印痕的检查通常采用在主动齿轮齿面上涂一层薄红丹油,转动齿轮副后,在从动齿轮的齿面上便会出现啮合印痕。圆柱齿轮副啮合正确或不正确时的几种啮合情况如图 6-30 所示。

(2)正时齿轮组的装配。正时齿轮副装配时,曲轴与凸轮轴正时齿轮标记应对正,如图 6-31 所示。

对柴油机来说,在对正配气正时标记的同时,还需要对正喷油泵驱动齿轮正时标记。

正确啮合

轴线距离
大于标准

轴线距离
小于标准

倾斜

图 6-30　齿轮的啮合印痕

图 6-31　对正时齿轮的标记
1-凸轮轴正时齿数;2-曲轴正时齿数;3-安装标记

二、总成磨合

1. 进行磨合的必要性

总成装配后,在使用前应进行磨合与试验。其目的是:改善各间隙配合副摩擦表面的表面质量,使其达到工作条件的要求,以延长使用寿命;检验零件再制造和装配中存在的问题并及时排除,以提高总成的可靠性;试验使用性能及恢复的情况。

例如,对于发动机各间隙配合副的配合表面,如汽缸与活塞环、曲轴轴颈与轴承等,虽经精加工,但仍留有微观不平的加工痕迹,表面形状和相互位置也必然有误差。因此,实际接触面积很小,只有名义接触面积的 1/100 ~ 1/1000。如果直接投入使用,工作负荷使单位实际接触面积上的压力很大,导致温度很高,并将产生破坏性的黏着磨损。典型的现象如化瓦、拉缸、抱缸等。另外,表面形状误差还使诸如活塞环与汽缸一类配合副密封不良。若直接投入使用,不仅漏气严重,使发动机工作性能降低,而且还会由于漏窜的燃气冲刷油膜而加剧配合副磨损。所以,发动机投入使用前必须进行磨合,以改善其零件表面的配合状况。

磨合的实质是摩擦副表面在允许负荷(载荷、速度)下,以磨料磨损或轻微的黏着磨损为主的有控制的磨损过程,它与发动机正常运转时的磨损是不同的。在这一过程中,接触表面的宏观和微观接触面积逐渐增加,直至建立起适合于工作条件要求的配合表面。

2. 影响磨合效果的因素

最佳磨合应是以最小的磨损量在最短的磨合时间内达到适合工作条件的表面质量。影响磨合的主要因素有零件的表面因素,磨合用润滑剂和磨合规范。

1)表面质量

(1)表面粗糙度。对磨合质量的好坏起重要作用的是零件表面的原始粗糙度。如零件表面是经过精加工形成的很光滑的表面,它对于磨合是极为不利的。此时表面磨合时基本不发生磨损,而且磨合时间特别长或者可能发生黏着。所以,表面要有一定的原始粗糙度。但是表面波度和其他形状误差幅度应小于表面粗糙度幅度,通常认为表面粗糙度的最佳值是形状误差值的 2 倍。如表面粗糙度为 $0.5 \sim 1.25 \mu m$ 时,波度值应小于 $0.5 \mu m$。

当零件表面的粗糙度足够大时,其微观表面的凸点较脆弱,所以很快就被磨掉。然后产生的磨粒就成了第二磨合阶段中的磨料。此外,较高的原始粗糙度的另一个优点是可使磨合后的表面成为有迂回痕迹的表面,有助于保持油膜,从而改善润滑。但是表面又不能特粗糙。

通过实践知道,铸铁的活塞环与铸铁的汽缸表面如其原始粗糙度在 $1 \sim 1.5\,\mu m$ 时,其磨合的效果比表面原始粗糙度为 $0.1 \sim 0.2\,\mu m$ 时更好,其磨合时间短且润滑油消耗少。

如采用表面进行光滑镀铬的第一道压缩环,汽缸表面进行抛光,这时由于镀铬环有很高的抗腐蚀能力,它们之间的适油性很差,其磨合速度很慢,且润滑油消耗大。一般用珩磨法得到的网状表面最为合适。

(2)表面性质。零件表面性质不同,其磨合性也不同。如镀铬环硬度高磨合性差,而经磷化处理或有涂层的活塞环由于处理层具有多孔性且脆性较大,故既有较好的储油性又可防止黏着磨损。同时,又因其易脆断和脱落而具较好的磨合性。又如具有三层和四层结构的轴瓦,其表层为低熔点合金,接触点金属易产生微观熔化和软化而流向凹处,提高了磨合性。

2)润滑剂

要求磨合时采用的润滑剂有较好的油性、导热性和较低的黏度。较好的油性容易形成油膜,防止严重的黏着磨损;较好的导热性,可以降低摩擦表面的工作温度避免由此导致的油膜破坏;较低的黏度,使油的流动性好,加强了摩擦表面的冷却作用和清洗作用。同时,油膜破坏时又很容易恢复和补充,也容易补充到间隙小的部位。但润滑油黏度也不能过低,否则油膜强度低,易产生黏着磨损。

发动机磨合常用的润滑油 SAE20 或 SAE30,它们一般可以满足上述性能的要求,但不是在所有情况下都是适宜的。对于轿车除按说明规定选用磨合润滑油外,也可采用该车辆冬季发动机润滑油作磨合油。合理选用润滑油的方法是通过磨合试验来确定。

3)磨合规范

磨合规范主要是指磨合时的负荷和转速。不同的磨合规范,零件表面达到所要求的技术状态时的金属磨损量不同,零件的使用寿命也不同,如图 6-32 所示。图中的两条曲线表示两种不同磨合规范使零件磨合期的磨损量不同,从而导致了零件的使用寿命不同。试验表明,最佳的磨合规范可使磨合期的磨损量降低 $40\% \sim 60\%$,可见总成磨合规范对提高修复质量和使用寿命是十分重要的。

图 6-32 磨合对零件使用寿命的影响

磨合规范对磨合质量有如下影响:

(1)负荷。磨合时负荷应从无到有,从小到大逐渐增加,从而使零件表面逐渐得到改善。若负荷过大,将发生过度磨损,使总磨损量增大;过小,则磨合效率低。

(2)转速。在一定负荷条件下适当增加磨合转速,不仅可提高磨料磨损速度,而且可提高热点温度,使微观黏着磨损速度提高,从而提高磨合速度。但转速过高,亦将发生剧烈磨损。而转速过低不仅磨合效率低,且摩擦表面润滑得不到保证(冷磨合)。所以,磨合过程中转速应在一定范围内由低到高逐渐增加。

不同车型及总成的最佳磨合规范是通过试验来确定的,或使用车辆制造厂规定的磨合规范。

3. 磨合工艺规范制定

总成磨合分为冷磨合和热磨合两大类别。其中,热磨合又分为无负荷热磨合和有负荷热磨合两种形式。根据总成性质和工作条件的不同,磨合工艺可以采取不同的方式或组合形式。

1）磨合工艺

（1）冷磨合。在台架上以可变转速的外部动力装置拖动总成运转,称为冷磨合。根据零件加工精度和总成装配质量不同,选择磨合转速。

（2）热磨合。总成在一定的热负荷状态下（或一定的工作温度条件下）,依靠自身动力或外部动力,进行加载或不加载条件的运转,称为热磨合。因此,热磨合的形式多样,工艺要求也不相同。例如,对于发动机的热磨合就可以分为无负荷热磨合和有负荷热磨合。

2）发动机磨合规范制定

（1）冷磨合规范。大量试验表明,冷磨合的起始转速应使磨合表面得到可靠的润滑。冷磨合开始转速 n_1 以 $400 \sim 600 r/min$ 为宜。也可根据发动机的额定转速 n_e 按下式确定：

$$n_1 = (0.20 \sim 0.23) n_e \tag{6-16}$$

然后,以 $200 \sim 400 r/min$ 的级差逐级增加转速。冷磨合终了的转速 n_2 一般为 $1000 \sim 1200 r/min$。也可以按下式确定：

$$n_2 = (0.40 \sim 0.55) n_e \tag{6-17}$$

当发动机额定转速较高时,取下限。

磨合转速初步选取以后,应通过试验最后确定。常用的方法是通过制取多个规范的磨合曲线来评定,如图 6-33 所示。这组磨合曲线是在磨合中每隔一定时间取一定量的润滑油,分析其中的含铁量。当含铁量基本不再增加时便增加转速,再继续试验所绘制的曲线。

图 6-33　发动机冷磨合曲线

从曲线可以看到,每种转速开始时磨损速度快,而后趋于缓慢,即表示磨合作用已明显减小或不起作用。为以最少的时间取得最好的磨合效果,磨合时间应取每段曲线中磨损较快的区段之和,即磨合总时间应为：

$$t = OA + BC + DE + FG \tag{6-18}$$

冷磨合时间还与零件加工质量和总成装配质量有关。加工精度和装配质量高,磨合时间可缩短;反之,应延长。一般冷磨合时间在 2h 以上。

冷磨合中应进行检查的有以下几点内容：

①机油压力应正常,气门、摇臂润滑正常。

②冷却液一般不要循环（使水泵不转动）,冷却液温度最好控制在 70℃ 左右。

③检查各零件工作情况,若有漏油、漏水现象或摩擦表面附近过热,各部有异常响声等不正常现象时应及时找出原因并排除。

冷磨合后应放出全部润滑油,加入清洗油（90% 柴油和 10% 车用机油）运转 5min,对各润滑油孔和油道进行清洗,然后放出,再加入发动机冬季用机油准备热磨合。

（2）无负荷热磨合。是在发动机冷磨合后装上全部附件,在正常工作温度下不带负荷由低到高以不同转速运转。

在进行无负荷热磨合的同时,检查发动机(机油压力、冷却液温度和汽缸压力等)运转情况,进行必要的调整(如气门间隙和油、电路等),排除故障,为有负荷热磨合作好准备。

（3）有负荷热磨。是由试验台的加载装置对发动机由小到大逐渐加载增速的过程。

通常,开始时所加的载荷约为发动机额定功率 N_e 的 10% ~ 20%,转速为 800 ~ 1000r/min 或 $0.40n_e$ ~ $0.57n_e$。运转一定时间以后,再递增转速和负荷。每一次增加负荷后的磨合时间,可根据转速变化情况确定。由于摩擦阻力随磨合程度的完善而降低,所以,每增加一次负荷而节气门或加速踏板位置不动时,其转速随着磨合的进行会逐渐升高。当升至某一值基本不再升高时,即意味该工况组合下的磨合过程已结束。

三、总成检验

1. 性能检测

总成进行完磨合以后,应进行性能检测。例如,对于发动机应包括运转状况检查,即发动机在各种工况下应运转稳定,不得有过热现象;不应有异常响声;突然改变工况时,应过渡圆滑,不得有突爆、回火、放炮等异常现象。最后,应测试发动机的最大转矩和最低燃料消耗率,对最大功率和负荷特性则进行检测,以确定发动机动力和经济性的恢复情况。发动机排放污染物限值和噪声应符合国家有关标准的规定。

2. 外观检查

（1）喷漆质量。外观应整洁,无油污。外表应按规定喷漆,漆层应牢固,不得有起泡、剥落和漏喷现象。

（2）附件检查。附件应齐全,安装正确、牢固。

（3）密封检查。各部位应密封良好,不得有漏油、漏水、漏气现象,绝缘良好。

3. 包装检查

包装前应放掉液体介质,并堵封好外露通孔;填写装箱单和检验和合格证,并装入箱内。包装应牢固,有防潮防锈措施。外包装上注明有关名称、型号、生产单位、日期、注意事项等信息。

应该注意,再制造产品在包装或本体上应使用特殊标识。例如,国外再制造配件标有醒目的标识"R"或者"Remanufactured Parts",以示与新配件的区别。对特殊尺寸的配件,还会用文件作出说明。

第七节　再制造产品质量管理

一、质量管理体系简介

企业建立有效的质量管理体系的显著性标志是:第一,实行全面质量管理;第二,通过了ISO 9000 系列认证。企业开展质量管理和建立健全质量体系,可采用等同于 ISO 9001 国际标准的《质量管理体系—要求》(GB/T 19001—2008)。

1. 质量管理任务

根据 GB/T 19001—2008 标准要求,企业质量管理的主要任务是,确立质量方针,建立质量体系,分配质量职能和明确质量责任,使产品在形成过程中各阶段的影响因素都处在受控状态,保证达到产品质量要求,满足用户期望。

质量方针是企业最高管理者正式颁布的总的质量宗旨和质量方向。具体是规定产品的性能、适用性、安全性和可靠性及其有关的关键质量要素目标,其实施则是通过质量管理来完成。

质量管理的核心是建立质量体系,是通过要素规定的质量活动进行运转,包括质量控制和质量保证活动,以确保质量目标的实现。由此可见,质量体系是搞好质量管理的关键。

2. 质量体系要素

质量体系是为实施质量管理所需的组织结构、程序、过程和资源。质量体系所涉及的要素以及对这些要素要求的深度,以所达到的质量目标,或保证已确定的产品要求能实现为度。质量体系要素按其作用和性质可分为四类:

(1)质量管理要素。包括管理职责、质量体系原则和质量成本三个要素。

(2)质量环要素。包括营销质量、设计质量、采购质量、生产质量、生产过程控制、产品验证、搬运和生产后的职能七个要素。

(3)辅助要素。包括测量和试验设备的控制、不合格产品控制和纠正措施三个要素。

(4)基础要素。包括质量文件和记录、人员、统计方法的应用、产品安全和责任四个要素。

质量管理要素是建立或优化质量体系的基础,应在质量环要素、辅助要素和基础要素中充分体现出来。如质量方针、质量目标和企业最高管理层的职责是每个企业的质量体系首先要明确的前提,因为建立或优化质量体系的目的,就是贯彻企业的质量方针,实现质量目标。

质量环要素是质量体系的主体。可以根据市场情况、产品类型、生产特点、用户需求等来选择相应的要素和采用这些要素的程度。具有代表性的质量环:营销和市场调研→设计/规范的编制和开发设计→采购→工艺开发和策划→生产制造→检验、试验和检查→包装和储存→销售和分发→安装和运行→技术服务和维护→用后处置。这与全面质量管理(TQC)提出的影响产品质量的"八大质量职能"(市场调研、产品开发、设计、采购、生产技术准备、制造、检验、销售和售后服务)内容相近。

质量体系要素由实施的目的、质量活动及其职权、责任、执行的程序文件、活动之间接口等六项内容组成。质量活动包括质量控制(QC)和质量保证(QA)两个紧密相连而性质不同的活动。质量控制是为了控制影响质量因素所采取的作业技术;质量保证是为了满足质量要求所提供的有计划、有系统的活动(包括活动过程、活动结果和数据记录等)。质量控制是质量保证的基础,质量保证有利于促进质量控制。

3. 质量体系文件

质量体系文件是企业建立质量体系并保持其持续有效运行的基础,是企业生产合格产品、评价质量体系、进行质量改进的重要依据。典型的质量体系文件层次,如图 6-34 所示。

(1)质量手册。阐述质量体系的文件,具有企业在质量管理方面的立法性质。它既要指导质量体系的运转,又作为企业质量体系认证的依据。

(2)程序文件。质量体系运转实施的文件,包括开展活动的目的、范围、职责、实施步骤和记录方式等内容。

(3)规范文件。阐明要求的文件。主要包括管理规范和作业指导书。

管理规范是阐明管理要求的文件,即为确保其管理与作业过程的有效策划、运行和控制所需的文件。虽然 ISO 9001 标准没有强制规定,但是,它也是质量管理体系文件之一。

图 6-34　质量体系文件层次

作业指导书是阐明作业要求的文件,它是详细描述如何执行和记录的文件。同时,作业指导书还是描述如何使用材料、设备、文件命名和文件,包括接受准则。

作业指导书不同于程序文件,程序文件可以引用规定活动如何实施的作业指导书。书面程序通常描述交叉不同职能活动,而作业指导书通常用于单一的职能任务。

(4)质量计划。是对特定的项目、产品、过程或合同,规定由谁及何时应使用哪些程序和相关资源的文件。具体地说,质量计划是针对某产品所采取的专门质量措施文件,包括质量目标、各阶段的责任和权限分配、指定的特定程序、试验、验证、检查和审核大纲及指定的其他措施等内容。

(5)质量记录。是阐明所取的结果或提供所完成活动的证据文件,即记录质量活动过程和结果的文件,为证实、追溯、采取纠正措施和质量改进提供依据。

4. 质量体系建立程序

质量体系的建立受各种需求、具体目标、所提供产品特性、所采用的生产过程以及企业规模和结构的影响。因此,质量体系的结构或文件应有企业特色。

1)确定体系模式

质量管理体系是指在质量方面组织和控制的管理体系。2000 版 ISO 9000 族标准提出了以过程为基础的质量管理体系结构模式,即在建立实施质量管理体系以及改进其有效性时采用过程方法。这种结构模式比以要素为基础的结构模式更切合实际,并把层次分析法中的质量管理体系要素全部容纳到这种结构模式之中来。

组织质量管理体系应考虑四个重要组成部分:

(1)管理职责。包括相关方的需求和期望、质量方针、策划、职责、权限与沟通、管理评审等项内容。

(2)资源管理。包括人力资源、信息资源、自然资源、财务资源、基础设施、工作环境、供方及合作关系等各项内容。

(3)实现过程管理。包括与相关方有关的过程、设计和开发、采购、生产与服务运作、测量和监视装置的控制等项内容。

(4)测量、分析与改进。包括顾客和其他相关方满意程度测量和监视、内部审核、过程监测和测量、产品监测和测量、不合格品控制、数据分析、纠正和预防措施、持续改进等项内容。这种体系结构模式将质量管理体系四个重要组成部分有机地联系起来,具有很强的可操作性。

为使组织有效运作,必须识别和管理众多相互关联的活动,通过使用资源和管理,将输入转化为输出的活动可视为过程。通常,一个过程的输出直接形成下一个过程的输入。组织内诸过程的系统应用,连同这些过程的识别和相互作用及其管理,可称之为"过程方法"。

过程方法的优点是对诸过程的系统中单个过程之间的联系以及过程的组合和相互作用进行连续控制。过程方法在质量管理体系中应用时,强调以下要求:

（1）理解并满足要求。

（2）需要从增值的角度考虑过程。

（3）获得过程业绩和有效性的结果。

（4）基于客观的测量，持续改进过程。

以过程为基础的质量管理体系模式如图6-35所示。

图6-35　以过程为基础的质量管理体系模式

在采用过程方法时，应运用下列PDCA方法进行运作：

P——策划。根据用户的要求和组织的方针，为提供结果建立必要的目标和过程。

D——实施。实施过程。

C——检查。根据方针、目标和产品要求，对过程和产品进行监视和测量，并报告结果。

A——处置。采取措施，以及持续改进过程业绩。

2）选择推动方式

采用ISO 9000族标准，建立质量目标，可以采用"管理者推动"或"受益者推动"两种方式。受益者推动方式是目前国内外流行做法，而质量体系认证又促进和广泛推广了这种建立质量管理体系的方式。受益者是在经济组织的绩效和供方组织的运行环境方面有共同利益的一个人或一组人。受益者推动方式就是首先根据用户或其他受益者提出的直接要求，实施ISO 9001标准。在此同时或在此以后，还应开展质量管理工作获得进一步的改进，并以所选择的质量保证模式作为核心结构，建立一个更加全面的质量体系。受益者推动方式如图6-36所示。

图6-36　受益者推动方式

由于再制造业在我国刚刚兴起，用户对再制造产品的质量的认识还不够全面。因此，在再制造企业应该优先采用受益者推动方式。首先，实施ISO 9001标准，建立使用户满意的质量管理体系。必要时,通过国家认可的第三方质量体系认证机构的质量体系认证,获得质量体系认证证书。然后,继续实施 ISO 9004 标准及相关标准,如 ISO/TR 10014"质量经济性管理指南",以建立更加全面科学的质量管理体系,满足所有相关方的要求,并使企业得到发展。

3)构建运行体系

建立一个全面、合理、适用和有效的质量体系,需要通过以下基本步骤:

(1)调研总结。通过现场考察、开座谈会和查阅资料文件,全面、系统地总结企业质量管理的经验与教训,为质量体系的建立提供必要的资料基础。

(2)标准培训。培训对象包括管理人员、全体工人和专业人员。培训内容针对不同的对象有差别,对管理人员进行 ISO 9000 族标准内容与适用范围,以及 ISO 9001 和 ISO 9004 标准的相关内容等培训;对全体工人进行 ISO 9000 族标准基本知识培训,使他们理解和掌握 ISO 9000 族标准的基本知识、基本概念、基本内容和基本要求;对专业人员进行 ISO 9000 族中专用标准的培训,如对内审员应提供内部审核方面标准的培训。

(3)体系策划。体系策划式建立质量体系的关键步骤,应依据 ISO 9001 或 ISO 9004 标准要求,逐项根据企业实际情况,确定过程要素与相应的过程控制文件。

(4)编制文件。质量体系文件的编制应在质量管理专家的参与下,组织既懂管理,又懂技术,理解 ISO 9000 族标准内容且又熟悉文件编写方法的人员承担编写任务。同时,在编写过程中不断征求各方面的意见。在保证文件质量的前提下,有利于文件的具体实施。

(5)资源调配。根据质量体系有效运行的需求,调配相关的人力资源和物力资源,改善质量体系运行工作环境。

(6)运行试验。质量体系文件发布后,都有试运行和文件验证期。通过试运行,验证体系文件的正确性;通过修改文件,提高文件执行的有效性。

(7)内外审核。内部审核就是每年编制内部审核计划,安排内审员对质量管理体系覆盖的每个部门、每个过程要素进行认真审核。外部审核就是接受质量体系认证机构或产品需求方的审核。通过内外审核和诊断,不断发现缺陷,以保证质量体系的有效性。

(8)改进完善。质量管理体系应随生产环境的变化不断改进,并采取措施不断完善质量体系。

上述八个步骤并不是孤立分割、相互独立的八个阶段,而是相互连接,甚至有时重复交叉的工作。因此,应根据实际情况,系统安排,以建立科学有效质量体系的目的。

二、再制造企业与生产特点

1.再制造企业特点

再制造就是把旧的可以进行再制造的总成或零部件作为制造加工的"毛坯",按照同型号原有的技术要求,运用专门的工艺和设备,以大规模、专业化的流水生产模式,通过对旧的总成或零部件进行拆卸、清洗、检测、零件修复、选配、更换易损件等工序而生产出质量和性能完全达到相同型号标准的再制造产品。再制造不同于传统意义上的"维修",也不同于报废产品的简单"回收再循环"。从企业的技术水平、专业化程度、经营模式及生产要求等方面,再制造企业有以下主要特点。

(1)生产专业化。如发动机再制造企业是专门从事发动机整机、总成及零部件的修复,设备齐全,有良好的人员素质和精湛的修复技术,现代化的管理措施。同时,还注重新产品、新工艺的研究与开发,对员工进行技术培训和技术更新。它们有专门的高效的清洗设备和清洗技术工艺,如火焰喷烧油泥,超声波除污垢等。另外,零部件的修复工艺中采用了表面处理工艺,如利用纳米技术进行磨损零部件的表面喷涂处理,使零件的性能可靠的恢复。

(2)技术集成化。再制造企业生产能力的标准之一,是它的技术集成程度。在当今的高度分工的经济社会中,往往一种产品的生产是由许多相关的生产厂家合作生产。例如,汽车改装厂就是从不同的汽车零部件生产商那里购买零部件、总成等按技术要求组装成整车;同样,发动机制造厂也是生产发动机的主要零部件(如缸体、缸盖、曲轴、连杆、活塞等),其他零部件由于技术原因而由有专门技术的厂家生产(如柴油机的喷油泵、增压器等),标准件由市场上购买,然后组装成整机。这样集成组合方式使资源达到优化配置,可充分发挥企业的优势,以提高产品的质量。

此外,再制造业也不像一般的零部件制造厂那样专业生产某种产品,它必须拥有再制造产品主要的生产技术标准和相关资料,这样才能经济高效地从事再制造并可靠地保证再制造产品的性能。

(3)经营协作化。再制造企业一般是独立的生产企业,它与主机厂或总成、零部件生产商之间存在一定的商业或技术合作关系,有完善的生产、管理和售后服务体系。它可从主机生产商获得专营权,长期与原生产商合作,作为一个代理维修部门。因此,这样的再制造企业能及时根据原厂的技术发展和改型来再制造相关产品,改善和提高所修复的产品的性能并能及时得到原厂配件,这是产品零部件修复质量的重要保证。

另外,再制造企业还可能是从属于主机厂的维修服务体系。因此,主机厂的各个维维修中心将成为再制造企业的稳定业务来源和用户,并使维修服务体系变得专业化,从而有利于提高技术水平和经济效益。虽然再制造企业可以从主机厂获得维修方面的专营权,但是再制造企业所需要的相关技术资料,是以支付费用的有偿方式从主机制造厂或零部件生产商那儿购买。再制造企业与主机厂、零部件生产商在市场上都是独立的法人,有着共同的客户,存在着激烈的市场竞争。再制造企业要有灵活多变的经营方式,如专营、收旧、整机互换及修复件供应等,以满足不同客户要求。

2. 再制造生产特点

由于再制造是一个专业化的大量生产过程,它既与新总成、零部件生产有很大区别,又与普通的大修加工完全不同。再制造生产过程有以下主要特点:

(1)零件状态不同。产品所用的再制造零部件主要来自于使用过的旧零部件,采用再制造专用的工艺和设备对这些零件进行精密加工,但获得的产品质量可达到甚至超过原厂的技术指标。

(2)清洗要求不同。在再制造过程中,清洗是整个工艺过程中重要的工序之一。对清洗工序的基本要求包括:彻底清除零件表面的油污、油漆;彻底清除零件内部的机油垢和水垢;在清洗过程中保证零件不因高温而产生变形或金相组织的改变;保证零部件不因化学物质而被腐蚀;保证清洗工序的残渣、废液不对环境生污染。

(3)加工设备不同。再制造通常使用的加工设备应具有一定的柔性,即在同一台设备上可以加工不同型号产品,而且其加工精度应达到甚至超过原厂指标。

三、再制造产品质量管理要求

1. 确定全面的质量管理目标

应"性能标准与新机一致、质量要求与新机一致、索赔条件与新机一致、服务内容与新机一致"为全面的质量管理目标,通过质量管理体系认证形成完善的产品质量保障条件。

2. 形成完整的技术标准文件

针对各种产品的再制造工艺过程,应依据国家、行业或企业标准形成系统、完整、全面的工艺技术文件,以保证再制造过程中工艺技术符合技术规定。

有些国家的行业组织已经颁布了有关汽车零部件再制造程序,如美国由汽车工程师学会发布的标准,见表6-11。我国目前正在制定相关的汽车零部件再制造的相关标准。

美国汽车工程师学会颁布的汽车零部件再制造标准　　　　　　　表6-11

序号	代号	名　称	颁布机构
1	SAE-J1915-1990	手动变速器离合器总成再制造推荐程序	美国汽车工程师学会
2	SAE-J1916-1989	发动机水泵再制造程序、标准和推荐应用	美国汽车工程师学会
3	SAE-J1890-1988	液压助力转向机再制造性能保障	美国汽车工程师学会
4	SAE-J1693-1994	再制造液压制动器主缸——一般性能、试验程序和推荐应用	美国汽车工程师学会
5	SAE-J1694-1994	再制造液压制动器主缸——性能试验设备和推荐应用	美国汽车工程师学会
6	SAE-J2073-1993	汽车起动机再制造程序	美国汽车工程师学会
7	SAE-J2240-1993	汽车起动机转子再制造程序	美国汽车工程师学会
8	SAE-J2241-1993	汽车起动机驱动机构再制造程序	美国汽车工程师学会
9	SAE-J2242-1993	汽车起动机电磁线圈再制造程序	美国汽车工程师学会
10	SAE-J2075-2001	交流发电机再制造程序	美国汽车工程师学会

3. 严格做好旧件检验分类

旧总成或部件拆解、清洗后,检验分类是保证再制造产品质量的第一道工序。特别是对影响再制造产品使用性能的零部件损伤,应认真检测并制定可靠的分类标准。

4. 保持加工设备完好状态

再制造加工设备完好的技术状态是保证加工质量的物质基础,应用先进的加工设备、电子化检测手段等,可以有效地降低人为因素对质量的影响。

5. 采用先进可靠加工技术

产品再制造过程中,除必须更换件以外还要使用部分可使用件以及修复零部件。例如,运用表面工程等技术可以使旧斯太尔发动机的62%零件恢复其表面尺寸和性能,而且可以根据零件表面的失效情况对零件表面进行强化处理,使表面的耐磨性和耐蚀性优于新品。专业化、规范化的再制造生产方式,为采用高新技术创造了条件。目前,采用的表面工程技术有:纳米电刷镀、高速电弧喷涂和微脉冲冷焊等。主要用于缸体、曲轴和连杆等10多种零件的再制造加工。

6. 提升全员整体业务素质

再制造厂的员工都经过技术培训,责任心强,技术熟练,经验丰富,严格执行工艺规程。员工素质是再制造产品质量保证体系中的关键要素之一。

 复习思考题

1. 产品再制造应具备什么条件?
2. 产品再制造有何特点?

汽车再生工程(第二版)

3. 废旧产品拆解后可以分为几类？各有什么用途？

4. 再制造系统运行有何特点？

5. 再制造生产的不确定性有哪些？为什么？

6. 简述再制造工艺基本流程和工艺组织方法。

7. 零部件的机械损伤分为几种？各有什么特点？

8. 腐蚀与气蚀有何特点？其损伤的原因是什么？

9. 电器电子器件损伤有何特点？其主要类型是什么？

10. 塑料件的损伤有何特点？其主要原因是什么？

11. 不同类型的橡胶制品的损伤有哪些类型及其原因？

12. 总成拆解时应注意哪些问题？不同类型的连接件应如何拆解？

13. 简述碱性溶液、水基清洗剂和有机溶剂的清洗油污的原理，并比较它们之间有何不同？

14. 简述积炭的清除原理与工艺要求。

15. 简述水垢的清除原理及方法。

16. 旧漆层的清除方法有几种？其原理是什么？

17. 零件检验分类的技术条件有哪些？

18. 零件检验的内容包括哪些？

19. 零件隐伤的检验方法有哪些？其原理是什么？

20. 再制造加工方法分几类？适用于哪类零部件？为什么？

21. 表面技术法有几大类？其工艺特点是什么？怎样选用？

22. 总成装配时有哪些基本要求？

23. 简述总成装配后进行磨合的必要性？

24. 试分析影响磨合效果的主要因素有哪些？为什么磨合效果有影响？

25. 磨合分为几类？各有什么特点？

26. 何谓磨合规范？其对磨合质量有何影响？

27. 怎样制定磨合工艺规范？

28. 总成检验包括哪些内容？有何要求？

29. 企业质量管理的主要任务是什么？

30. 质量体系要素按其作用和性质可分为几类？其主要内容是什么？

31. 质量体系文件包括哪些？各有什么作用？

32. 如何建立质量管理体系？运行体系包括哪些主要过程？

第七章　汽车再生资源利用技术经济分析

本章提要：阐述了再生资源利用技术体系、技术评价方法；分析了废旧汽车再生资源价值、资源化成本和回收利用效益等问题。

第一节　汽车再生资源利用技术分析

一、再生资源利用技术体系

1.再生资源利用技术体系

汽车再生资源的利用不仅可以减少环境污染，同时还可以减少对自然资源的依赖和过度使用，有利于保护自然环境。如果再生资源利用方法得当，还可以改善废旧材料的性能，提高材料的使用性能和耐久性。但是，对废旧汽车进行资源化处理，必须有基本设施、设备、技术和人力等方面的投入。虽然，对废旧汽车进行再生资源化处理增加了企业的投资，但是，也应看到其带来的经济与社会效益。

任何产业的形成和发展都是以一定产业技术为其内在的推动力。早在100多年前，马克思就指出："机器的改良，使那些在原有形式上本来不能利用的物质，获得一种在新的生产中可以利用的形式；科学的进步特别是化学的进步，发现了那些废物的有用价值"。这就是说，资源再生利用产业的发展，是主要通过科学和技术的进步来达到的。在科学技术发展中，科学是理论指导，是潜在的生产力，它对社会发展的推动作用必须经过技术这个显性因素来实现。而技术的进步表现在生产机器的改进和使用，以及生产工艺的优化和革新。由于机器与工艺的有机结合形成了人类社会生产活动的现实生产力，这是科学技术成为生产力的必然发展过程。

在再生资源利用产业发展中，机器的改进不仅是机械技术的直接应用，而且涉及多种技术的应用。同样，工艺的优化和革新也是化学、物理和机械等多种方法的组合，这有效资的拓宽了再生资源利用产业发展的道路。再生资源利用产业技术体系结构，如图7-1所示。

再生资源利用产业技术体系结构具有以下基本特点：

（1）不仅反映了再生资源利用产业的形成原理及其产业内容，而且反映了再生资源利用产业技术的体系结构及组成要素。

（2）不仅反映了再生资源利用产业与整个人类社会生产、交换及消费环节的关系，而且还反映了产业内部发展阶段和发展内容。

（3）不仅反映了再生资源利用产业的经济增值过程，而且还反映了它对人类社会环境保护效益所做的贡献。

再生资源利用产业活动分为两个部分：

第一，以市场经营和机械技术为主的商业性活动。这个过程的技术含量较低，工艺及设备简单。主要是对取得的各种废旧产品，经简单加工变成各种新的生产要素，然后通过一定的交换渠道返回到原来的物质产品生产过程中去。

图 7-1　再生资源利用产业技术体系结构

第二，以产业技术进行深度加工的生产过程。这个过程是对可再生资源，通过采用各种劳动过程技术进行深度加工。经过深度加工后的产品，有的可以直接变成生产生活消费需要的各种物质产品，即直接创造出具有各种使用价值的产品，并进入市场满足人们的消费需求；有的可转化为各种不同要求的新的生产要素，再加入到原来的生产过程中去。例如，从各种废料中提取稀有贵重金属等。在产业技术深度加工阶段，还把那些对环境污染影响较大的各种有害废弃物，变成无毒无害的物质产品，或者通过各种化学及生物的净化手段后，直接进行无害排放，从而增强环境效益。

2. 资源化技术装备

任何产业的进步和发展都离不开机器设备的使用与改进。例如，废旧汽车金属的回收利用,必须拆解成符合钢铁冶炼要求的尺寸。如果采用气割解体的方法,不仅加工成本比采用机械加工成本高,而且还浪费材料,其烧损量达到4%～5%。同时,还存在着安全和环境污染隐患。所以,采用先进的技术装备,将废旧产品加工成可利用的再生资源,无疑是再生资源利用产业的正确选择。

现阶段再生资源利用产业的加工设备主要有三种类型:

(1)用于废旧产品的存储、运输及破碎加工等设备。在存储和运输方面,除特殊需要外,一般均采用常规的存储运输设备与装置。而在破碎设备方面,一般常规的破碎剪切设备对于较大的废钢铁结构件是无能为力,因此,需要特制的破碎设备。

(2)物料分选设备,目前国内外所使用的分选设备主要有磁选、风选和筛分设备。

(3)能量回收设备。

二、再生资源利用技术评价

不同的再生资源利用技术的实施所取得的经济效益与劳动消耗是不同的,所以在技术方案选择中,应该拟出两种以上的备选方案,通过技术经济评价对技术发展和应用的经济效益进行预测,并按照技术相对先进和经济相对合理性的原则,对技术选择进行分析论证,从而找出符合客观规律、使技术与经济要素达到最佳匹配、具有最佳经济效果的方案。

技术方案的技术经济分析主要根据生产目标,充分利用已有的资料和数据,运用科学方法对技术可行性和经济合理性进行分析评价,并通过多方案论证比较,从总体上判断其合理程度、应用价值和各方案的优劣顺序,为择优与正确决策提供可靠依据和有关建议。

1. 工艺方案评价

工艺方案是应用具体技术方法进行生产的基本要求与过程。工艺方案决定了生产流程、所需装备和生产节拍等有关生产活动。它一方面通过其技术特性直接影响产品的生产质量,另一方面又通过工艺成本直接影响企业的经济效益。

工艺方案的技术经济评价主要从三个方面进行,即技术评价、经济评价和综合评价,如图7-2所示。在不同的评价阶段,针对技术、经济和综合评价有不同的评价方法、评价指标与体系,也得到了不同的结论。表7-1为整理过的工艺方案技术经济评价不同阶段所采用的方法及其优缺点。

汽车再生资源利用分为以下几个基本阶段:

图7-2　工艺方案的技术经济评价

(1)废旧汽车回收拆解。

(2)零部件再利用(再使用、再制造)。

(3)回收利用(材料利用、能量利用)。

(4)填埋处理。

由于每个阶段所要达到的目的不同,因此,对所采用工艺方案的评价指标也不相同。技术评价的主要指标有:性能、质量、效率、能耗、环保和安全等指标。

例如,在废旧汽车回收拆解阶段,可以将所采用的拆解方法是否可以将零部件从车辆上被拆解下来的能力作为技术评价的指标之一。但是,还可分为拆解时间、无损拆解和有损拆解比率等具体的评价拆解效率和质量指标。实际上,对汽车再生资源利用的每个阶段都涉及质量、效率、能耗、环保和安全等评价问题。

序号	评价分类	评价方法	优 点	缺 点
1	技术评价	加法评分法	简单易行; 定性分析指标定量化; 评价指标因项目而异,较全面	比较粗略; 主观性较强
		加权评分法	分配了考核指标权重; 方法简单实用; 结论可信	比较粗略
		层次分析法	分析深入细致; 结论客观准确	计算过程比较烦琐
2	经济评价	计算法	相对比优; 简单,实用,易于掌握	不直观
		图解法	简单,直观,实用; 适于多方案择优; 快速判断	
		临界产量法	判断力强; 计算结果可信	计算较复杂; 判断过程烦琐
3	综合评价	综合评分法	简单易行; 定性分析指标定量化	比较粗略; 主观性较强
		层次分析法	分析深入细致; 结论客观准确	计算过程比较烦琐

现有的汽车再生资源利用技术主要强调回收性和环保性。在回收性方面,通过对废旧汽车的深度拆解使直接使用或经过再制造的部件以备件的形式再利用;对不可再利用的部件可以通过破碎处理,进行材料分离和分类回收;经过材料回收后的破碎残余物,其中可燃部分可以进行能量回收;最终使得产生的填埋量最少;在环保性上要求在整个回收处理过程中污染排放总量小,且污染可以控制。

2. 性能与质量评价

汽车再生资源利用的不同阶段,再生利用的目标产物(产品或材料)不同。因此,对再生利用技术所获得的目标产物的性能和质量评价的指标也不同。

例如,在零部件再制造中,对于磨损表面要进行尺寸恢复和表面强化,通常采用堆焊、热喷涂或电刷镀等表面工程技术,并配合前、后处理和机械加工等工艺过程。对其工艺的技术评价指标主要有力学性能(涂层与基体结合强度、涂层硬度及抗疲劳强度)、最佳涂敷厚度和使用寿命等。

3. 能耗与环保评价

废旧汽车的传统处理方法是将其做原料回炉冶炼、填埋或焚烧等,这不仅造成资源的极大浪费,还造成环境的严重污染,而废旧汽车的资源化则可以获得良好的资源和环境效益。例如,在废旧产品再制造中,零部件一般分成三种类型:①可再使用零部件;②可再制造零部件;③被新品替换的报废零部件。其中:第①部分基本上没有资源、能源消耗和污染排放;第③部分的资源能源消耗和污染排放与原始制造相同;而第②部分再制造零部件,根据其采用的工艺不同,资源能源消耗和污染排放各不相同。再制造在与原始制造相比,主要是在原料获取和生产阶段的能耗和环保效果明显不同。

(1)能源消耗。原始制造使用的各种钢材、有色金属、塑料、橡胶等原材料,都要消耗大量的不可再生的自然资源,并在采矿、冶炼和合成等过程中消耗大量的能源;而再制造使用的"原料"(或称"毛坯"),是前期制造并经过使用的废旧产品及其零部件,其获取过程也就是废旧产品的回收过程。显然,此过程不需要消耗自然资源,也极少消耗能源。

(2)环境保护。原始制造在原料生产中将消耗大量的资源和能源,相应地在矿物质冶炼过程中要排放出大量的有害物质,直接造成大气、水和土壤等污染。而以废旧产品回收作再制造"原料",不仅不会产生污染环境的有害物质,反而避免了大量固体垃圾的焚烧、堆放和填埋,使环境负荷大大减轻。

由于再制造省去了其原始制造中原材料生产、毛坯加工及材料处理过程中的大部分资源与能源消耗以及废弃物排放,其相应总量比原始制造一般低 $1 \sim 2$ 个数量级,整个产品再制造的资源环境效益随新品零件替换率的降低而提高。

材料(产品及零部件)对环境的影响可用如下环境函数来表示:

$$E_{\mathrm{LF}} = f(R, E, P) \tag{7-1}$$

式中:R——材料的资源消耗因子;

E——材料的能源消耗因子;

P——材料的三废排放因子。

对于环境负荷函数而言,其资源消耗因子、能源消耗因子、废弃物排放因子的叠加模型分别为:

$$R = \sum A_i B_i$$
$$E = \sum C_j D_j$$
$$P = \sum E_k F_k$$

式中:A_i、C_j、E_k——分别为各种资源消耗、能源消耗、废弃物项;

B_i、D_j、F_k——分别为各相应项的权重系数。

上式采用的是叠加型模型,还可以使用均值型、加权型、均方根等模型加以处理。

材料(产品及零件)对环境的影响的定量描述,可以在获得了 R、E、P 之后,利用不同的权重系数对其进行累加,即

$$E_{\mathrm{LF}} = C_R \cdot R + C_E \cdot E + C_P \cdot P \tag{7-2}$$

式中:C_R、C_E、C_P——权重系数。

最简便的是取各权重系数均为 1,亦可用专家评估法确定。

对整个零件原始制造过程来讲,再制造投入的资源、能源和废弃物排放要少得多。再制造的资源、能源消耗和排放,主要取决于上述三种类型的零部件比例。因为被替换的新品零部件③的资源环境特性同原始制造完全一样,所以应尽量扩大第①、②部分的比例,减少第③部分的比例。

原始制造与再制造在装配、调试过程中的消耗和排放差别并不大,由于使用了相当比例的新品替换件③,加上前期的废旧产品拆解、清洗及后期的装配、调试等消耗和排放,使得产品再制造比零件再制造在资源、能源和废弃物排放的减少幅度上要小。

第二节　汽车再生资源利用效益分析

一、再生资源价值分析

1. 再生资源价值

再生资源是有用的废弃物，具有利用价值。由于有限的自然资源面临着枯竭，因此社会生产对再生资源存在着需求，各种再生资源已被纳入利用范围。再生资源本身是一次自然资源开发利用后的转化产物，含有物化劳动。所以，再生资源具有价值。

由于再生资源中存在着一次资源开发与利用之后的物化劳动，而且含有的部分劳动并未完全消失。根据这种分析，再生资源的价值含量是由所含的各种一次资源价值和物化的劳动价值所决定，即再生资源的价值可以表示为：

再生资源价值 ＝ 一次资源价值 ＋ 可利用的物化劳动价值

但是，在实际测算中，上式中的物化的劳动价值一项一般难于估算。这是因为废弃物中含有的物化劳动量是不可识别的。由于废弃物是主产品在丧失其功能之后的产物，或者是主产品的生产加工过程中的副产品。它们共同的特征是：供给量完全由主产品的供给量来确定，不存在单独的废弃物供给。这说明再生资源实际上是一种联产品。用上式测算再生资源所含有的价值，就要求计算联产品所含的劳动量。所以，试图通过上式测算再生资源的价值含量是不可能的。

2. 价值测算方法

商品价值反映了一种社会关系，即生产者之间在交换过程中的平等关系。这种平等关系由具体的生产力发展水平所决定的互易条件所限定。再生资源的再利用一般是作为某些商品生产的投入，而这些商品的生产过程也可不将再生资源作为投入。因此，再生资源利用过程一般都存在着可替代的生产过程。

再生资源利用的生产过程与其替代生产过程一般是同时存在于社会生产中。这是因为再生资源即使不投入生产，也存在着自然损耗，如废钢铁的氧化。所以，即使在一个静态均衡的经济系统中，仅仅依靠再生资源作为生产投入是不够的，还要开发利用一次资源。因此，任何社会都不能仅仅由再生资源来维持生产，都必须开发利用一次资源。由于一次资源的稀缺性，再生资源的利用也为社会需要。因为利用再生资源进行生产可节约一次资源和物化劳动。这样，任何社会都必须同时开发利用一次性资源和再生资源。在实际的利用过程中，通常是将一次性资源和再生资源同时作为某种生产过程的投入。例如，我国炼钢过程中的废钢比例为30%，两者的投入比例可以在一定范围内变动，因而可替代的生产过程有多种。

假定 A 和 B 代表任意两种可替代生产过程，都生产同一种产品。A 所投入的再生资源比例低于 B 所投入的再生资源的比例，因而 B 相对 A 在生产单位产品时，所耗去的价值（劳动或一次资源）要少些。由于再生资源是一种联产品，其供给由主产品供给及实际折旧决定。实际折旧是不确定的，因而再生资源的供给存在不确定性。因此，再生资源再利用过程的投入比例不是固定不变的，存在着多种可选择的投入比。所以，上述关于 A 与 B 的假定是可行的。

生产者之间的平等关系要求采用不同生产过程的生产者，在生产同种产品时应耗费相同的价值。这样 B 的生产者必须在直接耗费于生产过程中的价值外，还应支付一个价值差额,该差额等于 A 过程的价值耗费与 B 过程的价值耗费之差。显然,获得这个差额的应该是再生资源所有者。这表明,再生资源作为一种特殊的联产品,其价值是可以间接的测算。其原因是再生资源的利用存在着多种可替代过程。

不同生产过程之间形成的价值耗费差额,是由于某一生产过程利用了更多的再生资源,从而节省了一定资源物化所形成的价值,这种再生资源价值测算方法可称为价值节约法。价值节约法实质上就是再生资源的价值含量确定为在生产过程中,利用这种再生资源所能带来的资源物化所形成的价值节约量,包括物化劳动和资源的节约。

3. 汽车再生资源价值形态

1)再利用件剩余价值

对可再利用零件的性能进行评估,计算零件的剩余价值。

(1)寿命函数。设产品的功能特性值为 y,目标值为 m。当特性值 $y = m$ 时,产品使用寿命 T 为最大。若产品的寿命函数为 $L(y)$,在 $y = m$ 处 $L(y)$ 存在二阶导数,按泰勒公式有:

$$L(y) = L(m) + \frac{L(m)}{1!}(y - m) + \frac{L'(m)}{2!}(y - m)^2 + O[(y - m)^2] \tag{7-3}$$

不失一般性,当 $y = m$ 时,有 $L(y) = T$,即 $L(m) = T$。又因为 $L(y)$ 在 $y = m$ 处有最大值,所以 $L'(m) = 0$。再略去二阶以上的高阶项,式(7-3)可简化为:

$$L(y) = T - K(y - m)^2 \tag{7-4}$$

上式即为产品寿命函数,其中,$K = \dfrac{L'(m)}{2!}$ 是不依赖于 y 的常数。

(2)价值估算。若产品的成本是 C 元,即相当于用 C 元换取了产品 T 年的使用寿命,称 C/T 为产品的成本率,用 R_T 表示,显然 R_T 值越小越好。通过产品寿命函数,可以估计产品的剩余使用寿命,进而根据产品价值在其寿命区间的分布形式计算其剩余的价值。

假设产品成本在其寿命区间是线性分布的,那么产品的剩余价值可以用下面的公式计算:

$$产品的剩余价值 = 产品成本 \frac{L(y)}{T} + 产品残余价值$$

这种方法需要对产品的实际性能参数进行检测,计算前的准备工作量大,适用于较精确的评估。

设产品成本在其寿命区间呈线性分布,直接利用产品的设计寿命与使用寿命的差,折算成剩余价值。当产品回收时,已使用的时间为 m 年。某个零部件设计寿命为 n 年,设计价格为 p,剩余价值为 p_r,当前年利率为 r。

当 $m \leqslant n$ 时,
$$p_r = p(1 + r)^m \frac{n - m}{n} \tag{7-5}$$

当 $m > n$ 时,令 $k = \dfrac{m}{n}$,则:

$$p_r = \begin{cases} 0 & int[k] = k \tag{7-6} \\ p(1 + r)^m \dfrac{[int(k + 1)n - m]}{n} & int[k] \neq k \end{cases} \tag{7-7}$$

式中,$(1 + r)^m$ 体现了资金的时间价值,采用国际通用复利计算方法。

2)材料再生利用价值

汽车报废后,部分零部件已不能再继续使用,应考虑如何对其进行材料回收。材料回收形式方式有同化利用和异化利用两种方式,保证材料回收品质是提高再生材料价值的重要条件。

作为再生材料回收时,其价值的计算应根据其品质,并参考当前再生材料市场价格。

设某种再生材料的当前市场价格为 v 元/kg,那么,作为材料回收的零件价值为 P_m,则:

$$P_m = v \cdot W \tag{7-8}$$

式中:W——零件质量,kg。

如果该零件包含多种材料组成,必须首先进行材料分离,分别计算。否则,价值将降低。

3)能量回收利用价值

能量利用价值主要体现在作为燃料利用的材料发热值的大小。可以根据作为燃料时的形态,即固态或液态,按常用液态燃料(如汽油、柴油)或固态燃料(如煤炭)的热值比例计算价值。

二、废旧汽车资源化成本

废旧汽车的资源化成本与车辆具体的损坏程度、材料构成、设计结构以及回收利用技术水平、回收工艺密切相关。废旧汽车资源化的形式主要有:①可再利用零部件;②材料再生利用;③作燃料回收能量。

1. 再使用成本

在产品生命周期的结束阶段,整个产品已经报废,但这并不意味该产品所有零部件都失去原有功能,零部件的继续使用通常包括以下几种情况:

再使用是零部件无需作任何处理或只需要简单的清洁处理后就可以重新使用。这部分零部件多是耐用件或是在产品使用中曾经被更换过,但在产品报废时还未损坏,有正常的使用价值。这种再使用形式的成本主要是拆解、清洗、检测、存储和运输等费用。

零部件的再使用是产品回收中最高层次,为了能在回收阶段尽可能多地在该层次对零部件进行回收应注意以下几点:

(1)零部件的拆解应尽可能不损坏原有的功能。

(2)尽可能地回收可再制造的零件。

(3)考虑零件的异化再使用方法,应在更大的范围内寻找再使用的途径。

2. 再利用成本

(1)再制造。零部件能通过再制造恢复其使用性能,但是,采用再制造方法回收再利用时应满足的条件是:所制造出来的零部件价值减去再制造消耗应大于该零部件作为材料回收所得收益,即:

$$V_{rs} - C_{rs} \geqslant V_m - C_m \tag{7-9}$$

式中:V_{rs}——再制造零部件的回收价值;

C_{rs}——再制造零部件的费用;

V_m——材料的回收价值;

C_m——材料的回收费用。

因此,若将零部件作为材料回收时有经济损失,则应根据实际情况重新再制造加工。零部件的再制造成本主要由再制造工艺的复杂程度和生产消耗决定。

(2)材料回收。产品报废后部分零部件已不能再继续使用,应考虑如何对其材料进行回收。应注意提高产品回收率和回收效率,即材料回收的程度和便于材料回收。

对不同性质的材料其回收成本有很大的差别,这是因为回收再利用的工艺流程不同。例如,钢铁材料的回收成本主要包括拆解、破碎、分离和运输等。而对于塑料件为提高回收的纯度和利用价值,还需要对废旧件进行必要的处理,如清除表面漆膜。

3. 能量回收成本

作为燃料回收能量利用的成本主要是拆解和运输的费用。

4. 其他成本

主要包括焚烧处置费和填埋处置费用等。

三、资源化回收利用效益

产品回收效益是指回收利用的总价值扣除回收总费用后所得到的效益,即:

$$V_{total} = V_r - C_c = V_{re} + V_{rs} + V_m + V_e - C_{re} - C_{rs} - C_m - C_e - C_i - C_l \tag{7-10}$$

式中: V_{total}——回收利用的总效益;

V_r——回收利用总价值;

C_c——回收利用总费用;

V_{re}——再使用零件的回收价值;

V_{rs}——再制造零部件的回收价值;

V_m——材料的回收价值;

V_e——能量回收利用价值;

C_{re}——再使用零件的回收费用;

C_{rs}——再制造零部件的费用;

C_m——材料的回收费用;

C_e——能量回收利用费用;

C_i——焚烧处置费用;

C_l——填埋处置费用。

产品的回收效益率 I 是指零部件的净回收效益与其本身所具有的回收总价值之比,即:

$$I = (V_r - C_c)/V_r \tag{7-11}$$

四、拆解厂建设投资案例分析

1. 案例概况简介

汽车上的钢铁、有色金属材料的零部件90%以上都可以回收、利用,玻璃、塑料的回收利用率可达50%以上。再制造产品与新品比较,成本只是新品的50%,节能60%,节材70%。汽车产品中含有大量有害物质,最为典型的有铅、汞、镉、六价铬、多溴联苯和多溴二苯醚等。若不及早采取限制管理措施,报废汽车将会在回收拆解、材料分离和再利用等环节,对环境和人体健康产生严重危害。如不及时加强汽车回收利用管理,中国将会由"世界最大的停车场",逐步沦为"世界最大的汽车垃圾场"。报废汽车回收再利用是建设资源节约型社会的重要途径。

为提升报废汽车回收拆解行业的环保、资源利用水平,2011年在我国的10个城市开展报废汽车回收拆解企业升级改造示范工程试点。报废汽车回收拆解企业升级改造示范工程试点城市为大同、哈尔滨、南京、马鞍山、南昌、潍坊、烟台、漯河、武汉、玉溪。在试点城市开展报废汽车回收拆解企业升级改造,通过财政支持,引导试点企业进行以清洁环境、安全生产、节约资源、推进技术进步和现代化管理为重点的技术改造,提高行业整体水平,促进老旧汽车报废更新。

南方某工业园区拟建报废汽车拆解厂,其厂区面积为 29350m²,规划生产纲领为拆解 2 万台/年,企业总人数 63 人,总建筑面积 28918m²。其中,废旧汽车存放场面积为 2088m²,拆解破碎车间面积为 8424m²,回收件仓库面积为 3948m²,办公综合大楼面积为 1656m²(三层),动力、废弃物存放库、门卫等辅助面积为 8279m²;购置主要拆解及运输设备 214 台,并配套建设道路、绿化、给排水、变配电等辅助设施。

2. 固定资产投资估算

本估算依照原国家计委和国家建设部颁发的《建设项目经济评价方法与参数》对投资估算的要求、行业有关投资估算规定以及地方有关取费标准,根据企业现有条件和项目具体情况进行预算。

1)固定资产投资

(1)建筑工程。案例生产车间以及储存仓库均采用钢结构厂房。根据市场调查,钢结构厂房造价一般为 1800 元/m²,则厂房造价约为 2227 万元。

(2)主要设备。拆解车间设置整车拆解线,总成拆解区(外部清洗、总成分解、总成细拆、零件检验),零件破碎区(车身破碎线、轮胎处理及塑料粉碎线)。根据 GB 22128—2008《报废汽车回收拆解企业技术规范》对企业设备的基本要求和拆解车间工艺操作需要,购置汽车拆解流水线、车身破碎线、整车快速解体机等大型设备;拆解流水线上所需的电动单梁式桥式起重机、电动单梁悬挂起重机、电动葫芦半门式起重机;深度拆解所需的铜米机、塑料粉碎机、零部件检验设备、轮胎处理设备、工具维修设备;手动工具等设备 214 台(套),设备总价约为 1561 万元。

(3)设备安装费用。主要生产设备安装工程费包括设备基础和安装材料费等,配套设备安装费按设备费的 4% 考虑,安装工程费用合计约为 65 万元。

(4)公用工程及其他。本项目对厂区的公用工程、环境保护及安全卫生等进行适应性改造,投资为约 150 万元。

2)工程建设其他费用

项目建设单位管理费为项目第一部分费用的 1.0%,生产人员培训费按每人 1000 元计算,工程保险费为项目第一部分费用的 0.3%。项目其他费用合计为 30 万元。

3)固定资产投资总额

项目固定资产投资总额为 4033 万元。固定资产投资总额构成见表 7-2。

固定资产投资总额构成 表 7-2

序号	费用构成	投资额(万元)	比例(%)
1	建筑工程费	2227	55.22
2	设备购置费	1561	38.71
3	安装工程费	65	1.61
4	公用工程及其他	150	3.72
5	建筑工程及其他费用	30	0.74
6	小计	4033	100

3. 流动资金估算

根据本案例的生产加工特点以及国家相关政策，流动资金估算按分项详细估算法进行估算，根据国内报废汽车回收业基本情况，报废汽车采购费用 1000~1500 元/辆，按照年拆解约 20000 辆的生产纲领，预计报废汽车购置费为 2500 万元。项目正常年流动资金占用额为 2500 万元。

案例总投资由固定资产投资总额和流动资金组成，总计为 6533 万元。

4. 投资的经济效益预测

1）总成本费用估算

成本估算按费用要素分类：包括外购原辅材料、外购燃料动力、工资及福利费、折旧摊销费、修理费和产品销售费用等。总成本费用总额构成见表 7-3。

年总成本费用构成　　表 7-3

序号	费用构成	投资额（万元）	序号	费用构成	投资额（万元）
1	外购原辅材料、燃料动力费	5475.64	5	其他管理费	378
2	固定资产折旧	240.71	6	销售费	349.2
3	工资及福利费	252	7	合计	6815.9
4	大修理费	120.35			

（1）各类外购原辅材料、燃料动力和单耗指标按工艺设备技术指标计算，并参照国内现有汽车拆解生产线的指标确定，中国物资再生协会报废汽车专业委员会公布的《报废汽车的收购价格定价原则》，将报废汽车收购价格定为每吨 450 元，各回收企业可根据车辆状况及当地废钢铁市场收购价格上、下浮动 20%。国内目前报废汽车回收业基本情况是，报废汽车采购费用为 1000~1500 元/辆。

（2）固定资产折旧按照国家有关规定采用分类直线折旧方法计算，建筑物按 20 年折旧，生产设备按 10 年折旧，残值率为 10.0%。

（3）项目定员为 63 名，人均年工资及福利费为 4 万元，项目正常年工资及福利费为 252 万元。

（4）大修理费按当年固定资产折旧额的 50.0% 估算。

（5）项目正常年其他管理费用按职工工资总额的 150% 估算，具体内容包括公司经费、交际应酬费、职工培训费、职工养老保险福利费及住房补贴、研究开发费等。

（6）项目销售费用按销售收入的 4.0% 进行估算。

项目正常生产年总成本费用为 6815.9 万元。

2）废旧汽车材料回收产值

根据典型轿车材料构成和 2012 年各材料报价，估算拆解任务为 20000 辆乘用车的报废汽车拆解厂产值约为 8730 万元。汽车回收材料构成及产值预测见表 7-4。估算的产值未考虑材料构成与回收材料之间的质量误差，及细拆后的一部分检验合格的零部件和一些可再制造的零部件经过加工后可以直接销售产生的产值。

3）项目盈利能力分析

根据损益表和投资估算计算以下指标：

投资利润率 =（年利润总额/项目总资金）×100%

投资利税率 =（年利税总额/项目总资金）×100%

销售利润率 = (年利润总额/年销售收入) × 100%

根据财务部,税务部发布的《关于报废汽车回收拆解企业有关增值税政策的通知》,报废汽车回收企业可获得免交增值税的优惠。项目正常年投资利润率为29.29%,投资利税率为29.29%,销售利润率为21.92%。

如果我国实行报废汽车强制回收,实现国外消费者在购买新车时缴纳回收再利用费,回收企业不需要支付回收费用时,项目正常年投资利润率为89.53%,投资利税率为89.53%,销售利润率为77.35%。

汽车回收材料构成及产值预测   表7-4

原材料		轿车的材料构成		2012年报价	产值
		(%)	(kg)	(元/t)	(万元)
钢铁	生铁	7.5	90	2500	4140
	普通钢	47.9	570		
	特殊钢	14.1	168		
小计		69.5	828	2500	4140
有色金属	铜	1.5	18	40000	1440
	铝	6.1	73	13000	1898
	铅	0.6	8	13500	216
	锌	0.5	6	13000	156
小计		8.7	105		3710
非金属	树脂类	8.5	102	1500	306
	橡胶	3.2	38	2500	190
	玻璃	3.1	37	1800	133.2
	纤维	2.5	29	2100	121.8
	其他	4.5	54	1200	129
小计		21.8	260		880
合计		100	1193		8730

注:产值按年拆解20000辆报废车辆计算。

报废汽车回收利用是汽车工业产业链的延伸,是完善整个汽车工业链的重要环节。报废汽车拆解厂的投资效益分析对充分利用资源再生、减少汽车废弃物、创建汽车工业可持续发展模式有重大意义。

通过案例分析的建设投资经济效益可以看出,废旧汽车回收产业经济效益可观。根据我国《报废汽车的收购价格定价原则》,报废汽车收购价格定为每吨450元左右,但目前国内废旧汽车回收市场混乱,企业回收报废汽车困难,回收价格较高,根据目前市场回收价格进行的报废汽车拆解厂成本估算,经济效益较高,随着我国报废汽车回收行业的发展,完善立法,调整产业布局,加强科学管理和科技投入,我国的报废汽车回收利用产业将像国外发达国家一样实现让消费者在购买新车时缴纳回收再利用费的目标。报废汽车拆解厂降低企业成本,实现企业发展的更高效益,增强企业的市场竞争力指日可待。

第三节　汽车再制造产业发展模式与技术体系

一、汽车再制造企业运作模式

1. 对再制造的认识

1）相关定义

再制造是以机电产品全寿命周期设计和管理为指导，以实现废旧机电产品性能提升为目标，以优质、高效、节能、节材、环保为准则，以先进技术和产业化生产为手段，对废旧机电产品进行修复和改造的一系列技术措施或工程活动的总称。

按《汽车零部件再制造试点管理办法》第二条定义："汽车零部件再制造是指把旧汽车零部件通过拆解、清洗、检测分类、再制造加工或升级改造、装配、再检测等工序后恢复到像原产品一样的技术性能和产品质量的批量化制造过程。"

2）主要作用

从技术经济角度来理解，再制造有以下两个方面的作用：

第一，使产品的有形磨损得以恢复。针对使用磨损和自然磨损而报废的产品，在失效分析和寿命评估基础上，把有剩余命的废旧零部件作为再制造毛坯，采用表面工程等先进技术进行加工，使其性能恢复甚至超过新品。

第二，使产品的无形磨损得到补偿。针对已达到技术寿命或经济寿命的产品，或不符合可持续发展要求的产品，通过技术改造、局部更新改善产品的技术性能、延长产使用寿命、减少环境污染。

3）再制造与修理的区别

产品再制造与修理的主要区别见表7-5。产品修理、大修或翻新、再制造的产品质量水平与保质期及作业量关系如图7-3所示。

产品再制造与修理的比较　　　　　　　　　　　　　　　　表7-5

生产类型 比较内容	产品再制造（Remanufacturing）	产品修理（Repair）
加工对象	废旧的产品及零部件	在用故障产品或损伤零部件
生产特点	零件互换、批量生产	就件修理、单件加工
技术要求	达到新品状态或最新标准	消除故障或修复损伤
产品性质	市场销售——商品	服务车主——自用
质保要求	与新品一样	只对修复件担保

图7-3　产品质量水平与保质期及作业量关系

4) 再制造产业逐步形成

在废旧机电产品中,包含着非常高的附加值。以汽车发动机为例,原材料的价值只占15%,而成品附加值却高达85%。如果将发动机原始制造和再制造过程中的劳动力消耗和材料消耗加以对比,再制造过程中劳动力消耗只是新品制造的67%,原材料消耗只是新品制造中的11.1%至20%。通过再制造对机器的局部损伤进行修复,可以最大限度地挖掘出废旧机电产品中蕴含的附加值,达到节省资金、节约材料和保护环境的目的。因此,发展再制造产业将使我国的传统制造业有效地降低成本,提高产品的市场竞争力。发展再制造也有利于我国传统制造业加快推进节能减排。统计数据显示,再制造产品比新产品的制造节能60%,成本实际上不到原来的50%。这些数据均证实了再制造是机械行业实现节能减排目标的重要手段。

从2005年起,国家先后出台一系列政策措施,努力将再制造产业培育成为新的经济增长点,推动循环经济形成较大规模。2005年11月,国家发展和改革委员会等6部委联合颁布了《关于组织开展循环经济试点(第一批)工作的通知》,再制造被列为四个重点领域之一,并把发动机再制造企业济南复强动力有限公司列为再制造重点领域中的试点单位。

2008年3月,国家发展和改革委员会组织了全国汽车零部件再制造产业试点实施方案评审会,对各省市40余家申报单位中筛选出来的14家汽车零部件再制造试点企业进行了评审,包括一汽、东风、上汽、重汽、奇瑞等整车制造企业和潍柴、玉柴等发动机制造企业开始实施再制造项目。仅2008年,在机械产品领域,全国就有近30家再制造企业挂牌。

2009年9月,国家发展和改革委员会组织了循环经济专家行的再制造专项活动,对2008年3月立项的14家汽车零部件再制造试点企业的工作进度、生产状况及技术应用情况进行考察。2009年11月,工业和信息化部启动了包括工程机械、采矿机械、机床、船舶、再制造产业集聚区等在内的8大领域35家企业参加的再制造试点工作,为加快发展我国再制造产业又迈出了重要一步。2009年12月,工业和信息化部委托装备再制造技术国防科技重点实验室承担咨询项目《中国特色的再制造产业技术支撑体系和发展模式研究》,旨在推动中国特色的再制造产业模式的完善化与规范化。

我国将紧紧围绕提高资源利用效率,从提高再制造技术水平、扩大再制造应用领域、培育再制造示范企业、规范旧件回收体系、开拓国内外市场着手,加强法规建设,强化政策引导,逐步形成适合我国国情的再制造运行机制和管理模式,实现再制造规模化、市场化、产业化发展,努力将再制造产业培育成为新的经济增长点,推动循环经济形成较大规模,加快建设资源节约型、环境友好型社会。这些政策为我国再制造产业发展指明了方向,一个优质、高效、低耗、清洁、具有中国特色的再制造工程正在我国逐步兴起。

目前,我国汽车零部件再制造试点取得了初步成效,到2009年底,已形成汽车发动机、变速器、转向机、发电机共23万台(套)的再制造能力,并在探索旧件回收、再制造生产、再制造产品流通体系及监管措施等方面取得积极进展。再制造基础理论和关键技术研发取得重要突破,开发应用的自动化纳米颗粒复合电刷镀等再制造技术达到国际先进水平。

2010年5月,国家发展和改革委员会等11个部门公布了《关于推进再制造产业发展的意见》,明确提出我国将以汽车发动机、变速器、发电机等零部件再制造为重点,把汽车零部件再制造试点范围扩大到传动轴、机油泵、水泵等部件。同时,推动工程机械、机床等再制造及大型废旧轮胎翻新。国外汽车维修市场中再制造件所占比例如图7-4所示。

2. 再制造企业运作模式及特点

1) 产业构成与企业类型

(1) 产业构成。产业是介于宏观经济和微观经济中间的范畴,是指从事同类或具有可替代性产品或服务的生产、经营活动的企业共同构成的群体。

图 7-4 国外汽车维修市场中再制造件比例(%)

(2) 企业类型。汽车零部件再制造产业主要有零部件再制造生产企业(OEM 再制造企业、承包再制造企业、独立再制造企业)、回收拆解企业、销售流通企业、学研咨协机构(学校、研究所、咨询机构、产业协会等)以及设备仪器制造企业等。

2) 企业运作模式及特点

(1) OEM 再制造模式。"生产者责任制"的直接形式,属于集中型再制造运作模式。其主要特点是:

①可避免知识产权纠纷,保护品牌,市场共享及树立企业形象。

②技术实力雄厚、管理经验丰富、具有完善的售后服务网络。

③利于制造商对产品进行全生命周期管理。

④再制造品种单一,回收的不确定性强。

⑤物流半径大,成本相对较高。

⑥资源利用率较低。

(2) 独立再制造模式。独立再制造商,即与 OEM 制造商无任何关系,不经过 OEM 授权便对其产品进行再制造。属于离散型再制造运作模式,产业结构形式如图 7-5 所示。其主要特点是:

①再制造的品种多,物流半径小。

②再制造成本低,价格优势明显。

③资源利用率高。

④对品牌的保护效果差。

⑤核心技术支持不足。

图 7-5 独立再制造企业运作模式

（3）承包再制造模式。OEM 授权并与再制造商签订合同，间接履行"生产者责任制"。属于分布型再制造运作模式，产业结构形式如图 7-6 所示。其主要特点是：

①与 OEM 品牌及市场共享，社会效益更高。

②物流半径减小，再制造成本降低。

③OEM 要提供核心技术并不断支持。

④OEM 要对承包商进行质量监督。

⑤资源利用率较高。

图 7-6　承包再制造生产运作模式

3）运作模式比较

汽车零部件再制造的物流过程如图 7-7 所示。其中，大循环是以 OEM 制造商→销售→使用→报废回收→整车拆解→再制造企业→销售构成，形成全寿命周期循环；小循环是以售后 4S→再制造企业→售后 4S 构成，形成使用寿命周期循环。此外，还有 OEM 制造商生产过程的部分不合格零件经过再制造加工后进入零部件销售环节。

图 7-7　汽车零部件再制造物流过程

另外，不同运作模式的再制造企业在原料来源、销售网络、物流半径、产品价格以及资源两用之间的比较，见表 7-6。

再制造企业运作模式对比　　　　　　　　　　　　　　　　表 7-6

比较项目	OEM 再制造	独立再制造	承包再制造
运作模式	集中型	离散型	分布型
原料来源	售后网络	拆解厂	售后网络
销售网络	销售网络	配件市场	销售网络
物流半径	大	小	较大
产品价格	高	低	较高
资源利用	低	高	较高

二、再制造产业发展模式及特点

1. 再制造产业发展的基本要素

产业的发展必须有合理有效的资源投入,不同的投入主体具有不同的资源配置,而且投入目标也不完全一致。政府发展汽车再制造产业的目的是获得最佳的资源与环境效益,使汽车产业得到可持续发展;而企业和个人进入汽车再制造产业的目的是通过再制造生产实现最大的利润,以获得资源投入的经济效益。由于两者在再制造生产目的不同,使得再制造产业的资源配置出现不足,产业发展缓慢,各方面效益都不明显。汽车再制造产业发展的基本要素如图 7-8 所示。

图 7-8 再制造产业的发展的基本要素

2. 再制造产业发展模式及特点

1)再制造产业发展的主要模式

综上所述,应根据产业发展阶段选择发展模式,汽车再制造产业发展的主要模式是:

(1)产业萌芽阶段——政策激励模式。

(2)产业成长阶段——技术推动模式。

(3)产业成熟阶段——市场引导模式。

2)政府激励模式

通过政府制定政策法规、鼓励开发技术、引导消费意识等主要活动,培育企业生存的市场环境,为产业发展创造条件,如图 7-9 所示。

图 7-9 再制造产业的政府激励模式

政府激励模式的主要特点是:通过规范回收体系,提高报废汽车回收率;调整限制政策,扩大再制造可利用资源潜力;完善再制造产品市场流通的政策,保护品牌与知识产权;制定鼓励再制造企业的财政税收等政策,增加再制造产品的竞争力;明确再制造行业的市场准入制度,延伸生产者责任;建立再制造与制造、回收、拆解相衔接的制度,制定技术标准,加强对再制造产品检验和监管等;通过支持再制造关键技术研发及其推广应用,同时还可以加强再制造产品的利用宣传,形成对再制造正确认识。

3)技术推动模式

以 OEM 的再制造技术研发与对承包制造商的技术支持为核心,实现分布型再制造或聚类型再制造的产业发展模式,如图 7-10 所示。

整车厂建立再制造技术中心,研究可再制造性设计及拆解、再制造技术标准、质量控制程序等内容,对各授权企业技术指导。产、学、研相结合,设立再制造研究基金,加大再制造领域的科研投入。在相关院校及专业中,开设有关课程,培养再制造技术和管理人才。针对再制造生产的不确定性,增加制再制造生产企业数量,减少回收物流半径,降低企业运作风险。同时,兼顾品牌保护、生产者责任及保证产品质量等要求,采用由整车厂主导的技术推动汽车再制造企业分布型运作模式。

图 7-10　由 OEM 主导的技术推动型汽车再制造产业发展的模式

4）市场引导模式

利用市场机制增加对再制造产业的投入,在再制造企业能获得良好的效益前提下扩大产业规模,并使产业的发展能带来资源与环境效益,如图 7-11 所示。

图 7-11　再制造产业市场引导模式

三、汽车零部件再制造基本条件与技术影响因素

1. 实现产品再制造的基本条件

（1）技术方法:有相应的修复技术和无损拆解方法。

（2）特性设计:产品是由可互换的零部件组成。

（3）生产成本:再制造原料成本较低,利用旧件以节约制造成本。

（4）产品质量:产品性能稳定性应超过一个寿命周期。

（5）需求市场:充足的市场需求,促进企业发展。

（6）约束法规:产品再制造必须适应同类产品技术发展和法规要求。

上述 6 个方面可以归纳为对实现产品再制造的主要限制条件:有再制造成本、再制造技术及产品技术发展与法规要求。因此,产品可再制造性具有一定区间范围,如图 7-12 所示。

图 7-12　产品可再制造的区域示意

2. 影响产品可再制造性的技术因素

影响产品可再制造性的技术因素如图 7-13 所示。

1）可再制造性设计

产品可再制造性设计是产品可再制造性基础形成，是提高产品再制造性能的设计过程。

产品可再制造性设计的价值可能随市场需求、材料供应、物流状态和技术进步而改变。作为商业运作模式（产品的市场策略）的一部分，可再制造性设计能减少对再制造过程的不利因素，保证产品再制造的实现。此外，可再制造性设计还有利于优化再制造过程，提高再制造生产效益。

图 7-13　影响产品可再制造性的技术因素

再制造商对产品可再制造性设计关心的问题是：产品的复杂性，零部件连接方法，装配拆解手段以及部件的易损性。其中，可拆解性设计对上述因素影响很大。可拆解性的增加能减少拆解时间和提高完好零件的回收率。因此，可拆解性是可再制造性设计的重要内容。其主要原因是：

（1）可减少拆解装配时间及检验评估的时间与费用。

（2）特殊材料选用和可拆解结构设计对重复性再制造有利。

（3）有利于建立产品和零部件回收利用机制。

提高产品的可再制造性除了应重视产品结构设计和加工方法设计，还应注意可再制造性设计对再制造生产工艺的影响。再制造设计和产品设计是同步，相关设计内容经常与之交叉，如图 7-14 所示。

产品特性对其再制造工艺过程影响见表 7-7。设计策略对优化产品再制造工艺过程的影响见表 7-8。

图 7-14　产品可再制造性设计内容示意

产品特性对其再制造工艺过程影响 表7-7

产品特性＼再制造工艺	拆解	清洗	检验	存储	加工	装配	试验	影响值
识别性	1	0	1	1	0	0	0	3
分类性	0	0	1	0	0	0	1	2
接近性	1	1	1	0	1	1	0	5
运输性	1	0	0	1	1	0	1	4
拆解性	1	0	0	0	0	1	0	2
安全性	0	0	0	0	0	1	1	2
组装性	0	0	0	0	0	1	0	1
存储性	0	0	0	0	0	0	1	1
耐久性	1	1	0	0	1	1	0	4

设计策略对优化产品再制造工艺过程的影响 表7-8

设计策略	再制造过程（包含旧件回收）								
	回收	检验	拆解	清洗	存储	修复	装配	试验	回收
回收设计	○	○	—	—	—	—	—	—	○
生态设计	—	—	○	○	—	○	○	—	—
拆解设计	—	○	○	○	○	○	—	—	—
多生命周期设计	—	—	—	○	○	—	—	—	—
性能升级设计	—	—	—	—	—	—	—	—	—
质量评价设计	—	○	—	—	—	—	—	○	—

2）再制造生产技术

再制造生产技术主要包括：拆解、清洗、检验、修复、加工以及试验等技术。其对生产成本、产品质量有直接的影响。

四、汽车零部件再制造产业化技术推进体系结构

1. 产业发展面临的技术挑战

1）再制造技术水平提升——技术研发

汽车零部件再制造产业的发展仍面临着政策、市场与技术等诸多问题的挑战。就目前产业发展所需技术来讲，虽然对废旧汽车零部件有形磨损的再制造技术问题已经解决，但是随着汽车产品技术标准不断提高而产生的无形磨损补偿还需进行深入的研究。因此，再制造的本质是产品生产，功能恢复与性能升级有着本质差别。

汽车是在公共环境下使用的相对特殊产品，其在使用过程的各种效应对社会发展的影响很大，如环境污染、交通安全和能源消耗等。所以，在重视再制造产业带来的制造过程产生的环境与资源效益的同时，还应注重再制造产品使用过程的环境与能源效益。

（1）性能升级。产品再制造生产的时间点是在产品使用了若干年以后才开始进行，某些产品的原始技术特性相对于目前的技术标准已经落后。如果再制造产品仍然以达到原产品性能为目标，技术性能的滞后性将不能反映出再制造的先进性。

再制造时需要进行技术性能升级的汽车零部件主要是对环保、节能或安全性要求较高的产品,如汽车发动机。随着汽车排放标准的不断提高,对再制造发动机的排放性能要求值得关注。尽管在一般的再制造标准中只强调达到原产品的技术性能,但其使用过程中对环境的影响值得关注。例如,1 辆化油器式发动机汽车的排放量相当于 7 辆欧Ⅱ标准或 14 辆欧Ⅲ标准的汽车;轻型汽车国Ⅲ排放标准,CO 的排放量将在国Ⅱ排放限值的基础上减少 30%,CH 和 NO$_x$ 则分别减少 40%;在用车中 10% ~15% 排放严重超标的车辆,其污染物排量占整个在用车污染排放量的 50% ~60%。

欧Ⅲ排放标准比欧Ⅱ在 NEDC 和燃油蒸发排放检测项目上的内容有所变化,欧Ⅲ标准中增加了低温 HC/CO 排放检测、车载诊断系统检测和在用车排放检测。因此,汽车排放控制技术从欧Ⅱ到欧Ⅲ的提升,不像欧Ⅰ到欧Ⅱ那样简单。欧Ⅱ标准只要求三元催化器及发动机改进措施两项。而从欧Ⅱ到欧Ⅲ采用不同的排放控制技术,包括改进催化转化器涂层、催化剂加热及二次空气喷射等项内容。因此,欧Ⅲ排放控制技术要比欧Ⅱ的复杂得多。而且为保证车辆使用过程中稳定达到排放限值要求和车辆排放控制的耐久性,增加了车载诊断系统(简称 OBD)。

我国和欧洲的汽车排放标准不同阶段的执行时间见表 7-9。由表可见,现阶段进行再制造的发动机主要还是执行第一阶段或以前生产的产品。如果再制造发动机只回复到原产品排放水平,必将对环境产生一定的不良影响。

我国和欧洲的汽车排放标准不同阶段的执行时间　　　　　　　表 7-9

	执行阶段	第一阶段	第一阶段	第一阶段	第一阶段
中国	执行时间	2001 年	2005 年	2007 年	2010 年
	相关标准	国Ⅰ	国Ⅱ	国Ⅲ	国Ⅳ
欧洲	执行时间	1992	1996	2000	2005
	相关标准	欧Ⅰ	欧Ⅱ	欧Ⅲ	欧Ⅳ

(2)技术创新。随着对汽车零部件再制造产品质量要求的不断提高,技术创新是汽车零部件再制造产业发展的动力。如废旧汽车零部件的剩余使用寿命评估方法和技术,已成为影响产品使用可靠性的关键因素之一,其仍然是亟待解决的问题。

(3)设计理论。再制造产业发展到今天,人们已经认识到了产品设计对可再制造性的重要影响。产品可再制造设计主要是根据再制造工艺过程的特点,在综合平衡产品的多方面设计要求的基础上,优化产品的可再制造性。但是,产品的可再制造性具有随着产品的使用状况、应用环境和寿命周期不同而变化的属性,即个体性、时间性和随机性等特点使设计难度较大,所以还未形成完整系统的设计理论与方法。如果不重视再制造设计基础理论的研究,而且 OEM 也不重视产品的可再制造性设计,未来产品的再制造性实现必将受到影响。

2)再制造产品质量认证——标准制定

目前,美国、英国都已制定颁布了汽车零部件再制造的相关标准。我国正在制定的汽车零部件再制造标准见表 7-10。但是,上述标准大多数是对再制造工艺过程的定性要求,很少对产品的技术性能做出具体的定量要求。

对于再制造产品达到新品性能也只是定性要求,还无法按现有的标准进行具体的定量检测与评价。由于还没有明确规定对再制造生产的零部件与新零部件一样进行技术性能检验,质量的认证与监督还需要强化。尽管再制造企业进行了质量管理体系的认证,但是强调质量持续改进指导思想仍然值得重视。

序号	标准性质	标 准 名 称	标准状态
1	GB	汽车零部件再制造产品标识规范	征求意见稿
2	GB/T	汽车零部件再制造 点燃式、压燃式发动机再制造技术规范	征求意见稿
3	GB/T	汽车零部件再制造产品技术要求 发电机	征求意见稿
4	GB/T	汽车零部件再制造产品技术要求 起动机	征求意见稿
5	GB/T	汽车零部件再制造产品技术要求 变速器	征求意见稿
6	GB/T	汽车零部件再制造产品技术要求 转向器	征求意见稿
7	GB/T	汽车可再制造零部件拆解技术规范	征求意见稿
8	GB/T	汽车可再制造零部件清洗技术规范	征求意见稿
9	GB/T	汽车可再制造零部件分类技术规范	征求意见稿
10	GB/T	汽车零部件再制造产品装配技术规范	征求意见稿
11	GB/T	汽车零部件再制造产品出厂检测及验收包装规范	征求意见稿

3）再制造技术普及推广——教育培训

加强从事再制造工程的人才培养和培训，为汽车零部件再制造产业的发展提供有效的高素质人才资源和智力支持。应鼓励科研院所、专业协会和咨询机构积极进行再制造工程的教育与培训。

2．技术推进体系结构

以 OEM 为主导，相关企业为基础，通过构建汽车再制造产业发展的技术支撑体系，促进汽车再制造产业的可持续发展。

汽车零部件再制造技术体系主要由四部分组成，即技术需求主体（再制造生产企业）、技术支持主体（与再制造生产直接相关的企业）、技术研究的主要内容（设计理论与技术方法、标准制定与检验方法、装备制造与仪器生产、人才培养与技术培训和信息交流与物流支持）及技术研究主要目的（提供再制造生产的新技术、新工艺）。如图 7-15 所示。

图 7-15 汽车零部件再制造产业化技术推进体系结构

汽车零部件产业化技术体系是以再制造产品质量为核心,以影响再制造产业技术进步的关键因素为主要研究内容,以 OEM 为主导提升再制造产品技术性能,以汽车零部件再制造企业技术需求为目标和相关企业的技术研究为支持,促进再制造生产技术的不断提高,推动汽车零部件再制造产业化的发展。

 复习思考题

1. 什么是技术经济分析? 有何意义?
2. 简述废旧汽车资源化的基本途经。
3. 简述废旧汽车资源化关键技术有几类? 各具什么特点?
4. 如何构建废旧汽车资源化的技术体系?
5. 废旧汽车资源化技术装备有几大类? 具有什么作用?
6. 废旧汽车资源化技术评价包括哪几方面? 如何评价?
7. 如何确定再生资源的价值? 怎样测算?
8. 汽车再生资源有几种价值形态? 怎样测算其价值?
9. 不同形态的汽车再生资源利用成本有哪些?
10. 废旧汽车资源化回收利用效益如何分析?

第八章　汽车再生资源利用管理

本章提要: 阐述了传统汽车制造业资源消耗模式和循环经济型汽车产业资源消耗模式;分析了国外汽车再生资源利用体制的特点及其国内现状;介绍了废旧汽车回收信息系统的类型及其作用。

第一节　汽车再生资源回收利用模式

一、汽车产业资源消耗模式

汽车是工业化时代资源密集、影响广泛的消费品之一,汽车制造所用的原材料的增长速度是世界人口增长速度的9倍。汽车的快速膨胀增长不仅威胁了环境,而且也影响着汽车工业自身的发展,汽车已成为能源的主要消费者和环境污染的主要制造者。汽车业是北美最大的制造业,以美国为例,1996年,美国有近100万人直接从事汽车制造,有600万人在汽车相关产业工作。汽车产业也是美国原材料消耗最大的产业,年消耗原料包括:全国60%的石油、50%的橡胶、65%的铁、50%的毛毯以及20%的电子产品和铝。1995年,汽车产业向外部环境释放了31500万镑有毒混合物质,其中54%被释放到五大湖。从世界范围来看,目前约有9亿辆机动车在陆地上行驶。在为人类提供方便的同时,也制造出大量的环境污染物。过度的资源消耗和破坏环境,不仅将使汽车产业生产无法持续发展,而且也将破坏人类生存的基本条件。

1. 传统汽车制造业资源消耗模式

汽车工业是规模经济型工业,产品制造消耗大量资源。因此,资源的减少和环境的污染,将势必制约汽车工业的发展。在100多年的汽车工业发展历史里,汽车生产方式的演变受到汽车消费市场和技术进步的推动,它经历了从单件小批量生产、大批量流水线生产和精益生产的变革,目前正朝绿色制造生产方式方向发展。过去,汽车工业生产方式的变化,只是为了提高质量,降低成本,适应品种多样化,追求规模经济为目的,没有考虑广义上的环境与资源因素。当今主要发达国家的汽车产业是经过相当长时期的采用大量生产、大量消费和大量废弃的资源消耗模式而发展起来。传统汽车制造业资源消耗模式如图8-1所示。

2. 循环经济型汽车产业资源消耗模式

未来的汽车制造业的资源消耗模式将由传统的"线性"关系变为"循环"关系。循环生产方式不仅能节约资源,创造环境效益,而且还树立了良好的企业伦理形象。它把制造过程中所涉及对环境的影响和资源的利用等因素紧密联系起来,其目标是使产品制造从设计、制造、包装、运输、使用、报废处理整个寿命周期过程中,对环境的负面影响最小,资源的利用率最高。循环经济型汽车产业资源消耗模式如图 8-2 所示。

图 8-1 传统汽车制造业资源消耗模式

图 8-2 循环经济型汽车制造业资源消耗模式

二、汽车再生资源利用体系

1.汽车再生资源利用系统

汽车工业的附加值高,属于综合性工业。汽车再生资源利用同样是一项复杂的系统工程,其各个环节或子系统既是相对独立又是彼此相连的有机整体。汽车再生资源利用系统可以分为五个子系统,即设计与制造、维修与配件、回收与拆解、再使用与再制造、材料再循环利用。汽车再生资源利用系统如图 8-3 所示。

图 8-3 汽车再生资源利用系统

（1）设计与制造。从可持续发展和环保的角度出发，为了能够有效地回收利用和处理报废汽车，应有针对性地对车辆进行回收利用和处理设计。产品全生命周期设计就是追求产品最大的社会作用与最小的制造商、用户和环境的费用。因此，在新车设计和制造时，应选择新材料、新车结构和绿色制造工艺。主要包括的内容是应用可拆解设计，使汽车便于回收和再生利用；采用绿色材料，即对环境无害化材料，使汽车报废后便于处理。

（2）维修与配件。车辆在运行中的维修是必不可少的，维修中应保证所用零配件的质量，同时要使维修操作具有环保性。尽可能地使用可再使用和再制造零部件作为维修配件，减少废弃物数量。

（3）回收与拆解。废旧车回收和拆解子系统，应当能够方便、快捷和低成本地回收和拆解废旧汽车。建立与现代大规模汽车生产相适应的汽车回收和拆解体系，运用市场经济方法和法律强制手段相结合，解决汽车回收和拆解行业存在的问题，使汽车再生资源得到有效的回收与利用。

（4）再使用与再制造。废旧汽车中许多零配件是可以再使用和再制造。这些零配件的再生利用可以减少再加工的社会成本，如金属零件的再冶炼和再加工。同时也会降低维修和制造的成本，社会效益和经济效益显著。为了保证再生利用的零配件质量，建立相应的质量保证体系十分重要。从保证零配件性能和质量的角度，建立相应的检验标准是建立有效的零配件再生利用体系的基础。

（5）材料再循环利用。废旧汽车中无法直接利用的材料包括钢铁、有色金属、玻璃、轮胎等橡胶制品和塑料等有机材料。由于金属材料已有较为成熟的处理体系，重点是对其他材料进行处理，如塑料和玻璃等材料。

2. 汽车再生资源利用体系

汽车再生资源利用产业体系的构造，需要国家产业政策和相关法规的指导、规范，并迫切需要加强科学技术含量来提高产业素质和企业的生命力。汽车再生资源利用可以在基层、中层和上层三个层次上对产业布局和企业经营活动进行引导。

（1）基层企业。主要从事废旧汽车的回收和拆解业务，依法进行汽车拆解和材料回收。企业布局应适应我国地域辽阔的特点，企业可根据市场需求而建立，但应授权经营。

（2）中层企业。主要从事废旧汽车的破碎和材料分离业务，或进行零部件的再制造，需要有较强的科技力量和一定规模的生产能力。使提供的零部件以及材料集中回收利用的数量，满足规模经济的需要。

（3）上层企业。可以利用零部件生产厂和汽车制造厂的技术和设备，充分利用汽车可再生资源，如可再用件和再生材料，降低新车生产成本，减少废弃物。

在这样的三个层次产业结构中，企业的布局、设置和发展应当由市场决定。例如，中层企业可由发展较快的基层企业形成，也可独立设置，这完全应由市场因素决定。政府应当在产业结构发育过程中，执行积极的干预政策并适时推出。政府的主要责任是维护竞争、反对非市场因素的垄断，对企业升级提供信息、技术和开发等方面的支持与协助。

此外，资源的循环利用不仅在同一产品或同类产品之间进行，而且还可以在不同的产业间进行。正是再生资源可以循环利用的特征，使得再生资源与废旧产品之间很难划分出明显的界限。也就是说，汽车再生资源的利用链不仅存在于汽车产品之间，也存在于与其他产业之间的互为利用。例如，利用纺织和服装加工所产生的碎布料作为生产汽车内饰件的原材料就是产业之间再生资源循环利用的典型。

第二节　汽车再生资源回收利用管理体制

　　汽车工业与上下游产业的关联度很高,客观要求必须制定一套完善的政策措施,对汽车生产、流通、使用、报废和再利用进行全过程管理。其中,汽车报废是一项涉及面广、政策性强、协调难度大的管理问题。汽车不能及时报废,将还会造成环境污染、资源浪费和严重的交通安全隐患。

一、国外报废汽车管理体制

　　1. 日本
　　1)管理机构
　　日本政府指导和管理报废汽车回收利用的机构主要涉及以下几个部门:
　　①经济产业省、环境省,主要负责制定汽车报废回收处理行业的准入标准、行业标准。
　　②国土交通省及其下属各地方陆运支局,负责汽车车籍管理。
　　③各地方自治体政府,负责汽车报废回收处理行业的登记和准入审批。
　　在日本从事汽车报废及回收处理相关行业需要进行登记或审批。从事废旧汽车收购交易、氟利昂回收的企业,需到都道府县或设置保健所的市(注)地方政府进行登记,并每隔5年审查一次。为了完成由旧法到新法的过渡,使《汽车再利用法》于2005年起能够正式实施,日本各地方自治政府于2004年7月依据该法的要求开始相关行业的审批。

　　2)管理特点
　　(1)非强制报废制度,利用经济导向促进汽车更新。日本在车辆报废上实行车辆检查制度下的自愿报废原则。车辆只要通过每2年一次(新车为出厂后3年)的年检,就可以上路行驶,并无达到一定行驶里程或年限后强制报废的要求。但是,首先,在车检中逐年加强环保标准,未达标者不予通过;其次,年限越长的车在年检中收取的税金等也越多,以推动车主报废旧车。同时,在税制上对新型环保、低耗油汽车采取优惠税制。例如,对低于2010年油耗标准5%、废气排放量低于2005年标准75%的汽车,最多可减免约50%的汽车税和30万日元的汽车购置税。

　　此外,关于汽车的回收处理费用标准,除登记信息管理和资金管理费用外,由汽车厂商根据不同车型在处理中的实际情况自行制定。由于这部分费用直接反映到汽车的实际价格上,此举可以推动汽车厂商在设计开发时,考虑今后报废处理成本的因素,积极设计利于回收利用的车型。

　　(2)相关行业责任相接,分工明确。日本的废旧汽车回收处理行业分工较细,从流通领域的收购到氟利昂等有害物质、安全气囊处理等都有专门的企业完成,这样提高了汽车回收处理率。根据日本经济产业省和环境省制定的目标,2005年后,汽车废渣(经粉碎,除去金属、塑料等有用物质后的残渣)回收处理率要达到30%以上,2010年度后达到50%以上,2015年度达到70%以上。

　　废旧汽车从收购到解体、废碎处理的全过程各个环节,形成了完整的责任义务关系。上一环节企业必须在一定时间内完成处理工序交下一环节企业继续处理,下一环节企业则有义务接收上一环节企业交付的废车及其部件,无特殊原因不得拒绝。而汽车生产商或进口商对废旧汽车回收处理负有最终责任。这样确保了整个处理过程的完整,防止了废弃物得不到完整有效的处理。

（3）回收费用事先征收，统一管理和逐级支付。回收处理费用由车主承担，并采取预付款和凭证式方式。《汽车再利用法》实施后购买新车的，此项费用在购车时支付；该法实施前购置的新车或该法实施后购置的二手车，则在下次车检时缴纳；而该法实施后，车检到期并且不想再次通过检查继续上路使用的车辆，在报废时缴纳。车主缴纳的回收处理费统一交由汽车回收再利用促进中心保管，该中心或其委托的机构对已缴费汽车发放汽车回收处理券。该券作为已缴纳回收处理费的证明，由车主保存，可随汽车有偿转让。这种在初始环节征收费用的做法，可有效防止费用拖欠。

在汽车进入解体回收程序后，汽车生产商或进口商向汽车回收再利用促进中心提出申请，提取车主预付的回收处理费。氟利昂回收、解体、车体粉碎等其他处理者完成处理后，向汽车回收再利用促进中心报告相关情况，凭该中心的已处理证明，从汽车生产商或进口商处索取相关处理费用。通过统一管理的方式，使处理费用能够及时到位，同时也使汽车处理各行业成本分担更加透明、合理，有利于行业的规范化。

（4）信息化管理，联网共享模式。首先，在汽车户籍管理上，采取计算机全国联网方式。通过信息网络设施，从遍布全国各地的陆运支局，将有关汽车登记的所有信息，统一汇总到中央的国土交通省汽车交通局技术安全部管理课备案。这样可以实时监控全国汽车流通情况，掌握每一辆车的登记及处理情况。其次，通过日本汽车回收再利用促进中心统一管理汽车报废回收的有关信息。从接收废车到最终完成处理，每个环节的从业企业，在接收废车或其部件和完成处理时都要向该中心报告。这样中心就能够实时掌握每辆报废汽车的回收处理进程，做到有案可查。如收到企业接收报告经过一定时间后，企业未按规定完成处理交付下一环节企业并向中心报告，中心就将向企业所在地自治体政府发出延迟报告。自治体政府根据延迟报告，必要时将向企业发出劝告或命令，令其立即完成处理。这样确保了废旧车辆能够切实得到及时处理。

3）管理流程

2000 年 11 月，为进一步促进废旧汽车的回收处理，由日本汽车工业协会等九个相关业者发起成立了"日本废旧汽车回收促进中心"。主要目的是推行以"生产者负责制"为主要内容的废旧汽车回收处理制度，负责汽车回收处理中的信息管理、资金管理、协助汽车生产或进口商实施废物回收处理。日本报废汽车回收流程如图 8-4 所示。

4）管理目标

1995 年，日本厚生省制定并公布实施了《汽车、电器等在粉碎屑处理前进行有用物选出的指南》，明确了在破碎处理前应挑选零部件的目录等内容。

1997 年，日本通产省公布实施了《报废汽车再生利用规范》，对制定该规范的目的和对策、汽车生产者和消费者的职责都做出了详细规定。为了促进废汽车的合理利用，减少粉碎屑的填埋处理，由原通产省在经济产业结构审议会报告基础上，结合原有法规综合为《报废汽车再生利用规范》并予颁布，然后由汽车工业协会以自主行动计划的方式进行实施。主要内容如下。

（1）减少使用有害物质，降低粉碎屑和提高再生利用率。具体目标如下：

①再生利用率（按质量计），2002 年以后 >85% ，2015 年以后 >95% 。

②填埋场处理量（按容积计），2002 年为 1995 年的 3/5，2015 年以后为 1996 年的 1/5。

③有害物质的使用量，铅的使用量 2000 年以后为 1996 年的 1/2 以下，2005 年以后为

1996 年的 1/5 以下。

（2）对原有处理渠道的改善和高效化。为防止不法投弃,建立了上下工序互相衔接的管理票据制度,并加强对不法投弃的处罚。

图 8-4　日本报废汽车回收流程

（3）完善相关部门的信息交流组织,以高效化。

（4）明确相关部门的义务。

①汽车制造商:a. 改进设计,为提高再生利用率创造条件;b. 加强有关部门的信息交流;c. 改进安全气囊结构,以利再生利用;完善氟利昂的回收系统;d. 扩大二手零部件的再利用。

②汽车用户:a. 委托按规范进行处理的经销商处理;b. 委托处理废车时应交处理费。

③对政府、地方自治体、经销商、解体事业者和压碎事业者等有关部门规定了废车处理过程中的义务,以便据以制定自主行动计划。

5）法规体系

日本的循环经济立法是世界上体系完备的典范,这也保证日本成为资源循环利用率最高的国家。它的立法模式与德国不同,立法体系明确,采取了基本法、综合法和专项法的组合模式,分为三个层面：

第一层面,基础性法律层面。有一部法律,即《推进建立循环型社会基本法》。

第二层面,综合性法律层面。有两部法律,即《固体废弃物管理和公共清洁法》和《促进资源有效利用法》。

第三层面,专项法律层面。主要是根据各种产品的性质制定的具体法律法规,如《家用电器再利用法》、《汽车循环法》、《建筑资材再资源化法》、《容器与包装分类回收法》和《绿色采购法》等。

从2001年4月,三个层面的法律互相呼应,并开始全面实施。除这些基本的法律外,日本还制定了《环境影响评价法》、《二恶英对策特别措施法》等辅助类法律；制定了补助金制度、融资制度、优惠税制度和紧急设备购置补助金等一系列辅助经济政策。所有这些构筑了日本循环型社会的基本法和相关法律、针对产品的循环利用法和辅助类法律政策。此外,日本还修订了《车辆注销登记法》,主要是从车辆登记、注销各环节中,加强对报废汽车流向的管理,以促进废旧汽车的回收、拆解及资源综合利用。日本汽车报废处理证明开具流程如图8-5所示。

拥有者（企业/个人） 旧车代理（注册名单） 收集,运输公司（拆解公司） 处理公司（粉碎公司）

■▶ 汽车移交 ━▶ 报废证明处理流程

图8-5 日本汽车报废处理证明开具流程

2002年7月末,日本国会通过了《汽车循环法案》,并于2004年正式实施。该法案以法律的形式对报废车辆的回收利用做出了明确规定：汽车制造商有将占车重20%的粉碎性垃圾、车载空调使用的有害氟类物质以及含有起爆剂的气囊等回收处理的义务；车主则应为此支付2万日元左右的回收费。目前,日本将实现80%～85%的汽车回收利用率；到2015年,将汽车回收利用率提升到95%确定为发展目标。

2. 德国

1）报废汽车回收管理概况

德国是推进欧盟一体化的核心国之一,总人口约8100万人,汽车拥有量4400万辆,平均两人一辆车。德国每年注销的机动车为350万辆,其平均使用年限为7～8年。

（1）报废汽车管理政策。1986年,德国对1972年颁布的《废物处理法》进行了修订,发布了《废物限制和废弃物处理法》,这是汽车报废管理的法律依据。

1992年,德国通过的《限制报废车条例》中规定,汽车制造商有义务回收报废车辆。

1996年,德国颁布的《循环经济和废物管理法》,对报废汽车拆解材料的比例做了具体的规定。此外,还有与汽车报废管理相关的其他法规标准,包括安全、环保和保险理赔等。

在德国的汽车年鉴中,汽车报废列在"汽车与环境保护"中。

按照德国的规定,新车在开始使用的 3 年内是免检的,以后每年都要年检,每次年检的费用 500 马克。一般说来,汽车使用的年限越长,通过年检需要的修理或维护成本就越高,达到汽车排放标准也就越难。虽然德国法律并没有规定汽车在使用多少年后必须报废,但是车主一般都将根据自己的经济实力,使用几年就更换或淘汰。也就是说,车主的经济实力和汽车尾气排放能否达标,是德国汽车报废的决定性因素。

欧盟成员国实行的欧盟汽车报废指令(Directive 2000/53/EC of the European Parliament and of the Council of 18 September 2000 on End-of-Life Vehicles)与德国现行法规相比,有三点差别:一是,汽车生产厂家必须无偿回收报废汽车;二是,禁止使用铅、六价铬、镉、汞等四种重金属,并要求从现在就不使用这四种有毒有害物质;三是,材料的回收尽量做到原来是什么材料就再生成什么材料。

德国大多数的专家和企业认为,欧共体的新政策存在一些不合理的地方,如铅电池要使用铅;只要科学合理,四种重金属元素是可以回收再利用的。另外,欧盟新的法规将增加制造业的成本。德国正为此与欧盟汽车报废工作协会沟通,以多争取一些例外,保留德国原来的一些标准。

(2)报废汽车管理模式。德国报废汽车的管理模式可以概括为"自愿协议加法规框架"的模式。所谓法规框架,就是汽车报废必须符合有关法律规定的框架。而自愿协议则是汽车厂商、政府、协会和车主共同磋商形成并遵守的条款。德国汽车报废的管理和实施可以分为三个层次,即德国联邦议会中有一个负责固体废弃物处理的处、认证机构以及负责报废汽车拆解的企业。

①政府。政府的作用是制定法规和监督。在联邦议会有一个负责垃圾处理,包括对报废汽车回收处理的管理处室。政府的监管作用体现在三个方面,一是发放营业执照,据有关法规对申报从事拆解汽车的企业进行审查,发放经营许可。二是监督,定期对汽车拆解企业检查和抽查,一般一年检查 1~4 次。三是处罚,如果发现违反法规的企业,轻的处以罚款,重的有关责任人要负法律责任。例如,汽车中剩余的废油没有抽出来,污染了土地造成环境污染,就要按照环境法律进行处罚。

②认证机构。德国对汽车拆解企业的资格进行定期认证,经认证合格,发给资格证书。开展报废汽车拆解企业资格认证的机构有 3 家,分别是:TüV Nord、DEICOCA 和 FRIES SALM。它们是竞争对手,既有一定的政府职能,又有企业性质。作为政府职能,将根据政府的要求,研究提出有关汽车报废的具体标准;作为企业,在为企业服务过程中收取一定的费用。例如,TüV 是德国重要的质量认证机构,也是中国产品进入欧洲的认证机构。具体地说,如果中国产品通过了 TüV 的认证,也就获得了进入欧洲的通行证。

为了保证认证质量,TüV 每年到其发放证书的企业检查 1 次,检查企业的工作环境,拆解下来的零件是否回收,并通过回收利用情况推断其质量,每次认证收 500~700 欧元的费用。

③拆解企业。德国原有汽车拆解企业 6000 多家。近年来由于法规逐步严格,30% 的企业已经倒闭,目前还剩 4000 多家。这些企业都有联邦议会发的执照,其中,汽车工业协会 ARGE 发执照的 1400 家。在德国法规中,对汽车拆解企业的技术条件、从业资格、工作环境、工人素质以及环境环保等都有明确要求。

德国报废汽车回收拆解的具体做法:首先,由车主把要报废的车送到汽车拆解厂,或企

汽车再生工程(第二版)

业上门去取(收费服务)。其次,经评估师评估决定由谁付费。车况好一些的,企业给车主付钱;有些车辆两不付;而有些车要车主出钱(污染者付费原则)。然后,企业按照汽车拆解法规确定的程序进行拆解。

在德国报废汽车标准中,对旧车的处理、零件再利用和对环境影响等都有明显的规定。例如,工作场地要有指示牌,标明仓库里放什么,哪些东西放在什么地方,哪些东西要密封放置;收的旧车放什么地方、拆解在哪里等。此外,废旧汽车排除的废油必须进行回收处理。

场地的大小是审批企业资格的标准之一。除此而外,还有其他规定。例如,没有拆解处理的车辆不能侧放、不能倒放以及不能堆放。

④拆解零件的再使用。按照德国汽车工业协会的规定,回收利用率要达到90%。可回收的零部件均按类分放,并注明和说明。

2)报废汽车回收管理特点

(1)法规完善。德国报废汽车管理工作之所以做得好,与法律法规完善、公民的法律意识强是分不开的。例如,德国将与汽车报废有关的法规编绘成册,包括器械安全、易燃液体安全、易爆物体安全、工作环境、水资源保护、危险物品运输安全、建筑安全、化学品特别是危险品保护及其保险等。在环境影响评价法、环境赔偿法等法规中,对报废汽车的拆解场所有明确要求,如有污染物渗透到地下污染地下水时,应获得保险赔偿。同时,由于具有监督机制,政府、企业各行其是,使汽车报废和拆解形成良性循环机制,实现欧盟成员国预定的目标。总之,无论是企业还是车主都能自觉遵守法规,依法行事,这是报废汽车管理取得成功的基础。

(2)市场导向。德国和英国虽然对汽车的报废年限没有明确的法律规定,同时,欧盟实施的《汽车报废指令》对汽车报废年限也是非强制性的。只要通过年检,就不要求车主报废汽车。同样,拆解汽车企业只要取得管理部门的营业执照、经过中介机构认证符合条件,就可以从事汽车拆解。对报废汽车拆解的零件,只要能用的就尽量回收利用,如废钢要求直接进入钢铁企业。又如废旧轮胎的回收利用,也形成了产业链,这不仅可以减少资源浪费,也创造了大量的就业机会,并将汽车报废回收处理作为一个产业来培育。

(3)目标明确。汽车报废的政策目标是环境保护和节约资源,欧盟成员国有关报废汽车法规,均是将环境保护和资源节约作为重要的政策目标。同时,德国和英国都较好地利用了价值规律和市场的作用,利用经济手段保护环境。例如,经过评估没有价值的汽车,车主要付处理费用;同样,废轮胎处理也由使用者付费,所付的费用在德国和英国约2欧元或2英镑,其法律依据是20世纪70年代欧盟采用的"污染者付费原则"。由于有了这种收费补偿,政府不再给综合利用企业其他的政策扶持或资金补助。

(4)中介积极。德国中介组织在报废汽车的管理方面发挥了重要的作用。例如,德国的汽车工业协会,其成员分别来自政府部门、汽车制造商和销售商,起到了政府和汽车主之间的桥梁作用。他们的主要工作有将车主的意见反映给政府、代表政府审查汽车拆解企业的行为表现并发放资格证书等,使德国的汽车报废回收管理制度化,并在有效的监督机制下形成了良性循环。

3)报废汽车回收利用体系运作流程

在德国,当车主决定报废汽车后,必须将报废车辆送交经过专业机构认证的汽车回收站,并将报废车辆送交经专业机构认证的汽车拆解厂进行处理,或由车主将报废车辆直接送汽车拆解工厂进行处理。报废车辆处理主要是拆解,包括拆出还能够再使用的汽车零部件以出售或供修车时使用;不能重复利用的零部件送到废物处理厂或破碎厂进行处理。拆解及报废处理所需费用根据每辆车的品牌、型号、生产时间和技术状况来决定。汽车拆解厂在处理完报废汽车后,必须填写回收拆解证明,并将该证明交给车主,车主凭该证明和车主证件向当地的交管所和税务部门申请注销车辆登记和停止缴税。报废车辆的回收拆解证明及车主证件两者缺一不可。没有回收拆解证明或该证明未按照有关规定填写的,被视为违反法律规定,并且可处以罚款。德国报废汽车回收利用体系运作流程如图8-6所示。

图8-6 德国报废汽车回收利用体系运作流程

3. 欧盟指令要求

欧盟成立了由政府和工业界代表组成的工作组,以着手提高汽车的回收利用率。其制定的规则鼓励制造商将汽车设计得更易拆解,以减少不易于循环利用的材料种类。该规则已为德国、英国、意大利、法国、荷兰和西班牙等国家所采纳。2003年,欧盟成员国实行欧盟新的汽车报废政策(Directive 2000/53/EC of the European Parliament and of the Council of 18 September 2000 on End-of-Life Vehicles)。欧盟关于报废车处理的EU指令于2000年5月24日正式颁布。其主要内容是:

(1)新型车使用环境负荷物质的规定。EU指令规定2003年7月以后,原则上禁止使用铅、汞、镉及6价铬。但下列13种情况除外:含铅≤0.35%的钢(含镀锌钢);含铅≤0.4%的铝;含铅≤4%的铅合金;蓄电池;含铅≤4%的铜合金;铅青铜制轴承套;汽油罐内镀铅;防振装置;高压和燃料软管用添加剂;防护涂料用稳定剂;电子基板及支持器用铅;防锈镀层用6价铬;灯管及仪表板指示灯用汞。另对,电动汽车电池用铅和镉等5种部件正研究中,将在指令公布后一年内正式决定。

(2)报废车处理前解体的规定。要求各加盟国必须保证防止报废车处理所造成的环境污染,以下处理设施应取得有关部门发放的许可证和登记证:蓄电池和液化气罐的拆卸;有爆炸危险的部件(如气囊)的拆卸或无害化;燃料、各种油类、冷却液、防冻剂及报废车上其他液体的取出和保管;含汞部件的拆卸。另外,为促进再生利用,对以下部件应予拆解:催化剂、玻璃;含铜、铝、镁的部件(若压碎无法回收的);保险杠、仪表板、液体容器等大件塑料部件及轮胎。

（3）再生利用率的规定。再生利用可能率:95%以上（其中能源利用10%以下）。EU车辆型式认定指令(70/156EEC)2001年末进行了修订,修订后3年对上市的全部车辆认证按此实施。

再生利用实际效率:对2006年1月起的报废车为85%以上（其中能源利用率≤5%）;2015年1月以后的报废车为95%（其中能源利用率≤10%）。

（4）报废车回收网络的规定。加盟国对于按经济原则运行的诸行业（销售、回收、保险、解体、压碎、再生利用和废弃处理）应采取保证报废车和二手部件回收处理系统建立的措施;2002年7月1日的新车及2007年7月1日以后的全部报废车,应确保交给公认的处理设施回收;加盟国应建立以解体证明书为吊销车证登记条件的系统。

（5）报废车无偿回收的规定。对于2002年7月1日以后的新车及2007年7月1日以后的全部报废车,在交给加盟国认定的处理设施处理时,最终所有者不负担费用,生产者负担回收、处理费用的全部或大部,对此应采取必要的保证措施。

二、国内报废汽车管理体制

1. 汽车强制报废制度

1986年,我国制定了《汽车报废标准》,对汽车施行强制性报废管理制度。但是,2007年开始,采用强制性与技术性相结合的管理制度。

1997年,国家经贸委等六部（局）重新修订并颁布了新的国家《汽车报废标准》（国经贸经〔1997〕456号）。该标准从汽车的累计行驶里程30~50万km、使用年限8~10年、损坏无法修复、车型淘汰、耗油量超过出厂定值的15%、安全性能和排放污染等7个方面对汽车报废做出了规定。

1998年,我国对轻型载货汽车报废标准进行了调整,累计行驶里程由30万km增加到50万km,使用年限由8年延长至10年。

2000年12月,对非营运型载客和旅游载客汽车的使用年限标准进行了调整,规定9座以下非营运载客汽车使用年限延长至15年,旅游载客汽车和9座以上的非营运载客汽车的使用年限延长至10年。

2006年以前,我国《汽车报废标准》几经修订,根据车型和用途的不同进行了调整,既加速了汽车的报废更新,又活跃了新车销售市场,刺激了私人购车。

2006年9月30日,国家商务部拟定的《机动车强制报废标准规定》（征求意见稿）开始向社会公开征求意见。与2006年以前标准相比,"征求意见稿"取消了非营运小型、微型乘用车以及专项作业车的报废年限规定,对其他车型的报废年限都适当进行了延长,同时强化了车辆的技术状态及安全、环保指标。新的汽车报废标准更加合理,对二手车市场将产生较大影响。

2012年8月24日,商务部第68次部务会议审议通过了商务部、国家发展和改革委员会、公安部、环境保护部日前联合发布《机动车强制报废标准规定》,自2013年5月1日起施行。

其中,根据第四条规定:已注册机动车有下列情形之一的应当强制报废,其所有人应当将机动车交售给报废机动车回收拆解企业,由报废机动车回收拆解企业按规定进行登记、拆解、销毁等处理,并将报废机动车登记证书、号牌、行驶证交公安机关交通管理部门注销。

（1）达到本规定第五条规定使用年限的。

（2）经修理和调整仍不符合机动车安全技术国家标准对在用车有关要求的。

（3）经修理和调整或者采用控制技术后，向大气排放污染物或者噪声仍不符合国家标准对在用车有关要求的。

（4）在检验有效期届满后连续3个机动车检验周期内未取得机动车检验合格标志的。

新版《机动车强制报废标准规定》中第五条、第七条，关于汽车按使用年限及引导报废行驶里程见表8-1。

《机动车强制报废标准规定》（2012版）中汽车使用年限及引导报废行驶里程　　表8-1

类　　型		用　途　与　特　征	使用年限（年）	行驶里程（万 km）
载客汽车	小/微型	非营运载客汽车	无限制	60
		出租客运汽车	8	60
		教练载客汽车	10	50
		租赁载客汽车	15	60
		其他营运载客汽车	10	60
	中/大型	非营运大型轿车	无限制	60
		非营运载客汽车	20	60
		出租客运汽车	10/12	50/60
		教练载客汽车	12/15	50/60
		专用校车	15	40
		公交客运汽车	13	40
		其他营运载客汽车	15	50/80
载货汽车		三轮汽车、装用单缸发动机的低速货车	9	
		装用多缸发动机的低速货车以及微型载货汽车	12	30/50
		危险品运输载货汽车	10	40
		其他载货汽车（包括半挂牵引车和全挂牵引车）	15	70
		有载货功能的专项作业车	15	50
		无载货功能的专项作业车	30	50
		全挂车、危险品运输半挂车	10	
		集装箱半挂车	20	
		其他半挂车	15	
摩托车		正三轮摩托车	12	10
		其他摩托车	13	12
其他		轮式专用机械车	无限制	50

注：微型载货汽车行驶50万 km，中、轻型载货汽车行驶60万 km，重型载货汽车（包括半挂牵引车和全挂牵引车）行驶70万 km。

对小、微型出租客运汽车（纯电动汽车除外）和摩托车，省、自治区、直辖市人民政府有关部门可结合本地实际情况，制定严于上述使用年限的规定，但小、微型出租客运汽车不得低于6年，正三轮摩托车不得低于10年，其他摩托车不得低于11年。

机动车使用年限起始日期按照注册登记日期计算，但自出厂之日起超过2年未办理注册登记手续的，按照出厂日期计算。

《汽车报废标准》确定汽车报废的主要依据是使用年限。国家对达到一定行驶里程的机动车引导报废，其所有人可以将机动车交售给报废机动车回收拆解企业，由报废机动车回收拆解企业按规定进行登记、拆解、销毁等处理，并将报废的机动车登记证书、号牌、行驶证交公安机关交通管理部门注销。

规定所称机动车是指上道路行驶的汽车、挂车、摩托车和轮式专用机械车；非营运载客汽车是指个人或者单位不以获取利润为目的的自用载客汽车；危险品运输载货汽车是指专门用于运输剧毒化学品、爆炸品、放射性物品、腐蚀性物品等危险品的车辆；变更使用性质是指使用性质由营运转为非营运或者由非营运转为营运，小、微型出租、租赁、教练等不同类型的营运载客汽车之间的相互转换，以及危险品运输载货汽车转为其他载货汽车。

变更使用性质或者转移登记的机动车应当按照下列有关要求确定使用年限和报废：

（1）营运载客汽车与非营运载客汽车相互转换的，按照营运载客汽车的规定报废，但小、微型非营运载客汽车和大型非营运轿车转为营运载客汽车的，应按照本规定附件 1 所列公式核算累计使用年限，且不得超过 15 年。

（2）不同类型的营运载客汽车相互转换，按照使用年限较严的规定报废。

（3）小、微型出租客运汽车和摩托车需要转出登记所属地省、自治区、直辖市范围的，按照使用年限较严的规定报废。

（4）危险品运输载货汽车、半挂车与其他载货汽车、半挂车相互转换的，按照危险品运输载货车、半挂车的规定报废。

距本规定要求使用年限 1 年以内（含 1 年）的机动车，不得变更使用性质、转移所有权或者转出登记地所属地市级行政区域。

1997 年的报废标准有年限规定，是因为当时汽车还不是"消费品"而是"生产资料"。私车保有量很少，除了运营车辆，就是公车。这两种车存在着使用时间长、频率高、一车多用，一年要运行 10 多万公里。因此，还不到厂家规定报废的年限，车况就已经不宜再用。另一方面，那时国产汽车的制造技术、标准规范、使用环境与现在相比也不可同日而语。由于新的报废标准延长了汽车使用年限，车主的年平均使用费用也可以相应降低，从一定程度上减轻了车主的经济压力，对于建设节约型社会也十分有利。特别是取消了报废年限限制，在旧车进入二手车市场时，由于车辆"剩余寿命"的延长，有利于获得更高的车辆残值，这有助于置换新车，促进消费。

1997 年修订的《汽车报废标准》规定，非营运轿车行驶 10 年（经申请审批可延长至 15 年）或 50 万 km 将强制报废。而在新的汽车报废标准中，非运营轿车的使用年限已经取消了，引导报废的程数也延长到 60 万 km。

此外，《机动车强制报废标准规定》也延长了对微型、小型和大型出租车的行驶里程限制，由 50 万 km 增加到 60 万 km；使用年限方面，除微型和小型出租车仍维持在 8 年外，其他车辆的使用年限都有不同程度的增加。按照《机动车强制报废标准规定》的规定，车型淘汰、已无配件来源的或汽车经长期使用耗油量超过国家定型车出厂标准规定值 15% 的车型，不再强制报废。此举更体现了法规的人性化和对物权的尊重。

2. 报废汽车回收管理规范化

1983 年，由国家经贸委为主成立了全国老旧汽车更新领导小组，设立了专门的办公室，随后各地方政府也成立了相应机构，基本上理顺了管理体制。

1988 年和 1990 年，国务院先后召开两次办公会议提出了要加强汽车报废工作的组织领导，加快汽车报废更新的步伐，加强对旧车交易和报废汽车回收拆解工作的管理，进一步促进了汽车更新报废工作走向规范化、标准化。

1995 年全国老旧汽车领导小组和原内贸部制定了《报废汽车回收管理办法》，规定了汽车更新报废的程序、负责回收的单位，并明确指出任何个人和未经批准的单位不能开展此项业务，严禁拼装车、报废车及其五大总成等流入市场。

为了促进报废汽车回收企业布局合理及合法经营，国家对其实行了企业资格认证制度，发布了《报废汽车回收（拆解）企业资格认证暂行管理办法》（内贸再联字〔1997〕53 号）。

1998 年原国内贸易部又颁布了《旧机动车交易管理办法》（内贸机字〔1998〕33 号），规定了报废车、非法拼组装车、未办理检测以及证件不全者等禁止入场交易，进一步堵塞了其流入市场的渠道。此外，各地方政府相继也出台了一些法规，这些政策法规保障了我国"八五"期间 100 万辆和"九五"期间 180 万辆汽车更新计划的超额完成，从而基本实现了老旧汽车按标准强制性报废。

2001 年 6 月 16 日，国务院颁布了《报废汽车回收管理办法》（第 307 号令）（以下简称《办法》），其中明确了报废汽车所有者和回收企业的行为规范及依法应予禁止的行为；明确了负责报废汽车回收监督管理的部门及其职责分工；明确了地方政府对报废汽车回收工作的责任；明确了对违法行为的制裁措施等。

目前，我国已有的关于报废机动车回收拆解的政策性文件主要包括：国务院 2001 年公布的《中华人民共和国报废汽车回收管理办法》、商务部 2005 年公布的《汽车贸易政策》和国家发展和改革委员会、科技部、环保总局 2006 年联合发布的《汽车产品回收利用技术政策》等。这些文件的主要目的是规范报废机动车回收拆解工作，建立汽车产品报废回收制度，禁止报废零部件及非法拼装车的倒卖行为上，其内容多是指导性的规定，对环保和资源循环利用也只是提出了一些概括性的要求。

我国的报废机动车回收拆解认定工作由国家经济贸易主管部门（原为国家经贸委，现为商务部）负责，以公告的形式公布企业名单。资质的认定则是依据《报废机动车回收管理办法》中的相关规定和原国家经贸委 2001 年制定并实施的《报废机动车回收企业总量控制方案》，认定的条件主要是企业规模方面的要求。

3. 汽车产品回收利用技术政策

2006 年 2 月 14 日，国家发展和改革委员会、科技部和环保总局对外发布的《汽车产品回收利用技术政策》。这个推动我国汽车产品报废回收的指导性文件，将会对我国汽车的生产和销售及相关企业启动、开展并推动汽车产品的设计、制造和报废、回收与再利用等环节，都带来深刻的影响。《汽车产品回收利用技术政策》分为总则、汽车设计及生产、汽车装饰、维修、保养、废旧汽车及其零部件进口、汽车回收及再生利用和促进措施共 6 个部分。从汽车产业链的各个环节全面提出了回收利用技术的指导和规范。

《汽车产品回收利用技术政策》规定，在我国销售的汽车产品在设计生产时，需充分考虑产品报废后的可拆和易拆解性，遵循易于分拣不同种类材料的原则。优先采用资源利用率高、污染物产生量少，以及有利于产品废弃后回收利用的技术和工艺。汽车设计生产禁用散发有毒物质和破坏环境的材料，减少并最终停止使用不能再生利用的材料和不利于环保的材料。限制使用铅、汞、镉和六价铬等重金属。加强汽车生产者责任的管理，在汽车生产、使用、报废回收等环节建立起以汽车生产企业为主导的完善的管理体系。

《汽车产品回收利用技术政策》明确提出，2010 年起，我国汽车生产企业或进口汽车总代理商要负责回收处理其销售的汽车产品及其包装物品，也可委托相关机构、企业负责回收处理;将汽车回收利用率指标纳入汽车产品市场准入许可管理体系;综合考虑汽车产品生产、维修、拆解等环节的材料再利用,鼓励汽车制造过程中使用可再生材料,鼓励维修时使用再利用零部件,提高材料的循环利用率,节约资源和有效利用能源,大力发展循环经济。

在《汽车产品回收利用技术政策》第一章"总则"中,提出了我国汽车产品回收的时间表,即汽车产品回收利用的三个阶段性目标:

2010 年起,所有国产及进口的 M2 类和 M3 类、N2 类和 N3 类车辆的可回收利用率要达到85% 左右,其中材料的再利用率不低于80% ;所有国产及进口的 M1 类、N1 类车辆的可回收利用率要达到80% ,其中材料的再利用率不低于75% 。

2012 年起,所有国产及进口 M 类和 N 类车辆的可回收利用率要达到90% 左右,其中材料的再利用率不低于80% 。

2017 年起,所有国产及进口 M 类和 N 类车辆的可回收利用率要达到95% 左右,其中材料的再利用率不低于85% 。

《汽车产品回收利用技术政策》就汽车生产企业与下游的合作关系做出了说明,"汽车生产企业要积极与下游企业合作,向回收拆解及破碎企业提供《汽车拆解指导手册》及相关技术信息,并提供相关的技术培训,共同促进报废汽车回收利用率的不断提高。""汽车生产企业要与汽车零部件生产及再制造、报废汽车回收拆解及材料再生企业密切合作,共享信息,跟踪国际先进技术,协力攻关,共同提高汽车产品再利用率和回收利用率。""汽车生产企业或进口总代理商要积极配合政府部门开展课题研究、政策制定等相关工作,主动开展提高汽车产品可回收利用率的科研攻关、技术革新、设备改造等工作。"

第三节　汽车再生资源回收利用管理信息系统

一、管理信息系统简介

1.信息及其系统

随着人类社会进入信息时代,人们越来越清晰地认识到了信息的重要性。信息已经逐渐成为人类赖以生存与发展的战略资源之一,在社会生产和人类生活中发挥着日益显著的作用。因此,人类生活和生产中除了物质和能源资源之外,还有信息资源。信息作为一种资源的必要条件,需要对其进行有效的管理。对信息及其相关活动因素进行科学的计划、组织、控制和协调,实现信息资源的充分开发、合理配置和有效利用,是管理活动的必然要求。

信息的概念非常广泛,从不同的角度对信息可有不同的定义。广义的信息定义是物质和能量在时间、空间上定性或定量的模拟型或其符号的集合;信息是对客观世界中各种事物的变化和特征的反映;是客观事物之间相互作用和联系的表征;是客观事物经过感知或认识后的再现。总之,信息具有客观性、主观性、抽象性、整体性、共享性、时效性、价值性、层次性、存储性、传输性、压缩性和加工性等一系列特征。

信息系统是一个收集、传输、加工、存储、利用信息的系统。它由人、硬件、软件和数据资源组成,通过及时、正确地收集、加工、存储、传递和提供信息,从而实现组织中各项活动的管理、调节和控制。信息系统(从抽象模型角度分)有以下 3 个过程:输入过程、处理过程、输出过程。

2. 管理信息系统及组成

管理信息系统可以有广义和狭义之分。狭义的管理信息系统是指企业计算机网络管理信息系统,是指运用现代化计算机网络技术和企业管理学方法,系统地实现企业经营生产目标的一种综合管理系统。广义的管理信息系统指政务部门或企事业单位应用计算机网络技术为实现各项业务、技术、工作自动化和系统集成的高水平管理方法和模式。现代社会组织中的管理信息系统是为了实现组织的整体目标,对管理信息进行系统的、综合的处理,辅助各级管理决策的计算机硬件、软件、通信设备、规章制度及有关人员的统一体。

通常认为,管理信息系统是一个由人、机(计算机)组成的能进行管理信息的收集、传递、存储、加工、维护和使用的系统。简言之,管理信息系统是一个以计算机为工具,具有数据处理、预测、控制和辅助决策功能的信息系统。管理信息系统综合运用了管理科学、数学和计算机应用的原理和方法,在符合软件工程规范的原则下,形成了自身完整的理论和方法学体系,是计算机应用在管理领域的一门实用技术。

管理信息系统的基本结构可以概括为四部分组成,即信息源、信息处理器、信息用户和信息管理者。此外,管理信息系统还包括计算机网络、数据库和现代化管理等扩展,这些是管理信息系统的三大支柱。具体地讲,管理信息系统组成包括以下七大部分:计算机硬件系统、计算机软件系统、数据及其存储介质、通信系统、非计算机系统的信息收集、处理设备、规章制度和工作人员。

二、报废汽车回收管理信息系统

2001年,国务院发布了《报废汽车回收管理办法》(国务院令307号),这是国家对报废汽车回收行业进行管理的行政法规。目前,我国报废汽车的回收管理不仅涉及商务,还有财政、公安、工商和交通等政府部门,而且涉及车辆所有企业及千家万户的车主。因此,报废汽车回收是一项涉及面广的工作。加强对报废汽车回收与拆解行业的监督管理,是各级政府主管部门的一项重要职责。不仅政府相关部门需要对报废汽车的监管建立信息系统,而且报废汽车回收企业为加强基础管理工作,也需要完善报废汽车回收处理过程的档案管理。此外,回收拆解企业还可以建立网站,发布可再使用或再制造零部件销售信息,为汽车再生资源利用提供交易信息平台。

1. 行业管理信息系统

通过报废汽车回收拆解信息网络来监管报废汽车回收拆解,包括实现可再使用零部件的订货和销售,是发达国家普遍采用的一种现代化的管理手段。利用互联网信息系统管理新车的登记和报废车的注销,不但能提高管理效率,还能有效地加强各个管理环节之间的联系和相互监督,从源头上杜绝报废车辆流入非法市场。可以借鉴国外的成功经验,建立报废汽车回收管理网络系统,形成报废汽车回收主管部门、报废汽车回收企业以及公安车辆管理部门等部门共享的信息网络系统,提高对报废汽车回收拆解的监督管理水平和执法的有效性。

例如,云南省经济贸易委员会、省发展计划委员会、省公安厅、省工商行政管理局和省交通厅共同发文对报废汽车回收拆解实施网络化管理,其目的是为切实加强对报废汽车回收拆解业务实施有效管理,推动行业管理信息化,促进企业技术进步与创新,使老旧汽车更新、报废、回收、拆解工作走上法制化、制度化、信息化和网络化的轨道。通过实行报废汽车回收全过程计算机监控,提高执法的有效性,杜绝报废汽车整车及"五大总成"流入社会,堵塞盗窃、抢劫机动车辆的销赃渠道。以云南旧车流通报废回收物资再生网为平台,通过报废汽车回收管理信息系统对企业回收、拆解报废汽车实施行业和治安监管。

报废汽车回收管理信息系统的主要内容包括政策法规介绍、报废汽车监督管理(与公安机关有关业务数据实现自动比对查询报警、违法违规行为记录查询等)、回收拆解企业基本情况介绍,老旧汽车更新补贴管理发放、报废汽车回收拆解报表,《报废汽车回收证明》开单及报废汽车回收、拆解、破碎实施统一管理等内容。计算机开具的《报废汽车回收证明》通过《云南省旧机动车流通网》实现全省信息共享。根据 GB/T 2260—2002(中华人民共和国行政区划代码)标准规定,《报废汽车回收证明》证号为 10 位数字,前 2 位数代表云南省、3~4 位数代表地区,后 6 位数代表顺序号。

云南旧车流通报废回收物资再生网(http://www.yncar.com.cn)由云南省物资再生旧车流通行业协会负责管理,主要工作有:负责行业内报废汽车信息网软件的开发、光盘刻制、网络维护、信息收集、整理和统计资料的管理工作;负责对《报废汽车回收证明》的管理,对使用情况进行跟踪,接受监督,发现问题及时上报;负责协调跨地区报废汽车回收、拆解的有关问题。此外,网站还提供有关报废汽车回收服务信息,如云南省报废汽车回收拆解场地名册及云南省报废汽车回收网点名册;机动车报废手续办理时,车主应提供的资料等内容;公布报废汽车信息。

此外,中国物资再生协会委托科技公司研究制作的报废汽车回收信息管理系统软件及报废汽车信息网,已制作完成并有选择地在个别回收拆解企业进行光盘试用。浙江省经济贸易委员会运用现代化信息网络系统,开发建立全省报废汽车在线监测信息管理系统——浙江省报废汽车回收拆解管理系统网,网站主要包括拆解统计、上级文件、回用件信息和回收企业介绍等内容。

上海市在制定以钢铁企业为龙头的报废汽车回收拆解一体化试点方案时,选择的是日本对报废车回收、拆解和废旧金属加工所采用的三段式的报废汽车回收拆解行业管理模式。这种体系模式有利于各个环节之间互相监督和制约,有利于提高汽车再生资源综合利用水平。该体系通过合理的分工,使上下游企业形成互相监督,报废处理过程的不同阶段的文件由计算机网络传递,相关责任人确定,有效地杜绝了报废汽车及其零部件的流失。

2. 企业管理信息系统

每辆报废汽车都应建立报废处理档案,主要内容有报废汽车回收登记、《报废汽车回收证明》使用管理登记、报废汽车注销登记的有关资料以及报废汽车拆解和销售记录。同时,企业还要做好报废汽车回收和拆解上报表的填报等工作。这些基础工作既是报废汽车回收拆解企业搞好内部管理工作的重要一环并督促企业规范经营,也是政府部门加强监督管理的重要依据。

汽车回收企业应充分运用和发挥信息化手段,建立信息管理系统,实现报废汽车市场营销、回收拆解、销售服务等全过程信息化,强化内部管理和外部监督机制。为适应政管部门监控需要和知识经济时代营销手段现代化的客观需求,建立公司 ICP,网站设计上应用 ASP 动态设计和 SQL 结构化查询。从不同的对象需求出发,在线满足行政管理部门监控和相关业务的信息需求以及对目标市场提供客户服务的信息系统。信息要透明规范及时,ICP 应定位在以服务为中心,提供完善和有效率的服务。

建立行业信息化管理,首先应实现行业内相关企业、部门的信息电子化。回收拆解企业必须建立内部管理、报废车辆回收、拆解等信息系统和数字化监控手段,其内部数据的采集、交换要根据行业要求建立统一的系统标准,为实现全行业信息化管理建立基础。及时收集、整理和发布国内外再生资源回收利用信息,推动中介组织和协会建立再生资源回收利用信息系统和数据库,实现信息资源共享,提高管理水平。

三、汽车可再使用件电子商务系统

1. 电子商务系统简介

电子商务系统是保证以电子商务为基础的网上交易实现的体系,网上交易依然遵循传统市场交易的原则。网上交易的沟通是通过数字化的信息渠道,因此,首要条件是交易双方必须拥有相应的信息技术工具。其次,由于网上交易的交易双方在空间上是分离的,为保证交易双方进行等价交换,必须提供相应的货物配送和支付结算手段。此外,为保证企业、组织和消费者能够利用数字化信息沟通渠道,保证交易能顺利进行配送和支付,需要由专门提供服务的中间商参与,即需要电子商务服务商。

(1)基础系统。电子商务基础系统包括因特网(Internet)信息系统、电子商务服务商、企业、组织与消费者、实物配送和支付结算五个方面,这些方面应有机地结合在一起,缺少任何一部分都可能影响网上交易的顺利进行。

因特网信息系统是指企业、组织和电子商务服务商在因特网的基础上开发设计的信息系统。交易中所涉及的信息流、物流和资金流都与信息系统紧密相关。在信息系统安全措施的保证下,通过支付系统进行网上支付,通过物流系统控制物流的顺利进行,最终保证企业、组织和消费者之间网上交易的实现。因此,因特网信息系统的作用是提供一个开放、安全和可控制的信息交换平台,并是电子商务系统的核心和基石。

(2)交易主体。企业、组织与消费者是进行网上交易的主体。企业在组建电子商务系统时,应该考虑企业的经营对象是谁,如何采用不同的策略与这些客户进行联系。

一般说来,可以将客户分为三个层次并采取相应的对策。对于特别重要的战略合作伙伴,企业允许他们进入企业的因特网系统直接访问有关信息;对于与企业业务相关的合作企业,企业同他们共同建设以太网(Extranet),实现企业之间的信息共享;对普通客户,则可以通过因特网进行联系。

(3)商务站点。电子商务站点起着承上启下的作用,一方面,它可以直接连接到因特网,顾客或者供应商可以直接通过网站了解企业信息并与企业进行交易。另一方面,它将市场信息同企业内部的管理信息系统连接在一起,将市场需求信息传送到企业的管理信息系统,使企业可以根据市场的变化组织经营管理活动。

传统的市场交易链是在商品、服务和货币交换过程中形成的,而电子商务的应用强化了一个重要因素——信息,于是就有了信息服务、信息商品和电子货币等等。事实上,商品交易的实质并没有改变,只是在贸易过程中一些环节所依附的载体发生了变化,也就相应地改变了形式。

电子商务系统不是一个孤立的系统,它需要和外界进行信息交流。同时,这一系统内部还包括不同的部分,例如网络、计算机系统、应用软件等。支持企业电子商务系统的外部技术环境包括电子化银行支付系统和认证中心的证书发行及认证管理部分。企业电子商务系统的核心是电子商务应用系统,这一部分的设置是为了满足企业的商务活动要求;而电子商务应用系统的基础则是不同的服务平台,它们构成应用系统的运行环境。

2. 应用实例

为了促进废旧汽车零部件的应用,丰田公司 2001 年 10 月开始利用电子商务系统销售可再使用零部件。2001 财政年度,全国的零部件分销商销售了 5960 种零部件。其中,标有"生态部件"的 16 种零部件是车门、挡泥板、格栅、保险杠、前照灯和其他的外饰件和基础件。销售可再使用零部件的电子商务系统如图 8-7 所示。

图 8-7　丰田汽车公司汽车可再使用件电子商务系统

第四节　汽车零部件再制造产品管理及相关问题

一、汽车零部件再制造产品标志及使用规定

2010 年 2 月 20 日,国家发展和改革委员会和国家工商管理总局确定启用汽车零部件再制造产品标志。目的在于加强对再制造产品的监管力度,进一步推进汽车零部件再制造产业的健康发展。

按照国家发展和改革委员会、国家工商管理总局《关于启用并加强汽车零部件再制造产品标志管理与保护的通知》(发改环资〔2010〕294 号),为推进汽车零部件再制造产业发展,根据《中华人民共和国循环经济促进法》,国家发展和改革委员会组织设计了汽车零部

件再制造产品标志（以下简称标志），如图 8-8 所示，并在国家工商行政管理总局备案保护。标志及其使用应遵守以下规定：

（1）标志由标准图形和再制造中英文文字组成，所有权归国家发展和改革委员会。未经所有权人允许，任何单位和个人不得使用、伪造或擅自改造标志。

（2）标志在国家发展和改革委员会确定的汽车零部件再制造试点企业率先使用。汽车零部件再制造试点结束后，将在全国推广使用。

图 8-8　汽车零部件再制造产品标志

（3）汽车零部件再制造产品应在产品外观明显标注标志，对由于尺寸等原因无法标注的产品，应在产品包装和产品说明书中标注。标注在再制造产品上的标志应能永久保持。标志发布之前已销售的再制造产品可不再标注。

（4）标志仅表明该产品为再制造产品。可以单独在企业的特约维修点、广告宣传及互联网等场所或媒介等比例放大或缩小使用，也可与再制造企业名称、产品名称及型号等信息组合使用。

（5）国家发展和改革委员会和国家工商行政管理总局对标志的使用实行统一监督和管理，地方循环经济发展综合管理部门、工商行政管理部门按照职责分工对所辖区域内标志的使用进行监督与管理。对未经同意擅自使用标志、销售没有标志的再制造产品的行为，由地方工商行政管理部门，依据《中华人民共和国循环经济促进法》、《中华人民共和国商标法》等相关法律进行查处。

二、汽车产品再制造中的知识产权问题

1. 知识产权的特点

知识产权是国际上对包括专利权、商标权、著作权（版权）及商业秘密专有权等在内的相关民事权利的统称，其中，专利权与商标权又统称为"工业产权"。由于包括知识产权法规在内的法律文件较多，因此，"知识产权法"不能笼统地一概而论。我国现行的知识产权法规主要有《专利法》《著作权法》《商标法》《技术合同法》《反不正当竞争法》《民法通则》以及相关的实施细则和配套条例等。知识产权在法律上具有共同的特点，即无形性、专有性、地域性和时间性。

（1）无形性。知识产权是对智力成果的专有权利，但客观上又无法被人们实际占有和控制的无形财产。这是知识产权最重要、最根本的特征。

（2）专有性。也即独占、垄断和排他性，主要表现在：一是权利人自己享有版权、专利权或商标权。除经权利人同意或法律规定外，其他任何人都不得享有或行使该项权利，否则即构成侵权；二是对同一项智力成果，不允许有两个以上的同种知识产权并存。

（3）地域性。受一国法律所认可和保护的知识产权，仅在该国范围内有效，对其他任何国家都没有拘束力，除非相互间定立有条约或者共同参加了国际公约组织，彼此予以承认。

（4）时间性。知识产权的时间性是指知识产权中的财产权部分只在有效期内受法律保护，期限届满就失效，成为社会共有财富。例如，我国法律规定，公民著作权的保护期为作者有生之年及其死后的 50 年；专利权的保护期为发明专利 20 年，实用新型和外观设计专

利均为 10 年;商标权保护期为 10 年,但商标有效期限届满后可以申请续展,以延长保护期。

2. 汽车产品再制造的利益冲突

随着汽车厂家对知识产权保护的重视,汽车产品中含有越来越多的知识产权,再制造过程中不可避免地要利用原始产品中的一些知识产权。国外再制造商和原始制造商(OEM)在知识产权方面的冲突从没停止过。目前,我国也在发展汽车再制造产业,全球最大的再制造商卡特彼勒公司预测,我国每年的汽车再制造规模可达 100 亿美元。如此巨大的市场,必然会引起众多的企业进入汽车再制造领域。

汽车产品再制造中知识产权问题涉及的利益主体包括:知识产权人、原产品制造商、汽车产品使用者、独立再制造商、公共环境与资源。不同的利益主体对再制造的立场不同,可以分为两大对立主体,即支持进行再制造的相关方,与反对进行再制造的相关方。

(1)支持方。首先,是独立再制造商。在知识产权方面,再制造商和知识产权人是直接的利益冲突主体,再制造商希望不经过原产品制造商授权即可再制造汽车产品,这样他们的原料来源和销售市场会比较大。但再制造产品必然会影响到原产品制造商的利益,再制造产品较高的性价比势必会影响到原产品的销售,而且影响原产品制造商在产品设计初始阶段采用可再制造性设计的积极性。其次,汽车产品使用者。作为普通消费者希望产品可靠耐用、质优价廉,再制造容易,可以在报废处理时获得较高的价格,而且可以容易买到性价比高的再制造产品,而不必非得购买知识产权人的高价新产品。最后,是公共环境与资源利益。环境资源利益是再制造利益链条中最重要的一环,随着地球上可利用资源的日益减少和环境的逐步退化,保护环境、充分利用现有资源、发展循环经济是世界各国都必须选择的道路。

(2)反对方。主要是原产品制造商、知识产权人。原始制造商(OEM)往往就是知识产权人,或者是知识产权的被许可使用人。知识产权是私权,倾向于使其个人利益最大化。当知识产权人发现再制造产品对其新产品产生竞争,或垄断这一市场将有利可图时,知识产权人就会尽可能扩张知识产权的权利范围,将再制造行为看作对专利权的侵犯。这种行为限制了独立再制造商介入再制造领域,不利于再制造市场的充分竞争和资源的充分利用。

独立再制造商具有再制造品种多、批量大、规模效益和资源利用率高、再制造成本低、价格优势明显等特点,如果受到过多的限制,会影响汽车产品的再利用效果。

3. 汽车产品再制造的知识产权保护范围

汽车产品再制造面临的知识产权问题主要包括:对专利产品的再制造是否会侵犯专利权,再制造的产品应当以何商标销售,以及如何解决汽车电控系统中控制软件的著作权等。这些是当前知识产权保护中不容回避的问题。

(1)专利权。我国专利法第 42 条规定:发明专利权的期限为 20 年,实用新型专利权和外观设计专利权的期限为 10 年。在有效保护期限内,专利权人享有的权利在第 11 条中规定:发明和实用新型专利权被授予后,除本法另有规定的以外,任何单位或者个人未经专利权人许可,都不得实施其专利,即不得为生产经营目的制造、使用、许诺销售、销售、进口其专利产品,或者使用其专利方法以及使用、许诺销售、销售、进口依照该专利方法直接获得的产品。外观设计专利权被授予后,任何单位或者个人未经专利权人许可,都不得实施其专利,即不得为生产经营目的制造、销售、进口其外观设计专利产品。也就是说,专利权人在专利有效保护期限内享有独家实施专利的权利,任何单位或者个人实施他人专利的,应当与专利权人订立书面实施许可合同,向专利权人支付专利使用费,被许可人无权允许合同规定以外的任何单位或者个人实施该专利。

汽车产品中的专利也都有规定的保护期限,超过了保护期或保护国,专利权对知识产权人的保护就失去了作用。对失去专利权的汽车产品进行再制造或进出口,不属于侵犯专利权的行为,而对于仍有专利权的产品再制造,则应考虑是否侵犯专利权的制造权和进口权。

(2)商标权。我国商标法规定,注册商标的有效期为10年,自核准注册之日起计算。注册商标有效期满,需要继续使用的,应当在期满前6个月内申请续展注册,每次续展注册的有效期为10年,也就是说商标权的保护期限接近于无限期。

商标法第4条规定:自然人、法人或者其他组织对其生产、制造、加工、拣选或者经销的商品,需要取得商标专用权的,应当向商标局申请商品商标注册。也就是说,法律允许经营者对经加工、拣选或经销的商品,标以自己的商标。

再制造商对汽车产品的再制造可视为报废原始产品的"加工",有权注册自己的商标。而且再制造的商品与原始商品的生产者不同,生产工艺不同,品质不同,产品质量责任的承担者不同,因而必须标以不同的商标,否则就侵犯了原产品制造商的商标权,并且构成了对消费者的欺诈。

另外,商标法明令禁止"反向假冒"的侵权行为,未经注册商标人同意,更换其注册商标并将其又投入市场的,属于反向假冒的侵权行为。再制造产品贴上自己的商标进行出售是否属于反向假冒行为? 商标法禁止的反向假冒,只是未经任何加工,仅仅更换商标标志的行为,而再制造不是简单地更换原始商品的商标后进行销售,而是需要对报废的原始商品进行拆解、修复、组装、检测及复杂的加工,再制造厂家在再制造产品上标示自己的商标是完全合法的。

(3)著作权(版权)。分为著作人身权与财产权。其中人身权包括了公开发表权、姓名表示权及禁止他人以扭曲、变更方式利用著作损害著作人名誉的权利。财产权是无体财产权,是基于人类智慧所产生的权利。著作权法规定的权利的保护期为作者终生及其死亡后50年,截止于作者死亡后第50年的12月31日;如果是合作作品,截止于最后死亡的作者死亡后第50年的12月31日。

与一般著作权一样,软件著作权也包括人身权和财产权,这是法律授予软件著作权人的专有权利。人身权包括发表权、开发者身份权;财产权包括使用权、使用许可权和获得报酬权、转让权。使用权是指在不损害社会公共利益的前提下,以复制、展示、发行、修改、翻译以及注释等方式使用其软件的权利;使用许可权和获得报酬权是指权利人许可他人以上述方式使用其软件的权利,并因此获得报酬的权利;转让权是指权利人向他人转让使用权和使用许可权的权利。

汽车产品再制造中对电控发动机的再制造涉及控制软件的改动、升级或重新编写等行为,在没有得到厂家授权的情况下容易造成对软件著作权的侵犯。而且汽车在设计时也采用了防止改动的技术措施,GB 18352.3—2005《轻型汽车污染物排放限值及测量方法(中国Ⅲ、Ⅳ阶段)》5.1.3 中规定:任何采用电控单元控制排放的汽车,必须能防止改动,除非得到了制造厂的授权。如果为了诊断、维修、检查、更新或修理汽车需要改动,应经制造厂授权。采用电控单元可编程序代码系统(如电可擦除可编程序只读存储器)的制造厂,必须防止非授权改编程序。制造厂必须采用强有力的防非法改动对策以及防编写功能,确保只有制造厂在维修时才能用车外电控单元访问程序。

汽车再制造需要对原产品进行修复,无疑其中包含了原始制造商的专利、技术秘密、产品品质和产品声誉等,如何处理再制造中的知识产权保护问题,是再制造商面临的一大难题。国外对再制造中的知识产权问题一般采取权利用尽的原则。

4.知识产权的权利用尽原则

知识产权权利用尽原则是著作权、专利和商标制度中都适用的原则。一种产品在出售时,其价格中包含研发设计、原材料、加工、商业渠道等费用,同样包括专利权、商标权、技术秘密等知识产权,产品的售价可以视为这些费用加上厂家的利润构成。

产品售出时,其中含有的专利权和商标权已经一次性实现了其价值,厂家已经一次性得到了研发和维持知识产权费用的回报。此后,购买人再对产品进行使用、销售、许诺销售等就不受知识产权权利人的制约。这体现了设立知识产权制度的初衷,即鼓励发明创造,鼓励制造高质量的产品,同时不得限制合理的市场流通。

英国对专利权用尽的解释是"默示许可"理论,即专利权人对其专利产品的权利可以延伸到该专利产品随后的任何使用和销售行为,可对其售出或许可售出的专利产品的使用和销售提出明示的限制条件。如果在首次销售时没有提出明示限制条件,就意味着专利权人"默示许可"了在首次销售之后的使用和销售可以不受专利权人的制约。

美国根据反垄断法提出了"首次销售"理论,及专利产品在合法地出售之后,就脱离了专利权人的控制范围,专利权人无权再对该产品的使用或销售施加任何限制。美国联邦贸易委员会相关规定给出4条基本原则:原制造商的产品在第一次出售时,其产权就随原产品转让给消费者了,消费者在产品消费后是报废、维修还是重新制造,原制造商都无权干预;再制造商只要在再制造过程中不存在更换使用原制造商专利权保护的零配件,就不存在知识产权冲突;依据商标法原理,再制造产品应当标示再制造厂家自己的商标,而不是原生产厂家的商标,否则就构成商标侵权。

另外,我国专利法第63条也有规定:专利权人制造、进口或者经专利权人许可而制造、进口的专利产品或者依照专利方法直接获得的产品售出后,使用、许诺销售或者销售该产品不视为侵犯专利权。也就是说专利产品在售出后,专利产品使用人享有使用权和许诺销售、销售权,但仍然没有制造权和进口权,包括属于制造的"再造"。发明、实用新型和外观设计这3种专利的权利范围都包括"制造权",而再制造有可能侵犯的正是"制造权"。"再造"实质上制造了一个新产品,再造行为的目的和后果都如同重新制造新产品,目的是获得如同新产品一样的完整使用价值,属于"制造"的范畴,它构成了对知识产权人"制造权"的侵犯。

汽车产品再制造是汽车工业发展循环经济的必然选择,随着我国再制造产业的不断发展,再制造产品种类和数量不断丰富,再制造商与原产品制造商的利益冲突也会逐渐加剧,他们之间的知识产权冲突也逐渐显现。

从保护资源的角度出发,国家应当为再制造产业的发展扫清障碍。首先应完善法制建设,确立再制造的知识产权保护原则。明确要求汽车原始制造商从产品设计阶段就考虑回收再制造或再用。在一定条件下许可他人再制造其生产的已报废整车和零部件,从政策上视为生产者延伸产品责任,可要求再制造商支付对价。再制造商应当重视再制造中可能涉及的知识产权问题,通过建立行业协会与原始制造商建立授权联盟,获得原始制造商的授权许可,并使用自己的商标,同时必须在产品外部显著部位加注再制造产品标志,避免产生知识产权纠纷。

汽车工业可持续发展是全球的共识,应鼓励和引导再制造产业的良性发展,做到既节约资源能源,又能鼓励创新,不断促进经济发展和社会进步。

复习思考题

1. 传统的汽车制造业资源消耗模式是什么样的?具有何特点?
2. 循环经济型汽车产业资源消耗模式是什么样的?具有何特点?
3. 汽车再生资源利用系统有哪些基本环节?对汽车再生资源的利用有何作用?
4. 试论述国外汽车再生资源管理体制的特点及其借鉴意义。
5. 简述废旧汽车再利用零部件的电子商务系统组成。

参考文献

[1] 徐滨士.再制造工程基础[M].哈尔滨:哈尔滨工业大学出版社,2005.

[2] 邹家祥.现代机械设计理论与方法[M].北京:科学出版社,1990.

[3] 刘光复,刘志峰,李钢.绿色设计和绿色制造[M].北京:机械工业出版社,1999.

[4] 储江伟.汽车再生工程[M].北京:人民交通出版社,2007.

[5] 徐滨士,刘世参,李仁涵,等.废旧机电产品资源化的基本途径及发展前景研究[J].中国表面工程,2004,17(2):1-6.

[6] 徐滨士,刘世参,史佩京.再制造工程和表面工程对循环经济贡献分析[J].中国表面工程,2006,19(1):1-6.

[7] 王爱平,王成焘,叶炳玲,等.报废汽车回收利用研究[J].中国物资再生,1998(5):5-11.

[8] 裴恕,田秀敏.车辆回收与再制造研究分析[J].中国资源综合利用,2001(9):23-27.

[9] 龙少海.我国汽车回收产业现状及市场前景分析[J].中国资源综合利用,2005(4):2-5.

[10] 柳献初.发展中国汽车再制造工程的探讨[J].汽车工业研究,2002(7):3-8.

[11] 秦晔,王翔,陈铭,王成焘.废旧汽车循环再利用的经济性评估[J].机电一体化,2006(1):76-80.

[12] 陈迅,简怡,王臻.再制造及对我国汽车再制造的思考[J].工业工程与管理.2004(2):59-61.

[13] 侯华亮.日本报废汽车回收利用体系及特点分析[J].汽车与配件,2006,33(8):34-38.

[14] 李成刚,胡迪青.设计领域发展的新趋势产品全生命周期工程设计[J].中国机械工程,1997,28(4):56-59.

[15] 胡爱武.产品的绿色设计概念及其发展[J].机械设计与制造工程,2002,31(3):7-9.

[16] 倪俊芳,杨晓东,蔡建国.面向经济回收的产品设计[J].机械科学与技术,1997,11(6):1009-1012.

[17] 刘志峰,刘光复.产品的可拆卸性及其设计方法[J].机械设计与研究,1997,57(1):712-715.

[18] 蒋丹东,刘光复.可拆卸性设计的系统构成[J].合肥工业大学学报(自然科学版),1999,8(4):12-16.

[19] 周孙锋,杜春臣.德国报废汽车回收利用体系对我国的启示.汽车工业研究.2012(5):27-31.

[20] 马祖军,刘飞.可拆卸产品设计方法研究[J].机械工艺师,1999(10):7-8.

[21] 储江伟,张铜柱,崔鹏飞,等.中国汽车再制造产业发展模式分析[J].中国科技论坛,2010(01):33-37.

[22] 金晓红,储江伟,崔鸥飞,等.汽车再生资源利用系统建模分析[J].系统工程,2008,26(07):69-73.

[23] 沈伟潮,易建军,李莹,等.汽车产品回收评价系统的研究[J].机电工程技术,2004,33(6):31-34.

[24] 李显君.基于汽车全生命周期的分析框架研究[J].上海汽车,2005(10):4-6.

[25] 伍昌鸿,马晓茜,陈勇,等.汽车制造、使用及回收的生命周期分析[J].汽车工程.2006,

28(2):207-211.

[26] 席德立,彭小燕.LCA清单分析数据的获得[J].环境科学,1997,18(5):84-87.

[27] 倪俊芳,王爱平.汽车回收产业化研究[J].能源研究与信息,2003,19(3):13-19.

[28] 陈云生.汽车废物再生利用技术[J].世界汽车.2004(1):26-27.

[29] 李兴虎.汽车材料中有毒重金属及其对环境的危害[J].汽车技术.2005(3):35-38.

[30] 伊银生,姜秋实.报废汽车回收管理与汽车业的发展[J].中国资源综合利用.2002(11):36-37.

[31] 马祖军,张殿业,代颖.再制造逆向物流网络优化设计模型研究.交通运输工程与信息学报.2004,2(2):53-57.

[32] 姚卫新.再制造条件下逆向物流回收模式的研究[J].管理科学.2004,17(1):76-79.

[33] 谢立伟,钟骏杰,范世东,等.再制造物流供应链的研究[J].中国制造业信息化,2004,33(10):78-79.

[34] 夏守长,奚立峰,胡宗武.再制造物流网络的健壮性设计[J].机械设计与研究.2004,20(5):30-34.

[35] 李名林,刘丽娟.解读《汽车产品回收利用技术政策》[J].汽车工艺与材料,2006(8):31-35.

[36] 李名林.解读欧盟《关于报废汽车的技术指令》[J].汽车工艺与材料.2006(5):37-42.

[37] 郭廷杰.日本新的《报废汽车再生法》简介[J].中国资源综合利用.2003(4):2-5.

[38] 张中,罗宁.试论目前我国汽车报废工作的现状及问题[J].中国资源综合利用.2001(8):26-28.

[39] 周育红,姜朝阳.我国汽车报废回收利用体系框架初探[J].环境科学与技术.2006,29(3):94-96.

[40] 龙少海.我国汽车回收产业现状及市场前景分析[J].中国资源综合利用.2004(4):2-5.

[41] 李霞.法国的汽车回收体系[J].环境保护.2003(12):60-61.

[42] 周宏春,滕军力.对德国、英国汽车报废制度考察[J].中国资源综合利用.2002(9):2-6.

[43] 杨林.美国的报废汽车拆解情况[J].中国资源综合利用.2003(2):35-36.

[44] 梅书文,杨金生,张福学.履带拖拉机再制造工程的质量体系及效益分析[J].中国表面工程.2002,15(3):9-13.

[45] 刘先斌,廖兰.废润滑油再生资源产业化问题的研究[J].资源科学.2006,28(2):186-190.

[46] 杨峒.废弃石油产品的循环再生.石油化工环境保护.2001(3):36-40.

[47] 胡鹏山,周伟.汽车回收工程与循环经济研究[J].中国资源综合利用.2000(4):8-11.

[48] 伍昌鸿,马晓茜,陈勇.汽车制造使用及回收的生命周期分析[J].汽车工程.2006,28(2):215-211.

[49] 张成,浦耿强.基于生命周期的汽车回收及其循环经济模型[J].机械设计与研究,2003(3):67-70.

[50] 田龙,杨超,等.绿色汽车的开发前景[J].重庆大学学报,2002(7):15-19.

[51] BMW Environmental Report[R].BMW Headquarters,1997.

[52] 00-01 SUSTAINABILITY REPORT[R].GENERAL MOTORS.Http://www.gmsustainability.com.

［53］2005 ENVIRONMENTAL REPORT［R］. Auto Recycling Nederland.

［54］ANNUAL REPORT 2001［R］. FUJI HEAVY INDUSTRIES LTD. March 31, 2001.

［55］Environmental Report 2001/2002-Mobility and Sustainability［R］. VOLKSWAGEN AG. http://www. volkswagen-environment. de.

［56］Environmental Report 1999/2000［R］. VOLKSWAGEN AG. Http://www. volkswagen-environment. de.

［57］Car Recycling Europe. http://www. toyota-europe. com.

［58］The Department of the Environment, Heritage and Local Government. Statement of Strategy 2005-2007. http://www. environ. ie.

［59］Frank R. Field, Ⅲ Materials. Recycling Strategies in Automotive Industries. Systems Laboratory Massachusetts Institute of Technology. May. 2001.

［60］New York State Department of Environmental Conservation. Environmental Compliance and Pollution Prevention Guide for Automobile Recyclers. January 2003.

［61］DIRECTIVE 2000/53/EC ON END OF LIFE VEHICLES. UK Government Consultation Paper. August 2001.

［62］Melissa Eichner. A Roadmap for Recycling End-of-Life Vehicles of the Future［R］. *Sponsored by* U. S. Department of Energy's Office of Advanced Automotive Technologies and Argonne National Laboratory. May 25, 2001.

［63］Hong C Zhang,T sai C Kuo. A Graph-based Approach to Disassembly Model for End-of-life Product Recycling［J］. IEEE/CPMT International Electronics Manufacturing Technology Symposium,1996:247-254.

［64］Woo T C,Dutta D. Automatic Disassembly and Total Ordering in Three Dimensions［J］. Journal of Engineering for Industry, 1991, 113:207-213.

［65］Harjula T, Rapoza B, Knight W A et al. Design for Disassembly and the Environment［J］. Annals of the CIRP, 1996, 45(1): 109-114.

［66］Eoksu Sim, Haejoong Kim. Johnhee Hong. Performance Evaluation of Alternative Design for the Car Recycling System Using Simulation Analysis. Hyundai Motor Company. http://www. baidu. com.

［67］Plastics in End of Life Vehicles . http://www. plastics-in-elv. org/.

［68］Arizona Automotive Recyclers Association http://www. aara. com.

［69］Environmental Compliance for Automotive Recyclers. http://www. ecarcenter. org/.

［70］The International Federation of Automotive Engineering societies http://www. fisita. com/exhibit/recycling/.

［71］Automotive Recyclers Association (ARA) http://www. autorecyc. org/.

［72］Tire Recycling http://www. driveusa. net/tirerecycling. htm.

［73］ RECYCLER'S WORLD——Automotive Recycling http://www. recycle. net/Auto/index. html.

［74］IDIS. http://www. idis2. com.

［75］http://www. jama. com.